压实红黏土工程

谈云志 著

科学出版社
北京

内 容 简 介

本书以湖南省公路修建中遇到的红黏土为主要研究对象,书中研究方法与结论可推至其他地区的红黏土工程。全书共 8 章,第 1 章和第 2 章介绍国内外红黏土的工程特性和湿热耦合研究现状,以及红黏土的形成过程及其特殊性;第 3 章研究红黏土水理特性与孔隙结构的互馈关系;第 4 章重点分析红黏土的击实和承载比强度的水敏性特征;第 5 章系统介绍压实红黏土水分传输的湿热耦合效应;第 6 章主要研究改良红黏土的力学特性及其长期力学性能演化过程;第 7 章介绍典型红黏土现场碾压试验情况和结论,并提出红黏土的利用原则和压实填筑控制建议;第 8 章是对全书的总结。

本书可供公路、水利和建筑等有关专业的本科生、研究生和工程技术人员参考。

图书在版编目(CIP)数据

压实红黏土工程/谈云志著. —北京:科学出版社,2015.9
ISBN 978-7-03-042962-9

Ⅰ.①压… Ⅱ.①谈… Ⅲ.①红土-压实 Ⅳ.①TU472

中国版本图书馆 CIP 数据核字(2014)第 309836 号

责任编辑:周 炜 张晓娟 / 责任校对:桂伟利
责任印制:徐晓晨 / 封面设计:陈 敬

科 学 出 版 社 出版
北京东黄城根北街 16 号
邮政编码:100717
http://www.sciencep.com

北京教图印刷有限公司印刷
科学出版社发行 各地新华书店经销
*
2015 年 9 月第 一 版 开本:720×1000 B5
2015 年 9 月第一次印刷 印张:18 1/2
字数:359 000
定价:98.00 元
(如有印装质量问题,我社负责调换)

前　言

　　红黏土是指由碳酸盐等类母岩在热带或亚热带温热气候条件下经风化作用而形成的褐红色黏性土,具有高天然含水量和高液限等不良特性,直接利用其填筑路基时,常难以同时满足现行规范对填料强度与压实度所作的要求,且路基的长期稳定性也难以得到保证。按照规范要求,对这类高含水量黏土应采用改良或废弃换填的方法处理。然而,添加石灰、水泥等外添剂进行改良不仅施工上难以拌和均匀,也将大幅增加工程成本;废弃换填则需要新征弃土场与取土场,占用大量宝贵的土地资源,在当前环保要求不断加强和用地日趋紧张的背景下,废弃换填的简单办法既不科学又不经济。因此,如何充分利用红黏土直接填筑路基成为亟待解决的关键问题。

　　为此,作者以交通运输部西部交通建设科技项目“红黏土地区公路修筑关键技术研究”(200631878530)、国家自然科学基金“荷载与增减湿循环共同作用下压实红黏土的变形特性”(51009084)和湖南省郴宁高速公路管理有限公司等委托的技术服务项目为依托,以红黏土的水理特性为研究主线,着力解决红黏土的压实填筑控制技术问题。虽然国内对红黏土的研究比较多,如 *Géotechnique*、《岩土工程学报》、《岩土力学》等杂志均有报道,但期刊论文大多以机理研究为主,工程应用研究相对偏弱。本书以服务工程应用为主旨,系统地总结了湖南省红黏土的工程特性和部分应用实例,希望本书的出版能为红黏土地区工程建设提供一些有益的参考。

　　本书是作者主持和参与多个科研项目的总结,研究成果的取得是全体成员共同辛勤劳作的结果。第1、3、5、8章由谈云志和孔令伟撰写;第2章由胡莫珍、刘云和吴友银撰写;第4、7章由谈云志、万智和郭爱国撰写;第6章由谈云志、郑爱、喻波撰写。研究生董波、刘云、陈可和胡莫珍参与了书稿的编排和校对工作。同时,书中还引用了国内外有关红黏土的一些成果。

　　本书能如期出版,不仅得到了三峡大学土木与建筑学院和三峡地区地质灾害与生态环境湖北省协同创新中心重点学科建设经费的全额资助,而且得到了三峡大学、中国科学院武汉岩土力学研究所、湖南省交通科学研究院等单位领导及专家的指点和大力支持。借此对支持作者科研工作和本书出版的所有人员表示衷心的感谢。

　　由于作者水平有限,虽历经反复修改,书中难免有纰漏和表述不当之处,恳请广大读者和同行予以批评指正。

目　　录

第1章　绪　　论

1.1　研究目的与意义

红黏土属于一种特殊性黏土,因其具有裂隙性、收缩性和空间分布不均匀性等不良特征,从工程处置角度来看属于一种难以对付处理的土,即"问题土"(problematic soil)。但红黏土在我国分布较广,如贵州、云南、湖南和广西等地区均覆盖有大量的红黏土。因此,在国家交通基础设施建设中将不可避免地遭受这类"问题土"的困扰,而其中水对红黏土路基的影响问题乃是关键技术难题之一。

红黏土的水敏性是其裂隙性和收缩性发生的诱导因素,"吸水软化,失水开裂"是其典型的水敏性特征[1~4],如图 1.1 所示。红黏土路基土在不利水分的侵蚀下,其物理力学性质将发生急剧变化,而这些变化是导致路基沉陷、纵裂、浅层滑塌等病害发生的根本原因。修筑在地表浅层的路基与大气和地下水发生强烈的相互作用,为了研究温度场和水分场对路基强度及其变形的影响,应对土体含水量分布随初始压实状态的变化过程及规律进行研究,进一步认识水分对红黏土的作用规律和红黏土路基应力场与变形场特征,这些都是有效预防路基病害的前提条件。

(a) 失水裂缝　　　　　　　　　　　　　　(b) 水分结晶

图 1.1　红黏土的典型特征

红黏土作为路基填料很难达到重型击实标准的压实度,目前规范处理该问题的思路:首先,根据路堤采用的特殊填料或所处的特殊气候地区,压实度标准依据试验路在保证路基强度要求的前提下可适当降低;其次,掺适量的生石灰或其他稳定材料进行改性处理,以满足规范规定的含水量和压实度等要求。但对压实度依据什么降低及降低多少没有给出参考意见。另外,有些红黏土路基填筑时压实度和承载比都能达到规范的要求,但后期营运期间却频频出现路面开裂、路肩滑塌等病害。为此,需要进一步探讨如下问题:路基在营运期间其性能与填筑时相比是否出现了弱化?如果弱化,产生弱化的根本原因是什么以及如何防治?

初始填筑状态是影响路基性能的内在因素;水分则是路基病害致灾因子,而环境因素却是促使水分变化的动力源泉。因此,需要了解路基在后期营运中,气候、交通荷载等外部营力引起的水分迁移模式,弄清水分对路基土体性状产生影响的机制,提出切实可行的防治方法。为此,开展水分传输对红黏土的工程性状影响及其现场碾压试验研究,既紧密围绕红黏土公路路基填筑的实际需求,又深化了湿热耦合作用的机理认识,具有十分重要的研究价值。

1.2　红黏土的工程特征研究现状

红黏土属于一类典型的特殊土,其独特的工程性质主要表现为一方面具有高含水量、高塑性、高孔隙比、密度低、压实性差等不良物理性质;另一方面却具有高强度、中低压缩性的力学特性。在被普遍认为是比较好的天然地基和较好建筑材料的同时,却因胀缩性、裂隙性与分布不均匀性(主要指上硬下软)等工程地质特性而存在很大的工程隐患。高岱等[5]描述了贵州地区碳酸盐岩红黏土的特殊工程特征,并首次将其作为一种特殊土对待。1977年纳入《工业与民用建筑和地基基础设计规范》并给予了红黏土正式的定义。其工程特征主要包括渗透、压缩、收缩、强度与变形等特性。

压实是加固土体的一种古老而又经济的工程处理方法,Quinones[6]在分析大量的红黏土现场和室内试验基础上,指出影响压实试验结果的主要因素分为两大类:①红黏土的红土化过程;②试样的配置与试验方法。Gidigasu发现残积红黏土的黏粒含量与最大干密度和最优含水量之间存在相关性。Tubey认为受云母矿物与非云母矿物的形状影响,击实功一定情况下,红黏土中的云母减少了最大干密度而增大了最优含水量。非云母矿物颗粒尺寸基本相近,而云母矿物类似扁平状、体表面积率大。云母含量低时云母颗粒零星分布对压实效果影响不明显;对于粒径较大的土,云母颗粒充填在颗粒之间的孔隙提高了密度。云母含量增大一定程度后则增大了自身的孔隙,反而降低了密度。片状云母在土颗粒之间形成了一种弹性效应,压实荷载移去后具有回弹的趋势,振动压实比较符合高云母含量的红黏土。压实试验的试样配置方法对试验结果影响也很明显,Willis第一个注意到火山岩红黏土湿法备样和干法备样对击实曲线的影响。Tateishi报道了同一种红黏土初始含水量不同,由此得到的含水量干密度曲线有很大的差异。通过对红黏土自然风干到不同的含水量,然后再加水静置进行系列击实试验,获得的试验曲线随初始脱湿状态的不同而不同,类似的规律在其他类别的红黏土中也能找到。水化红黏土每进行一次脱湿都能对土体形成不可逆的改变,这是红黏土中的倍半氧化物从可变的亚铁向稳定的三价铁转变而引起的结果。Newill 等指出烘干试样得到的最大干密度要比自然风干试样的干密度大,但前者得到的最优含水量要比后者小,而风干土体再加水配样与自然风干试样的试验结果差别不大,说明试样脱水方法与程度对压实指标的影响主要表现为对土体结构的损伤。

Ruddock[7]研究原状红黏土和重塑红黏土的渗透特征时发现红黏土的渗透系数与其母岩类型、土质、孔隙率、备样方法等有关。de Graft-Johnson 等[8]总结了热带不同地区的原状红黏土和压实红黏土的渗透性,不同地区的红黏土渗透系数变化差异很大,总的说来,原状样的渗透系数较压实样的渗透系数大。de Graft-Johnson 等[9]通过研究击实含水量和干密度对残积红黏土渗透性的影响,发现击实含水量越高,渗透系数越小。Wallace[10]研究结果也表明:失水程度对某些红黏土的渗透系数有明显影响。Lumb[11]指出原状残积红黏土的渗透系数主要受红黏土的风化程度、土质、初始孔隙比影响。

很多学者研究了不同风化程度的原状、重塑、击实红黏土的强度特征,认为强度主要受红黏土的组成成分、试样的制备方法等因素控制。Vargas[12]发现排水条件对红黏土的三轴剪切强度莫尔包络线有影响。Lamb[13]指出红黏土的剪切强度大小取决于母岩种类和风化程度,不同风化程度的花岗岩在相同击实功作用下抗剪强度参数不同,弱风化土具有较高的内摩擦角。Baldovin[14]的研究表明,红土化程度越高越有利于提高其强度参数,但强度参数对含水量和饱和度非常敏感。Lohnes 等[15]观察到随着降雨入渗量增大,红黏土的黏聚力减小而孔隙比将会增大。然而,Terzaghi[16]指出含水量对压实黏土的不排水三轴剪切强度参数没有显著的影响。Matyas[17]得到的结论略有不同,他认为含水量对内摩擦角没有影响,但黏聚力则受土体的含水量和干密度双重影响。Lumb[18]在研究香港不同母岩红黏土的基础上,根据考虑工程特征的剪切强度将残积红黏土分为三类:①摩擦型或自由排水型;②摩擦-黏聚型或渗透型;③黏聚型或非渗透型。其中第二类又可细分为摩擦-黏聚型和黏聚-摩擦型,主要取决于剪切强度中摩擦力和黏聚力的相对大小。

路基和机场建设中利用加州承载比(California bearing ratio,CBR)来评价压实土体的强度,试验条件应与当地的气候相联系。Ackroyd[19]指出在半干旱地区,CBR 试验试样浸泡 24~48h 就足以模拟现场的含水量条件。van Ganse 发现压实砂砾红黏土浸泡 96h 后的 CBR 值大小取决于压实度、砂砾含量与细粒含量,其 CBR 值可达 80% 以上。含砂砾红黏土用做路基填料,当其砂砾含量约为 75%、细粒含量为 25%、塑性指数为 7% 时,能得到最为理想的压实效果。Remillon[20]

指出砂砾红黏土中的细粒组分起着联结砂砾的作用,过多或过少都不利于路基的强度。砂砾红黏土偏干时具有很高的强度,但吸水后强度会急剧丧失。Evans[21]针对典型的砂砾红黏土开展研究,揭示了红黏土的 CBR 值对含水量变化的敏感性;得到重型击实和轻型击实试样的 CBR 值与含水量的关系,前者的最大 CBR 值超过了 100%,后者也超过了 50%。当含水量超过该点以后,其对应的强度出现了急剧衰减。击实试样经过浸泡 96h 后,红黏土的 CBR 值减小很多,但要高于以该含水量直接击实的试样强度。压实度和含水量对 CBR 值的影响十分显著,当试样含水量增大后,压实功越大强度就减少得越多[9]。以上的研究似乎表明,所有的红黏土 CBR 值对重塑含水量或浸泡含水量十分敏感。但 Gidigasu 和 Bhatia[22]认为浸水并不是对所有红黏土的强度都有那么明显的影响。Nixon 和 Skipp[23]发现细粒红黏土浸泡吸水养护后,其强度得到了提高。强度的增长归因于针铁矿中的氧化铁获得了更高的强度[24]。de Graft-Johnson 等[25]提出黏土的浸水 CBR 值是其塑性指数(I_p)和干密度(ρ_d)的函数:

$$CBR = 72.5 \lg\left(\frac{\rho_d}{I_p}\right) - 7.5 \tag{1.1}$$

以上讨论表明,红黏土的强度变化范围很大,影响的因素很多,包括红黏土的母岩种类、颗粒级配分布、风化程度、细粒含量、制样含水量、压实度等。

不同地区的红黏土具有不同的工程特性,垂直方向也往往具有上硬下软的特点,红黏土下伏基岩的起伏较大。这些水平与垂直方向的分布不均为红黏土工程造成了一定的隐患。随着我国红黏土地区高层、超高层建筑的兴建,红黏土分布不均所带来的工程隐患将越发突出。陈之禄[26]根据多年工程地质勘察工作,总结了红黏土中软土的分布特点、形成条件、地基工程注意问题,并进行了室内渗透试验。韩贵琳[27]将贵阳红黏土按洪积型与残坡积型分类,总结了两类红黏土的工程地质特征,提出基础浅埋原则与填土覆盖保护等建议。张英等[28]以重庆红黏土为例验证了四种本构模型,并提出了相应的模型参数。袁志英等[29]根据静载试验结果建立回归方程,筛选出直接反映红黏土力学性质的三个指标:塑限、液限与压缩系数。欧钊元等[30]验证了泰山地区红黏土与我国南方典型红黏土属同一类,除黏粒含量偏低以外,其他主要物理指标与南方典型红黏土一致。黄质宏[31]通过三轴试验得出应力路径对红黏土强度指标与变形特征有较大的影响。袁绚[32]总结了云南红黏土的基本性状与工程特性,虽然其孔隙比、含水量、黏粒含量和塑性指数等指标不符合防渗土料的技术要求,但其具有足够的稳定性、高强度和低压缩性,是较好的筑坝材料。

Haliburton 等[33]在俄克拉何马州高速公路开展为期 6 年的膨胀土路基含水量研究,认为路基水分主要以聚集和变动两种不同的模式存在。毛细上升是引起水分积聚的主要原因,经历大约两年时间积聚的含水量从最优含水量增大到某一平衡状态,最终的含水量为塑限的 1.1~1.3 倍。另外,在不透水层和路肩防护措施的封闭作用下,路基含水量的变动主要受季节性水位和排水条件控制;而在透水路面和路肩未作任何处置的条件下,其含水量变化则是由降雨和蒸发而引起,后者引起的含水量变化幅度至少是前者的两倍。Hall 和 Rao[34]认为路基稳定含水量主要受土的基本性质(液塑限、渗透系数、土的级配)控制,降雨和地下水是引起路基水分变动的主要来源。因为路基位于路面层以下,因降雨入渗而引起的变化量受到了质疑,同时引起很多研究者对该问题的关注。其中,大部分研究者认为降雨不会影响路基的水分,Thron[35]、Cumberledge 等[36]、Hall 等[34]、Rainwater 等[37]发现降雨只影响集料层,而不影响路基。也有部分研究者坚持认为降雨影响路基含水量,Yoder 和 Witczak[38]的研究表明,长期的低降雨强度对路基水分的影响程度大于集中的强降雨对路基水分的影响,因为在前者条件下土体吸水量最大。Bandyopadhyay 和 Frantzen[39]则认为路基含水量直接受降雨影响,并估计降雨对路基水分影响的滞后时间约为 3 周。除了降雨,地下水也是影响路基土体水分变化的一个主要因素。Russam[40]总结了地下水影响路基水分的三种模式:①路基下的地下水水位非常接近地表时,影响含水量变化的主要因素是地下水水位,如果地下水水位离地表的距离小于 50.8cm 时,这种情况具有一定的主导性。对于这种情形,最终的稳定含水量可以利用土的吸力原理来估算;②路基下的地下水水位距离地表大于 50.8cm 时,地下水位对路基最终的含水量影响很小。对于这种情况,可以通过已有的公路进行现场测量,没有可靠手段预测稳态的含水量;③一年中大部分时间属于干旱季节,年降雨量不超过 25.4cm,含水量主要受空气的湿度控制,这种情况下,平衡含水量小于最优含水量。该情况同样需要通过现场测量或通过本地段已知区域的相关性确定最后的稳定含水量。Drumm 和 Meier[41]通过分析长期性能项目的数据,指出地下水水位和路基的含水量之间的关系不显著,而且他们没有考虑沿深度含水量变化的差异性,主要集中考虑每一深度处含水量总的变化。

　　路基水分的变化程度与路面的性能有很大的关系,路面的很多病害都是引起路基病害的前导因素,反过来路基的性能又重新影响路面的正常使用。很多学者开展了湿度和温度对路面性能的影响研究,特别是把土的基本特征、路基土体含水量作为引起很多病害的主要因素加以考虑。Huang[42]指出对于沥青路面,由于路基含水量变化引起的病害主要有:①因路基强度降低引起的路面疲劳开裂、路面凹坑、翻浆、车辙等与荷载相关的病害;②路面沉陷、路肩隆起或冻胀引起的膨胀等与非荷载有关的病害。因路基含水量引起的所有病害中,沉陷和冻胀对路面的平整度影响最大。

　　路基含水量及其变化对路基及路面的长期性能影响主要通过如下三种途径表现出来:①因季节性的冻融变化引起的土体体积胀缩效应。Novak 和 de

Frain[43]发现路面经历过冻胀时,在冬天要比夏天不平整,而没有经历过冻胀的路面则刚好相反。Kameyama 等[44]观察到开挖面的冻胀量是其他没有开挖面的2~5倍,因为开挖面的含水量与其他断面相比含水量更加丰富;②膨胀性土遇水膨胀引起的隆起。土的膨胀潜势与小于 2 μm 的细颗粒含量和黏土矿物有关。Mitchell[45]指出含有蒙脱石和蛭石矿物的黏土体积改变的潜势较高,该类土如果遭受大量的雨水侵入,体积将出现剧烈的增大;③水分的变化引起土体强度的不稳定。土体的力学特征决定了其变形的发展,含水量是引起其力学特征变化的主要因素。美国国家高速公路和交通运输协会(American Association of State Highway and Transportation Officials,AASHTO)[46]把弹性模量引用到路基设计中去,路基土的弹性模量受含水量的影响,土体本身对水分非常敏感,路基土体含水量的增加使得弹性模量减小。Seed 等[47]、Fredlund 等[48]研究表明,土的模量在最优含水量点附近开始降低。Thompson 和 Robnett[49]、Drumm 等[50]利用饱和度的概念来说明含水量对弹性模量具有同样的影响。Lytton 等[51]提出的改进的整体气候模型也根据体积含水量定义了路基土的模量。Ovik 等[52]、Drumm 和 Meier[41]通过大量的无损检测研究表明,高含水量路基填料用土的模量在解冻季节将会降低。

1.3　土体湿热耦合效应研究现状

土中水分和热量的耦合传输问题得到国内外众多学者的青睐,因其具有典型的工程应用背景而迅速得到发展。目前,湿热耦合传输理论主要应用于农业土壤的温度场和湿度场的变化、高放射性核废料地下存储、地下直埋高压电缆工程、热能的地下储存和传输、冻土地区的路基工程等。以下主要针对热湿传输问题的理论和应用作简要的回顾。

1.3.1　湿热耦合传输模型研究现状

Philip 和 de Vries[53]推导出了描述土体中水分和温度耦合传输的偏微分方程,认为在热力梯度下水分以蒸气和液相两种形态传输,该模型以体积含水量为基本变量,不适合于研究土壤水分的滞后现象;另外,假设固体骨架不变形和介质均匀,因此,不能用于有体变的情况也不能用于非均匀的土壤。de Vries[54]随后对上述模型进行了修正,他将液态流和蒸气流分别考虑,温度方程考虑润湿热和显热的传递。Taylor[55]根据不可逆热力学原理提出的线性流动模型模拟了土壤中水分和热量的传输过程,该模型基于唯像学关系,所以其系数通过试验确定而没有明确的物理意义。Luikov[56,57]也提出了类似的耦合流动方程,认为水分迁移类似于热传导,毛细管传输类似于温度梯度和湿度梯度,模型可考虑水分三相同时存在情况。Cary[58]提出的模型描述了瞬态边界温度梯度作用下接近地表部分的土体水分迁移规律,主要模拟日照温度循环产生的水分迁移效应。Sasamori[59]利用 Philip 和 de Vries 推导的湿热耦合传输模型,研究了地表层土与大气边界面的相互作用,模拟了自由入渗阶段水分直接从土体蒸发的过程,但没有考虑滞后效应。van Bavel 和 Hillel[60]建立的动态模型用于研究无植被覆盖的土体在给定的初始条件下水分和温度同时在垂直剖面上的流动情况,该模型假设所有水分的传输都是以液态水的方式迁移,故只考虑了水分流动对温度传导的影响而忽略了温度对水分流动的影响。Schroeder 等[61]给出的模型考虑了环境因素和地下水的影响,通过有限元网格来拟合土体表面的不规则形状,等温土水方程可以满足预测总水量的迁移量,但是湿热耦合方程可以更准确地预测接近地表的土体含水量。Sophocleous[62]提出的模型考虑了水分和温度在饱和～非饱和区内的传输情况,通过分析在等温与非等温两种情况下的结果发现:在湿润的气候边界条件下等温模型可用来预测剖面内短期的水头势和温度分布场;然而,干燥气候条件下耦合模型只能研究季节性变化对水分传输的影响情况。Dakshanamurthy[63]提出了改进模型,采用三个偏微分方程分别考虑热流、液相流、气相流。方程考虑多孔介质固体骨架可变形可压缩,即考虑体变。该模型不考虑冻结情况,并认为孔隙气体连通,因此仅适合非饱和情况。Milly[64]在 Philip-de Vries 及 de Vries 提出的模型基础上形成了更加详细的多孔介质湿热耦合模型,模型以基质吸力为独立变量,可模拟水分的滞后性和润湿热情况。利用有限元方法获得了该非线性偏微分方程的数值解,很多试验结果都验证了模型的有效性。

　　国内,王补宣等[65]提出了多孔介质热湿流动模型,考虑材料均匀、无体变、孔隙中总压力保持基本均匀、忽略重力。刘伟等[66]以 Philip 等经典理论为基础,发展了类似于 N-S 方程的多场-相变-扩散模型,其反映的传输机制和物理量场信息更为全面,是土壤热湿气耦合迁移模型研究的进展之一。李宁等[67,68]建立了全面考虑冻土中骨架、冰、水、气四相介质水、热、力与变形耦合作用的数理方程。王铁行等[69]研究了温度作用下冻土路基的水分迁移机理及计算方法,提出了冻土路基水热耦合计算模型。

1.3.2　湿热耦合试验研究现状

　　土壤的湿热传输试验是在一定条件下,利用探头测量不同时刻的温度和水分分布状况。早期研究多孔介质传热传湿的试验研究由于缺乏实时测量含水量的有效手段和方法,试验主要是研究水分的稳态情况,即不能了解在温度作用下水分的实时变化情况。随着时域反射仪(TDR)的出现,测量含水量的瓶颈问题得到了初步解决,湿热耦合试验再次表现出良好的发展态势。现对一些代表性的试验作简单的归纳和总结。

Rose[70,71]开展了为期 6d 的现场试验,研究了温度梯度、吸力梯度、重力作用下水分的传输规律。结果表明,表层 12cm 深度范围内土体的水蒸气通量密度与液态水的通量密度相当,即使吸力势低于 200cm 的水头也存在上列情形;当吸力势大于 50m 水头时,水分的迁移量几乎全部通过水蒸气形式传输,也说明直接因温度梯度产生的液态水迁移量不是主要的部分。水蒸气通量方向随每日的土体温度梯度而变动,除了非常浅的表层土以外,在白天水蒸气通量往下运动;而在晚上因表层土体比内部土体的温度低,水蒸气向上移动。Preece 和 Blowers[72]设计的试验主要模拟一维土中热量和水分的扩散,采用短圆柱试样中间设置加热棒,上下面绝热而外圆周处于散热状态。采用热电测温度;含水量利用沿半径布置的活动栓取土测量,每次取一组活动栓测定的含水量即为某一时刻的含水量在该点的分布。Baladi[73]设计的试验是由圆柱形罐组成的,中间安置一个加热圆球,该试验模型属于点源加热模拟无限多孔介质瞬态湿热传输装置。Hammel 等[74]提出的数学模型着重考虑对流对表层耕种土湿热分布的动态影响,利用间隔 15d 后的气象等数据验证了模型的正确性。结果表明,种子区含水量的实测值与预测值基本一致,误差在 0.01(kg/kg)内,是否考虑热产生的水蒸气流对预测水分的蒸发损失量误差较大。Mitchell[75]通过室外电缆回填试验,模拟地下直埋高压电缆现场情况。试验中采用碳素钢管内装加热棒模拟电缆,挖沟后把加热棒埋置预定的深度,回填磨碎的石灰岩粉末。沿碳素钢管周围预埋温度和水分传感器,以测定某瞬时的温度和水分分布。Schieldge 等[76]模拟了无覆盖物农场的砂质土每日温度和含水量变化情况,土体从饱和状态开始连续 72h 的脱水。计算结果与实测结果吻合得较好,但在地表 0.04m 以下区域两者之间误差比较明显。Lascano 和 van Bavel[77]在 van Bavel 提出的模型基础上计算了无覆盖物土体剖面 30 多天内温度和水分的分布场,导水率和气象数据作为输入量,含水量计算值和实测值之间不超过 1% 的标准误差、温度不超过 1℃。Camillo 等[78]利用遥感气象数据模拟了上表土层和底部大气边界的耦合作用,模型中考虑了能量和水分的平衡;通过预估修正综合方法自动改变计算时间步,有助于模型计算的稳定性和高效性,表面热和水分通量从标准的气象数据获得,预测含水量的变化每日主要在 0~0.05m 深的土层内。Chung 和 Horton[79]利用有限隐式差分方法研究了部分有覆盖物的土体湿热耦合效应,模型中采用表面能量平衡方程确定水和温度的通量边界。有覆盖物和没有覆盖物表层土体含水量、温度差异很大,导水率在控制表层土体的含水量起着很关键的作用。Ewen 和 Thomas[80]设计的模型装置由一根水平玻璃管和中间安装一根加热棒组成,两端密封绝热,沿一条水平半径安装温度传感器。水分的测量通过从不必记录温度的区域取少量的土样采用烘干法测定。该模型可以模拟土壤二维水分和热量的迁移问题,其外部温度边界可以考虑为换热边界。Horton[81]用显式有限差分的方法预测了表面蒸发效应下土体的水分和温度流动规律,模型没有考虑大气在稳定条件下显热和潜热的传输,数值解和解析解在土体表层和次表层非常吻合。Nassar 和 Globus[82]利用水平的封闭非饱和土柱研究湿热传输问题,该模型探讨了三种不同初始含水量和三种不同温度下的湿热传输规律,得出了一系列有意义的结论。Bach[83]进行了室内试验来研究水分迁移在温度作用下的响应,温度梯度 0.5(℃/cm)驱动下初始体积含水量 0.15m³/m³ 的迁移量最大,而初始含水量为 0、0.049m³/m³、0.099m³/m³、0.28m³/m³ 的土体基本没有影响。因此,在土体很干或很湿的状态下,温度梯度作用下水分的移动响应相对不明显。

国内,王铁行等[84~87]对黄土的湿热传输在路基中的应用开展了大量的工作,建立了水分迁移的二维有限元计算模型,阐述了有限元计算过程及如何确定有关参数,在水、热研究的基础上,实现了冻土路基水、热双向耦合计算。将临界高度的概念拓宽为保证路基处于安全状态的填土高度,对冻土路基中的温度分布和变形规律进行了分析,提出了冻土路基的临界高度应有下和上两个值,并得到了确定砂砾路面路基和沥青路面路基下临界高度和上临界高度的计算方法。毛雪松等[88]用多年冻土地区代表性土类进行了冻土路基室内足尺模型试验,建立了伴有相变的路基非稳态温度场的控制方程,通过对观测结果进行数值模拟,验证了数学模型的正确性。进一步分析路基温度场的变化规律与野外观测结果的变化规律,其一致性说明了室内模型试验可以模拟野外冻土路基的真实情况,为研究冻土路基温度场的变化规律提供了可靠依据。卢靖[89]对非饱和黄土的物理力学性质及渗透特性进行了阐述,并对非饱和黄土中水势的构成进行了分析;根据离心机法测定土壤水分特征曲线随温度和干密度的变化情况。密度变化引起基质吸力的变化非常显著,相对而言温度变化引起基质吸力的变化不显著。用 van Genuchten 模型回归得到包含温度、含水量和干密度的土水特征曲线公式,并推出了相应的渗透参数;用水平土柱法确定不同干密度黄土的水分扩散率,结果表明扩散率与含水量和干密度之间符合指数函数的变化关系,扩散系数随土壤含水量的增大而增大,随干密度的减小而增大;测出不同走向的黄土路基两侧边坡的含水量分布,总结出两侧边坡含水量的变化受到植被、坡率、走向等因素的影响,但基本上是阴坡含水量大于阳坡的含水量;坡度越大,土体含水量越低;测得野外的水泥路面、沥青路面、草地以及裸露地的含水量随不同季节变化情况。岳彩坤[90]对黄土路基水热传输规律进行了探讨研究。自制水分迁移装置对非饱和黄土水分迁移规律进行了试验研究,给出了黄土路基温度场计算模型,对黄土地区气温、辐射、湿度等边界因素进行分析,确定了模型参数;提出了考虑含水量和密度影响的黄土路基水分场计算模型,探讨和确定了模型参数,得到了非饱和黄土水体积变化系数和渗透系数的表达式,并同时指出系数均受土体含水量及密度的影响。刘炳成等[91~93]通过试验及理论研究建立了存在干饱和层时土壤热湿传递的数学模型,得到了自然环境下土壤中温度、湿分分布及水分蒸发的动态特性,研究表明土壤润湿度与温度变化幅度共同决定温度效应对土壤湿分迁移的影响程度,由温度和温度梯度引起的湿分迁移在含水量处于中等程度的土壤中作用明显。杨果林等[94]设计一个尺寸为 3m×3m×1m(长×高×宽)的模型箱模拟路基的形状,根据需要测试的部位埋设了测量温度的热探头和测量含水量的 TDR 探头。通过六组膨胀土路基室内模型试验,在不同排水边界和不同压实条件下,分别模拟路基在积水、阴天、日照、降雨时,膨胀土路基中含水量的变化规律、水的入渗和蒸发速率等。陈善雄[95]以 Philip-de Vries 模型为基础,开展了非饱和土中水分和热量耦合流动模型试验并自编程序进行了土中水分和热量耦合传输的数值分析。孔令伟、陈建斌等[96~99]在广西南宁地区建立了缓坡、陡坡与坡面种草三种类型膨胀土边坡的原位监测系统。采用小型气象站、土壤含水量 TDR 系统、温度传感器、测斜管和沉降板跟踪测试了边坡含水量、温度、变形等随气候变化的演化规律。认为降雨是膨胀土边坡发生灾变的最直接的外在因素,蒸发效应是边坡灾变的重要前提条件。杨洋[100]以广西南宁膨胀土为研究对象,对影响石灰处治土路基长期性能的两个重要因素(干湿循环效应和淋滤作用)进行了室内试验,针对大气作用下的石灰处治土路基建立了热-湿-应力-化学(THMC)四场耦合模型,采用该模型对石灰处治土在大气作用下的响应过程进行了数值模拟。

　　国外学者研究水分迁移问题起步比较早,大部分注重以温度作为水分传输的主要驱动力,实际上在岩土工程中毛细作用同样是水分迁移的动力之一。在数学模型上先后出现了考虑水的液相传输、气相传输、相变等情况,同时也出现了考虑体积变形的模型。但纵观参阅的文献不难发现:考虑多因素的模型很难应用到实际问题中,而仅从唯象的角度推导的模型又因参数的物理意义不明确而难以从机理上加以解释和说明。水分迁移理论前期主要应用于能源领域而交通工程方面的尝试比较少,值得一提的是,国内有学者站在前人的肩膀上把水分迁移的理论应用到岩土工程的很多领域包括路基工程。由于地域方面的原因,北方地区在这方面的研究工作似乎独显成效,而炎热多雨的南方地区则略显不足。虽然南方气候不像北方气候的交替变化剧烈,但对气候变化特别敏感的红黏土在多雨炎热环境下其工程性状对气候的响应十分灵敏,而目前对红黏土的水分迁移研究成果并不丰富。

1.4　石灰改良红黏土的力学性能

　　高速公路建设中经常遇到需要利用石灰、水泥等稳定材料处置不良路基填料的问题,经过长期的实践和研究,已取得颇为丰硕的成果[101~103]。但总体说来,改良机理的研究水平遥遥领先工程的实际应用。它们之间脱钩的根本原因是无法破解实际应用中稳定材料和填筑材料拌和均匀的难题[104,105]。工程中的填筑材料,特别是黏性土(如膨胀土、红黏土)成团现象十分突出,都是由大小不一的土团构成。在改良的拌和过程中很难将土团打散[106],故稳定材料实际只附着在土团的外表面;然而,室内试验研究中严格控制了土体颗粒的粒径大小,如公路土工试验规程中规定击实试验用土的颗粒粒径不大于 40mm[107]。黏性土颗粒"易成团、难打散"的特征影响了稳定材料改良黏土的效果,致使工程界质疑改良处置的技术方案。目前对土团效应进行定量分析的报道不多,就查阅的文献来看,只有国内学者施斌等[108,109]探讨了集聚体大小对剪切强度、无侧限强度等的影响。显然,红黏土的石灰改良试验的土团尺寸效应研究还有待加强,红黏土团粒化的力学模型也有待摸索。

石灰增强黏性土强度的机理主要包括四个方面[110]:①离子交换作用;②碳化作用;③吸水膨胀发热作用;④灰结作用。普遍认为碳化效应是氢氧化钙与空气中的二氧化碳发生反应生成碳酸钙晶体,在土颗粒之间起到胶结作用。然而在实际工程中,空气中的二氧化碳很难进入密实的土体内部与熟石灰发生反应,仅在表层出现碳化作用,Glenn[111,112]的研究表明石灰稳定膨润土中仅有表层 2.5% 的碳酸钙生成量可归因于碳酸化作用。但随着公路交通流量的增长,汽车尾气的排放量急剧增加,公路周边极易形成酸雨环境[113]。二氧化碳溶于雨水后可通过水分迁移、渗透等方式进入路床等经石灰稳定的土体。杨志强等[114]指出"碳化作用对石灰与土的进一步反应可能会产生不良的效果",但其没有开展进一步的试验验证。可见,碳化作用是否对石灰稳定土的强度一直起到增强作用需要得到验证。另外,弄清长期碳化作用下石灰稳定土的胶结性能演化及其主要影响因素,也关系到石灰稳定土的长期性能预测。因此,开展石灰土长期碳化效应机制研究对提升石灰稳定土工程抵抗外部营力作用的长期性能具有十分重要的参考价值。

另外,随着经济的飞速发展,早期利用石灰土处治的工程面临重修、改造等建设活动,如何利用废弃的石灰土日益成为工程需要面对的实际问题。谈云志等[115]对重塑石灰土的力学特征与性能劣化机制开展了相关研究,发现在重塑过程中破坏了石灰土的胶结结构,致使黏聚力部分丧失,从而降低了其力学性能。如何恢复石灰土的强度,选择何种外添剂能有效地提高重塑石灰土的力学强度,它们的增强机理是什么? 如果对废弃石灰土进行再次改良,土体的压缩性、强度等物理指标能否有所改善,是否能满足工程需要,以此达到再利用的目的? 对此,国内外的研究还鲜有报道,因此,有必要开展对重塑的石灰土再分别添加石灰和水泥进行改良,对比分析重塑石灰土、石灰再改良土、水泥再改良土的压缩特性、强度特性,从重塑石灰土再改良前后的粒度、微观形貌、矿物成分的角度,揭示重塑石灰土的强度再生机制,为重塑石灰土的再利用提供重要的理论参考依据。

1.5　本书的主要内容

以红黏土工程特征试验为基础；以压实红黏土的水分迁移规律为主线；以饱和与非饱和土力学及湿热耦合试验为手段；利用改进的水分传输模型模拟环境因素作用下路基内部温度、水分演化规律，揭示水分迁移与路基变形的内在联系。

主要内容如下：

（1）结合国内外的研究成果，总结了红黏土的定义、分类标准和红黏土的形成演化规程及其特殊的岩土工程特性，进一步深化对红黏土的认识。

（2）利用孔隙分析仪、扫描电镜等现代试验设备获得压实红黏土的细观孔隙结构，并进行其持水性能、失水收缩和吸水膨胀的水理性研究，从孔隙分布的角度揭示其水理变化的机制。

（3）从红黏土的击实特性、承载比强度、三轴剪切强度和压缩特征等角度研究红黏土的工程特性，进而掌握红黏土的工程力学特性。

（4）红黏土的水敏性很强，为了模拟路基土体在地下水和大气湿热耦合作用下的水分迁移规律，自主研发了试验仪器开展红黏土的水分传输的湿热耦合效应研究。利用 Philip-de Vries 水分传输模型，对模型所涉及的参数进行评价与取值，结合实测气象数据模拟路基在大气作用下温度、水分的分布规律。

（5）红黏土天然含水量高导致现场施工难以压实，存在需要添加外添剂进行改良。进行石灰土改良红黏土强度的团粒化效应研究，并对石灰稳定土的碳化作用机制及重塑石灰土的力学性能劣化与修复方法进行初步探索。

（6）总结红黏土现场碾压试验的成果，结合红黏土室内试验结论提出高液限红黏土的利用原则和填筑控制建议，为红黏土地区公路修筑提供技术参考。

本书包含的各部分内容及其相互之间的关系，如图 1.2 所示。

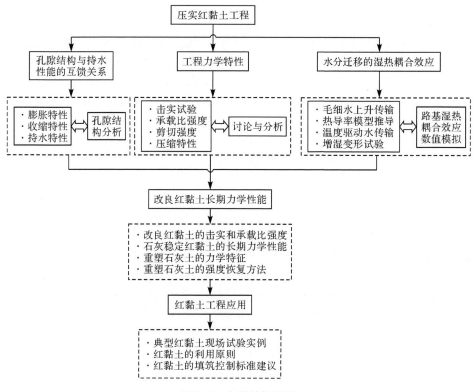

图 1.2　内容结构框架

参 考 文 献

[1] 孔令伟,赵颖文. 原状红黏土脱湿过程的工程性状与机理分析[C]//中国土木工程学会第九届土力学及岩土工程学术会议论文集. 北京:清华大学出版社,2003.

[2] 赵颖文. 中国西南地区红黏土的强度与水理性特征研究[D]. 武汉:中国科学院武汉岩土力学研究所,2003.

[3] 赵颖文,孔令伟. 广西原状红黏土力学性状与水敏性特征[J]. 岩土力学,2003,24(4):568-572.

[4] 赵颖文,孔令伟. 广西红黏土击实样强度特征与胀缩性能[J]. 岩土力学,2004,24(3):369-373.

[5] 高岱,袁玩,余培厚. 贵州红黏土的建筑性能[C]//第一届土力学及基础工程学术会议论文集. 北京:中国工业出版社,1964.

[6] Quinones P J. Compaction characteristics of tropically weathered soils[D]. Urbana Champaign:University of Illinois,1963.

[7] Ruddock E C. Residual soils of the Kumasi district in Ghana[J]. Geotechnique,1967,17:

359-377.

[8] de Graft-Johnson J W S,Bhatia H S,Gidigasu M D. The strength characteristics of residual micaceous soils and their application to stability problems[C]//Proceedings of 7th International Conference on Soil Mechanics Foundation Engineering,Mexico,1969.

[9] de Graft-Johnson J W S,Bhatia H S,Gidigasu M D. The engineering characteristics of a lateritic residual clay of Ghana for earthdam construction[C]//Symposium Earth Rockfill Dams,New Delhi,1968.

[10] Wallace K B. Structural behaviour of residual soils of continually wet highlands of Papua, New Guinea[J]. Geotechnique,1973,23(2):203-218.

[11] Lumb P. The properties of decomposed granite[J]. Geotechnique,1962,12(3):226-243.

[12] Vargas M. Some engineering properties of residual clay soils occurring in Southern Brazil [C]//Proceedings of 3rd International Conference on Soil Mechanics Foundation Engineering,Zurich,1953.

[13] Lamb D W. Decomposed granite as fill material with particular reference to earth dam construction[C]//Proceeding Symposium Hong Kong Soils,Hong Kong,1962.

[14] Baldovin G. The shear strenth of lateritic soils[C]//Proceedings of 7th International Conference on Soil Mechanics Foundation Engineering,Mexico,1969.

[15] Lohnes R,Fish R C,Dermirel T. Geotechnical properties of selected Puerto Rican soils in relation to climate and parent rock[J]. Geology Society American Bulletin,1971,82:2617-2624.

[16] Terzaghi K. Design and performance of the Sasumua dam[C]//Proceeding British Institute Civil Engineering,London,1958.

[17] Matyas F L. Some engineering characteristics of Sasumua clay[C]//Proceedings of 7th International Conference Soil Mechanics Foundation Engineering,Mexico,1969.

[18] Lumb P. General nature of the soils of Hong Kong[C]//Proceeding Symposium Hong Kong Soils,Hong Kong,1962.

[19] Ackroyd L W. Engineering classification of some Western Nigerian soils and their qualities in road building[J]. British Road Reserch Labrotary,Overseas Bulletin,1959,10:32-32.

[20] Remillon A. Stabilisation of laterites[J]. Proceedings of Highway Research,Board Bulletin, 1955,108:96-101.

[21] Evans E A. A laboratory investigation of six lateritic gravels from Uganda[J]. Britsh Road Reserch Laboraty Note,1958,3241:20.

[22] Gidigasu M D,Bhatia H S. Importance of soil profile in the engineering studies of laterite soils[C]//Proceedings of 5th Afrian Region Conference on Soil Mechanics Foundation Engineering,Luanda,1971.

[23] Nixon I K,Skipp B O. Airfield construction on overseas soils[C]//5th Laterite Proceeding, Kerala,India,1957.

[24] Little A L. The use of tropically weathered soils in the construction of earthdams[C]//Pro-

ceedings of 3th Asian Region Conference Soil Mechanics Foundation Engineering, Haifa, 1967.

[25] de Graft-Johnson J W S, Bhatia H S, Yeboa S L. Influence of geology and physical properties on strength characteristics of lateritic gravels for road pavements[J]. Highway Research Board, 1972, 405:87-104.

[26] 陈之禄. 红黏土中软土的产生条件及室内研究[C]//第二届全国红土工程地质研讨会论文集. 贵阳:贵州科技出版社, 1991.

[27] 韩贵琳. 贵阳地区红黏土工程地质特征[J]. 贵州地质, 1992, 9:292-296.

[28] 张英, 邓安福. 重庆粘土本构模型验证[J]. 重庆建筑大学学报, 1997, 19(2):48-53.

[29] 袁志英, 王伍军, 冷学仕. 对贵州红黏土物理力学指标统计分布规律的初步研究[J]. 贵州科学, 1997, 15(1):27-31.

[30] 欧钏元, 刘英, 罗洪富. 泰山地区红黏土形成条件及工程地质特征初探[J]. 岩土工程技术, 1997, 2:25-28.

[31] 黄质宏. 应力路径与红黏土的力学特性[J]. 人民珠江, 1999, 2:18-20.

[32] 袁绚. 云南红黏土的工程特性及其应用[J]. 南昌水专学报, 2002, 21(1):59-62.

[33] Haliburton T A, Snethen D R, Shaw L K, et al. Subgrade moisture under Oklahoma highways[J]. Transportation Engineering Journal of ASCE, 1972, 98(TE2):325-338.

[34] Hall D K, Rao S. Predicting subgrade moisture content for low-volume pavement design using in situ moisture content data[J]. Transportation Research Record, 1999, 1652:98-107.

[35] Thorn H C S. Quantitative evaluation of climatic factors in relation to soil moisture regime [J]. Highway Research Record, 1970, 301:1-4.

[36] Cumberledge G, Hoffman G L, Bhajandas A C, et al. Moisture variation in highway subgrades and the associated change in surface deflections [J]. Transportation Research Record, 1974, 497:40-49.

[37] Rainwater N R, Yoder R E, Drumm E C, et al. Comprehensive monitoring systems for measuring subgrade moisture conditions[J]. Journal of Transportation Engineering, 1999, 125(5):439-448.

[38] Yoder E J, Witczak M W. Principle of Pavement Design[M]. Hoboken:Wiley-Interscience Publication, 1975.

[39] Bandyopadhyay S S, Frantzen J A. Investigation of moisture-induced variation in subgrade modulus by cross-correlation method[J]. Transportation Research Record, 1983, 945:10-15.

[40] Russam K. Subgrade moisture studies by the British road research laboratory[J]. Highway Research Record, 1970, 301:5-17.

[41] Drumm E C, Meier R. Daily and seasonal variations in insitu material properties[R]. National Cooperative Highway Research Program, Washington, 2003.

[42] Huang Y H. Pavement Analysis and Design[M]. New York:Prentice Hall, 1993.

[43] Novak E C, de Frain JrL E. Seasonal changes in the longitudinal profile of pavements sub-

ject to frost action[J]. Transportation Research Record,1992,1362:95-100.

[44] Kameyama S,Kato M,Kawamura M,et al. Effects of frost heave on the longitudinal profile of asphalt pavements in cold regions[C]//Proceedings of 9th International Conference on Asphalt Pavements,Copenhagen,2002.

[45] Mitchell J K. Fundamentals of Soil Behavior[M]. Hoboken:Wiley-Interscience Publication, 1993.

[46] American Association of State Highway and Transportation Officials(AASHTO). Guide for the design of pavement structures[S]. American:American Association of State Highway and Transportation Officials,1993.

[47] Seed H B,Chan C K,Lee C E. Resilient characteristics of subgrade soils and their relation to fatigue failures in asphalt pavement[C]//International Conference on the Structural Design of Asphalt Pavements,Michigan,1962.

[48] Fredlund D G. ,Bergan A T,Wong P K. Relation between resilient modulus and stress conditions for cohesive subgrade soils[J]. Transportation Research Record,1977,642:73-81.

[49] Thompson M R,Robnett Q L. Resilient properties of subgrade soils[J]. Transportation Engineering Journal of ASCE,1979,105(TEl):71-89.

[50] Drumm E C,Reeves J S,Madgett M R,et al. Subgrade resilient modulus correction for saturation effects[J]. Journal Geotechnical and Geoenvironment Engineering, 1997, 123(7): 663-670.

[51] Lytton R L,Boggess R L,Spotts J W. Characteristics of expansive clay roughness of pavements[J]. Transportation Research Record,1976,568:9-23.

[52] Ovik J M,Birgisson B,Newcomb D E. Characterizing seasonal variations in pavement material properties for use in a mechanistic-empirical design procedure[R]. Transportation Research Board,Washington,2000.

[53] Philip J R, de Vries D A. Moisture movementin porous materials under temperature gradients[J]. Transactions of the American Geophysical Union,1957,38:222-232.

[54] de Vries D A. Simultaneous transfer of heat and moisture in porous media[J]. Transactions of the American Geophysical Union,1958,39:909-916.

[55] Taylor S A. Linear equations for the simultaneous flow of matter and energy in a continous soil system[J]. Proceedings of Soil Science Society Amercian,1964,28:167-172.

[56] Luikov A V. Heat and Mass Transfer in Capillary Porous Bodies[M]. Oxford:Pergamon Press,1966.

[57] Luikov A V. System of differential equations of heat and masstransfer in capillary-porous bodies[J]. International Journal Heat Mass Transfer,1975,18:1-14.

[58] Cary J W. Soil moisture transport due to thermal gradients:Practical aspects[J]. Soil Science Society of American Proceedings,1966,30:428-433.

[59] Sasamori T. A numerical study of atmospheric and soil boundary layers[J]. Journal Atmosphere Science,1970,27:1122-1137.

［60］ van Bavel C H M,Hillel D I. Calculating potential and actual evaporation from a bare soil surface by simulation of current flow of water and heat［J］. Agriculture Meteorology,1976, 17:453-476.

［61］ Schroeder C,de Michele D W,Pooh U W. Modeling heat and moisture flow in soils［J］. Simulation,1978,31:173-179.

［62］ Sophocleous M. Analysis of water and heat in unsaturated-saturated porous media［J］. Water Resource Research,1976,15:1195-1206.

［63］ Dakshanamurthy V. A mathematical model for predicting moisture flow in a unsaturated soil under hydraulic and temperature gradient［J］. Water Resource Research,1981,17:714-722.

［64］ Milly P C D. Moisture and heat transport in hysteretic inhomogeneous porous media:A matric head-based formulation and a numerical mode［J］. Water Resource Research,1982, 18:489-498.

［65］ 王补宣,方肇洪. 含湿毛细多孔体介质的传热与传质和热湿迁移特性测定方法的探讨［J］. 工程热物理学报,1985,6(1):60-62.

［66］ 刘伟,范爱武,黄晓明. 多孔介质传热传质理论与应用［M］. 北京:科学出版社,2007.

［67］ 李宁,陈波,陈飞熊. 冻土路基温度场、水分场、变形场三场耦合分析［J］. 土木工程学报, 2003,36(10):66-71.

［68］ 李宁,徐彬. 冻土路基温度场、变形场和应力场的耦合分析［J］. 中国公路学报,2006,19(3): 1-7.

［69］ 王铁行,胡长顺,王秉纲. 考虑多种因素的冻土路基温度场有限元方法［J］. 中国公路学报, 2000,13(4):8-11.

［70］ Rose C W. Water transport in soil with daily temperature wave. Ⅰ—Theory and experiment ［J］. Australia Journal Soil Research,1968,6:31-44.

［71］ Rose C W. Water transport in soil with daily temperature wave. Ⅱ—Analysis［J］. Australia Journal Soil Research,1968,6:45-57.

［72］ Preece R J,Blowers R M. A numerical method for evaluating coupled heat and moisture difusion through porous media with varying physical properties［C］//Proceedings of 1st International Conference on Numerical Method in Thermal Problems,Frankfurt,1970.

［73］ Baladi J Y. Transient heat and mass transfer in soil［J］. International Journal Heat Mass Transfer,1981,24:449-458.

［74］ Hammel J E,Papendick R I,Campbell G S. Fallow tillage effects on evaporation and seed-zone water content in a dry summer climate［J］. Soil Science Society Amercain Journal, 1981,45:1016-1022.

［75］ Mitchell J K. Field testing of cable backfill system［J］. Underground Cable Thermal Backfill,1981:19-33.

［76］ Schieldge J P,Kahle A E,Alley R E. A numerical simulation of soil temperature and moisture variations for a bare field［J］. Soil Science,1982,133:197-207.

[77] Lascano R J, van Bavel C H M. Experimental verification of a model to predict soil moisture and temperature profiles[J]. Soil Science Society Amercain Journal, 1983, 47: 441-448.

[78] Camillo P J, Gurney R J, Schmugge T J. A soil and atmospheric boundary layer model for evapotranspiration and soil moisture studies[J]. Water Resource Research, 1983, 19: 371-380.

[79] Chung S C, Horton R. Soil heat and water flow with a partial surface mulch[J]. Water Resource Research, 1987, 23: 2175-2186.

[80] Ewen J, Thomas H R. Heating unsaturated medium sand[J]. Geotechnique, 1989, 455-470.

[81] Horton R. Canopy shading effects on soil heat and water flow[J]. Soil Science Society of Amercain Journal, 1989, 53: 669-679.

[82] Nassar N, Globus A M. Simultaneous soil heat and water transfer[J]. Soil Science, 1992, 154(6): 465-472.

[83] Bach L B. Soil water movement in response to temperature gradients: Experimental measurements and model evaluation[J]. Soil Science Society of Amercain Journal, 1992, 56: 37-46.

[84] 王铁行, 贺再球. 非饱和土体气态水迁移试验研究[J]. 岩石力学与工程学报, 2005, 24(18): 3271-3275.

[85] 王铁行. 多年冻土地区路基冻胀变形分析[J]. 中国公路学报, 2005, 18(2): 1-5.

[86] 王铁行, 赵树德. 非饱和土体气态水迁移引起的含水量变化方程[J]. 中国公路学报, 2003, 16(2): 18-21.

[87] 王铁行. 多年冻土地区路基计算原理及临界高度研究[D]. 西安: 长安大学, 2001.

[88] 毛雪松, 胡长顺, 侯仲杰. 冻土路基温度场室内足尺模型试验[J]. 长安大学学报(自然科学版), 2004, 24(1): 30-33.

[89] 卢靖. 非饱和黄土水分迁移问题试验研究[D]. 西安: 西安建筑科技大学, 2006.

[90] 岳彩坤. 黄土路基水热传输问题试验研究及数值分析[D]. 西安: 西安建筑科技大学, 2007.

[91] 刘炳成, 刘伟, 王崇琦. 自然环境下湿分分层土壤中热湿迁移规律的研究[J]. 太阳能学报, 2004, 25(3): 299-304.

[92] 刘炳成, 刘伟, 杨金国. 湿分分层土壤中热湿迁移与水分蒸发的实验研究[J]. 工程热物理学报, 2004, 25(6): 1004-1006.

[93] 刘炳成, 刘伟, 李庆领. 温度效应对非饱和土壤中湿分迁移影响的实验[J]. 华中科技大学学报(自然科学版), 2006, 34(4): 106-108.

[94] 杨果林, 刘义虎. 膨胀土路基含水量在不同气候条件下的变化规律模型试验研究[J]. 岩石力学与工程学报, 2005, 24(24): 4524-4533.

[95] 陈善雄. 非饱和土热湿耦合传输问题的模型试验与数值模拟[D]. 武汉: 中国科学院武汉岩土力学研究所, 1991.

[96] 孔令伟, 陈建斌. 大气作用下膨胀土边坡的现场响应试验研究[J]. 岩土工程学报, 2007, 29(7): 1065-1073.

[97] 陈建斌. 大气作用下膨胀土边坡的响应试验与灾变机理研究[D]. 武汉: 中国科学院武汉岩

土力学研究所,2006.

[98] 陈建斌,孔令伟.大气作用下膨胀土边坡的动态响应数值模拟[J].水利学报,2007,38(6)：674-682.

[99] 陈建斌,孔令伟,赵艳林,等.非饱和土的蒸发效应与影响因素分析[J].岩土力学,2007,28(1)：36-40.

[100] 杨洋.公路处治土 THMC 耦合模型及路基变形数值模拟[D].武汉:中国科学院武汉岩土力学研究所,2008.

[101] 胡明鉴,刘观仕,孔令伟,等.高速公路膨胀土路堤处治后期土体性状试验验证[J].岩土力学,2004,25(9):1418-1422.

[102] 陈善雄,孔令伟,郭爱国.膨胀土工程特性及其石灰改性试验研究[J].岩土力学,2002,23(S):9-12.

[103] 孔令伟,郭爱国,赵颖文,等.荆门膨胀土的水稳定性及其力学效应[J].岩土工程学报,2004,26(6):727-732.

[104] 郭爱国,孔令伟,胡明鉴,等.石灰改性膨胀土施工最佳含水量确定方法探讨[J].岩土力学,2007,28(3):517-521.

[105] 程钰,石名磊,周正明.消石灰对膨胀土团粒化作用的研究[J].岩土力学,2008,29(8):2209-2213.

[106] 胡明鉴,孔令伟,郭爱国,等.襄十高速公路石灰改性膨胀土填筑路基施工工艺和影响因素分析[J].岩石力学与工程学报,2004,23(S1):4623-4627.

[107] 中华人民共和国交通部.JTG E40—2007 公路土工试验规程[S].北京:人民交通出版社,2007.

[108] Shi B,Murakami Y,Wu Z S. Orientation of aggregates of fine-grained soil:Quantification and application[J]. Engineering Geology,1998,50(12):59-70.

[109] 蔡奕,施斌,刘志彬,等.团聚体大小对填筑土强度影响的试验研究[J].岩土工程学报,2005,27(12):1482-1486.

[110] 高国瑞.灰土增强机理探讨[J].岩土工程学报,1982,4(1):111-114.

[111] Glenn R. Infrared spectroscopy of reacted mixtures of Otay bentonite and lime[J]. Journal of the American Ceramic Society,1970,53(5):274-277.

[112] Glenn R. X-ray studies of bentonite products[J]. Journal of the American Ceramic Society,1967,50(6):312-317.

[113] Kamon M,Ying C,Katsumi T,et al. Effect of acid rain on lime and cement stabilized soils [J]. Japanese Geotechnical Society,1996,36(4):91-96.

[114] 杨志强,郭见扬.石灰处理土的力学性质及其微观机理的研究[J].岩土力学,1991,12(3):11-23.

[115] 谈云志,郑爱,喻波,等.重塑石灰土的力学特征与性能劣化机制分析[J].岩土力学,2013,34(3):653-658.

第 2 章　红黏土的认识过程回顾

2.1　红黏土的定义

红黏土是热带或亚热带地区母岩的主要风化产物,该产物的化学组成和形态特征与母岩遭受到的风化程度密切相关。有关红黏土的定义非常多,很多学者从不同的角度提出了红黏土的命名,归纳起来主要有如下三类定义方法。

2.1.1　根据硬化特征定义

"红黏土"最早由 Buchanan[1]于 1807 年提出,它用来描述印度马拉巴尔地区一种含铁、不分层的多孔材料,由于含铁量高而呈土黄色。这种材料刚开挖出来时十分柔软,用铁质工具便可以轻易地切割成块状,但暴露在空气中则会迅速地硬化,并具有显著的抗风化能力。当地居民把这种材料当做砖用于房屋建设,而拉丁语中"later"的意思是"砖",因此被称为"laterite"(红黏土)。后来人们试图用其他的名词来代替"红黏土"但都没有成功,直到 19 世纪末红黏土被公认为热带和亚热带地区各种水晶火成岩、沉积岩、沉积碎屑以及火山灰的风化产物。从形态学上它被定义为世界范围内各热带和亚热带地区地表或近地表的产物。但是当 Blanford[2]和 Harrison[3]发现其他材料也能硬化后,试图用"红黏土"一词特指那些暴露空气后由软变硬的材料也失败了。当单纯依靠硬化指标命名时可能会导致出现一些类似如"铁锈"、"钙质"和"硅质"等新名词,这使得红黏土的命名问题变得越来越复杂。

2.1.2　化学定义的方法

Mallet[4]可能是首位引入化学概念来确定红黏土钙质与铝质本质的学者。Bauer[5]提出用硅、铝的氢氧化物含量与铝土矿的化学组成进行比较后定义红黏土。Warth 等[6]发现印度部分红黏土含有少量的氧化硅,却富氧化;而另一些含有大量的三氧化二铝,却含有较少量的铁。

Fermor[7]提出用所谓的红黏土成分(Fe、Al、Ti 和 Mn)含量与硅的含量比值进行定义,放弃了依据红黏土在自然形态下的硬化程度而命名的方法。Lacroix[8]又提出了一套类似但更全面的化学组成分类系统。他以氢氧化物的相对含量为标准,将红黏土分为三类:①准红黏土;②硅酸盐红黏土;③红色黏土。Martin 和

Doyne[9,10]按照硅铝比率(SiO_2/Al_2O_3),提出了狭义的化学成分分类方法,定义了三类红黏土:①比值小于 1.33 为准红黏土;②比值为 1.33~2.0 的为红黏土;③比值大于 2 为非红黏土。

Winterkorn 等[11]对仅用硅铝比划分红黏土提出了质疑,他认为氧化铁对红黏土的性质也有十分重要的影响。此外,红黏土的硬化过程和无定形态铁氧化物的结晶和脱水过程相一致[12]。红黏土中铁的存在形式也是影响其工程特性的主要因素[11]。Joachin 和 Kandiah[13]采用 Martin-Doyne 提出的硅铝率界限值标准,拟用二氧化硅和倍半氧化物的比值($SiO_2/Al_2O_3+Fe_2O_3$)来定义。

2.1.3　形态学定义的方法

Walther[14,15]从形态学角度提出了红黏土的定义方法,涵盖了所有红色、砖状的冲积和热带红土。随后,Harrassowitz[16]提出了一个典型的热带红黏土分布剖面图,而且与 Fox[17]和 Lacroix[8]两者的描述相吻合。Pendelton[18]也强调指出,尽管硅铝率和硅倍半氧化物比率是两个有用的参数,但它不能成为定义红黏土的决定性指标。因此,Pendelton 和 Sharasuvana[19]认为红黏土存在于某一地质剖面范围内;也许在某些剖面内红黏土还未真正形成,但只要条件合适、时间足够长,它就能风化成真正的红黏土。Kellog[20]将现场硬化或暴露于空气中硬化且富含倍半氧化物的红黏土划分为四种主要形态。Alexander 和 Cady[12]根据前人的研究成果,从形态、化学和物理角度进行了总结和概括,提出“红黏土是一种高度风化的产物,含有丰富的铁铝的次生氧化物。它几乎不含基质和硅酸盐,但可能含有大量的石英和高岭石,自身很坚硬或者在干湿环境中能够变得很坚硬”。

以上对红黏土定义的简短回顾,揭示了红黏土的复杂性。显然,上述从地质、化学或者土壤学的角度定义还是难以取得令人满意的结果。Vallerga 等[21]认为虽然从多方面认识红黏土和非红黏土之间的差异以及不同形态红黏土之间的差异很重要,但工程上只关注其工程特性及力学行为,而它到底叫什么名字似乎并不重要。

2.2　红黏土形成与演化环境

通常认为红黏土是潮湿的热带和亚热带地区母岩历经某种特定风化条件下形成的产物。当初认为红岩土只能在火成岩表面形成,但后来有学者指出只要存在倍半氧化物(SiO_2、Al_2O_3),并且有利于红黏土产生、迁徙和固定的环境存在,红黏土就有可能在任何类型的母岩上产生。红黏土的形成既受母岩的影响,又与促使红黏土演化的环境条件相关。

2.2.1　形成红黏土的母岩

　　形成红黏土的母岩种类非常多,有关红黏土和母岩关系的研究表明,红黏土可能是多种母岩的风化产物,例如,花岗岩、麻粒岩、片麻岩、片岩、千枚岩和火山灰等。在页岩、砂岩和包括灰岩的其他沉积岩中也曾发现过红黏土。另外,Hamilton[22]和 Dowling[23]发现红黏土还存在于冲积层和崩积层中。不论形成红黏土的母岩来源是什么,都必须包含丰富的倍半氧化物。

　　通常情况下,与富含石英的酸性岩相比,红土化过程更有可能在碱性母岩上发生剧烈而广泛的作用。然而,这种趋势通常被其他因素所掩盖,特别是地理条件和温度等因素。由于玄武岩、苏长岩和角闪岩等碱性岩容易蚀变,人们长期以来认为只有这几类岩才能形成红黏土。然而,在花岗岩、片麻岩和片岩中也曾发现硬化和柔软的红黏土。即使这种现象更可能出现在碱性岩上而不是酸性岩上,却足以证明红黏土可能在所有富含铝硅矿物的母岩上形成。

　　红黏土可能在不同的母岩材料上形成,这个事实已经通过西非的地质(图 2.1)和红黏土的分布(图 2.2)之间的关系得到证实。

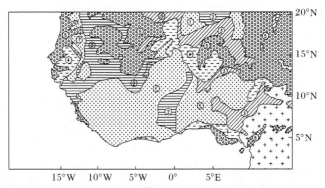

图例：花岗岩、片麻岩、片岩；古生代形成、砂岩、石灰岩、泥岩；中生代形成、砂岩、石灰岩、泥岩；古近纪-新近纪形成、砂岩、石灰岩、砂质沉积物；中生代形成、砂质沉积物、冲积砂砾；基岩、新生代火成岩

图 2.1　简化的西非地质图[24]

　　图 2.3 给出了在不同风化条件下来自多种主要矿物的岩石材料的风化顺序,反映了在风化时释放的可利用的阳离子对已经形成的黏土矿物的重要影响。

2.2.2　红黏土形成的气候条件

　　在与红黏土的形成紧密相关的物理化学和化学作用过程中,气候是一个最重要的因素。高温和降雨量对热带风化过程有直接和间接的影响。直接影响主要是它们能够引起岩石的化学风化和淋滤,间接影响则是通过植被和土壤中的高水

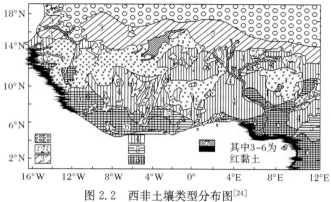

图 2.2　西非土壤类型分布图[24]

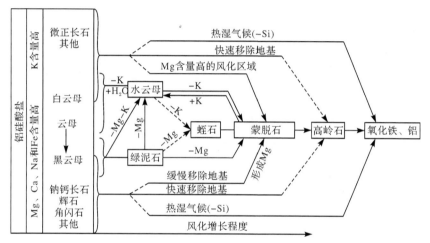

图 2.3　硅酸矿物黏土和铁铝氧化物的形成条件[25]

平的微生物活动对风化产生影响。虽然大气状况对土壤形成有一定作用,但是对于热带风化过程这种条件更重要。图 2.4 展示了不同气温和年降雨量条件下的红黏土形成范围。

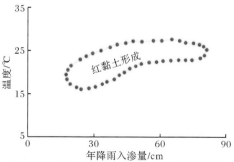

图 2.4　降雨-温度条件与红黏土的形成[26]

1. 温度条件

温度对红黏土形成产生间接的作用,它的主要影响是促进腐殖质的分解或者集聚。Mohr 和 van Baren[27]认为,在温度为 30℃左右的热带土壤中,腐殖质分解导致细菌活动占主导地位;然而当温度低于 20℃时,腐殖质积累占优势(图 2.5)。通常,温度通过两种方式直接影响化学风化作用。温度升高导致蒸发加快,因此阻碍了化学风化作用。虽然有关红黏土形成的温度条件似乎很重要,但是很少有与之相关的研究报道。例如,Crowther[28]的研究表明,当湿度不变时硅铝率随温度的升高而增大。据 Maignien[29]的研究发现,大多数同时期的红黏土在年平均25℃左右的条件下形成。当然,在年平均温度为 18～20℃的马达加斯加高原地区,其红黏土土层也十分深厚。Denisoff[30]曾指出,在卢旺达布隆迪海拔为 2000m左右地区,红黏土材料的年平均温度只有 16℃。

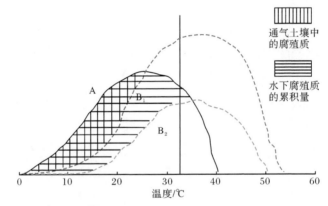

通气土壤中
的腐殖质

水下腐殖质
的累积量

图 2.5　土壤中的腐殖质的集聚-消失与温度的关系[27]

A.腐殖质产物;B$_1$.腐殖质破坏含有大量水分;B$_2$.腐殖质破坏处于水位以下

2. 降雨量条件

过去大多是从降雨量和硅铝率(SiO_2/Al_2O_3)关系角度研究降雨对红黏土形成过程的影响。但 Mohr 和 van Baren[27]对这种思路提出了质疑,他们认为硅铝率与气候条件相关,并且能代表红黏土的形成趋势,但也曾经提出了三个相互矛盾的结论:①降雨和硅铝率之间呈负相关;②降雨和硅铝率之间没有相关性;③降雨和硅铝率之间呈正相关。

Tanada[31]和 Dean[32]发现降雨分布与形成的高岭石的数量之间呈负相关。然而,似乎控制风化程度和红黏土中矿物积累的因素不是总降雨量,而是真正渗透到风化区域降雨量。Sherman[33,34]发现夏威夷群岛的玄武岩红土化过程中起控制的因素不是总降雨量而是其分布。在干旱区红黏土成土作用最终产物富含氧化铁和二氧化钛,而在潮湿地区铝是地表产物的主要成分。显然,在长期潮湿的气候里,大量的氧化铁和氢氧化钛因淋滤作用而流失。图2.6表明了降雨分布类型对红黏土矿物性质的影响。注意到西非地区的降雨量分布(图2.7)和红黏土分布(图2.2)之间的关系,红黏土似乎更容易形成于湿润的热带气候和赤道气候。

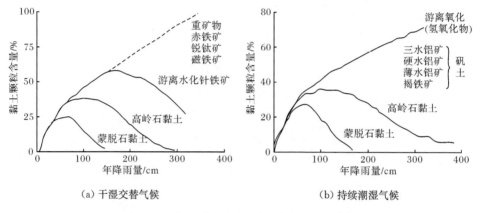

(a) 干湿交替气候　　　　　　(b) 持续潮湿气候

图2.6　黏土颗粒形成与降雨条件的关系[34]

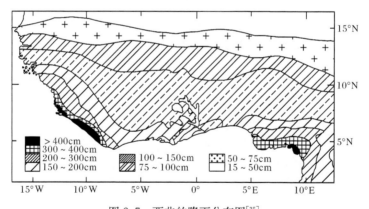

图2.7　西非的降雨分布图[35]

2.2.3　植被的影响

Glinka[36]认为植被对红黏土的形成是十分必要的。虽然在有热带雨林植被覆盖的区域发现了红黏土,但是大量的红黏土还是分布于低海拔森林地带。Humbert[37]研究了由森林演变为草原后该区域的红黏土,发现这种转变使得红黏土由软变硬。Rosevear[38]介绍了一个案例,仅仅经过16年的植树造林措施便显著软化了坚硬的红黏土。可见,潮湿的森林植被会促使软弱型的红黏土形成,而干燥的大草原区域因更有利于氧化和脱水则易形成硬化的红黏土。

　　图2.8说明了西非地区植被种类和红黏土性质之间的关系。图2.9和图2.2也说明了植被种类和红黏土分布之间的关系。从中可以看出,红黏土形成于有植被覆盖的区域,植被分布范围涵盖从热带干湿气候的热带雨林到干燥的大草原。

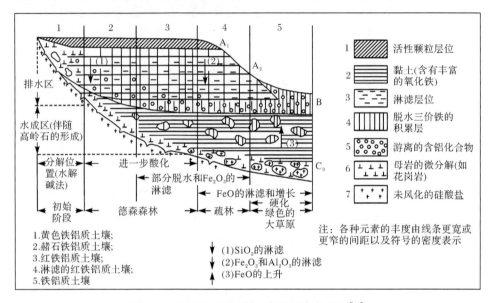

图2.8　红黏土的形成特征与植被条件关系[29]

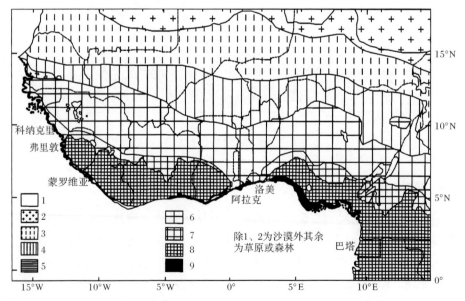

图2.9　简化的西非植被分布图[35]

2.2.4 地形和排水条件的影响

红黏土经常出现在从山顶到谷底的土壤连续序列中。因为这个序列与地势有关,所以猜想地势是一个对土壤风化有重要影响的成土因素。场地的不同包括斜坡、排水以及与其他土壤相关的地理位置的不同。Maignien[29]、Clare[39] 和Ahn[35] 已经研究了地形与红黏土分布之间的重要关系。其中,Clare[39] 提出气候与地形和排水情况之间的关系决定红黏土或非红黏土材料是否形成(图 2.10)。Maignien[29] 和 Dowling[23] 也提出地形与红黏土沉积物位置之间存在联系(图 2.11和图 2.12)。正如图 2.11 所示,铝质红黏土出现在山地中最干涸的地区,特别是在山顶和指向山顶的斜坡上。含铁和含锰的岩层露出地面部分通常发现于坡度不变并小于 9% 的近水平的地形中。

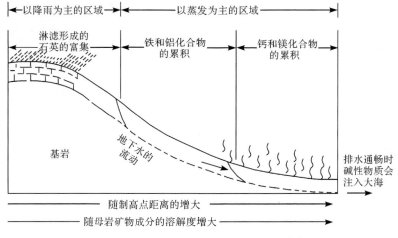

图 2.10 土的形成与地形位置的关系[39]

2.2.5 红黏土次生矿物的形成环境

红黏土风化环境中次生矿物的形成和转化数据表明,除了温度、压力和总体构造环境之外,其他因素如有机酸或者其他酸、pH、微生物等出现以及氧气、水和各种阳离子的存在,通常是在相同压力、温度条件下胶质物形成多种矿物过程的决定性因素。

1. 红黏土中的黏土矿物

总体而言,黏土矿物对环境的成分、温度和 pH 的微小改变都很敏感。高岭石一般生长在形成有机酸或者硫化矿物氧化物的酸性环境中。在含有镁元素和其他

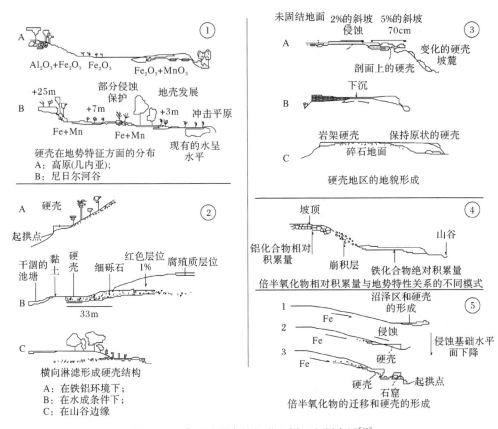

图 2.11　典型地形中的红黏土剖面和硬壳层[29]

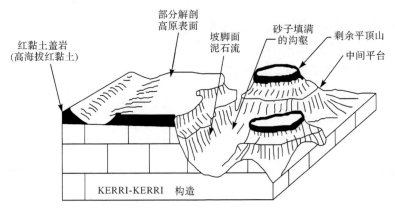

图 2.12　西非红黏土形成的盖帽剖面图[23]

影响因素较小的碱金属或碱土金属环境中时,蒙脱石矿物能够在多种条件下形成,这些矿物中的铁元素通常以三价铁离子形式存在。

伊利石是形成海洋沉积物中的主要黏土矿物,但是它们也能够在某些土壤中形成,特别是那些由页岩风化形成的土壤中更加突出。

2. 残余的氧化物和氢氧化物

硅酸盐岩常见的 9 种阳离子中只有 Si^{4+}、Al^{3+}、Fe^{3+} 和 Fe^{2+} 能够在风化的环境下形成稳定的氧化物和氢氧化物。红黏土中三种主要的次生矿物分别是氢氧化铝、氧化铁或氢氧化铁和氧化钛。

1) 铝的氢氧化物

铝元素通常以刚玉氧化物的形式存在,如三水铝化物,或者以一水硬化铝和一水软化铝的形式存在。图 2.13 说明了氢氧化铝胶体能够形成氢氧化铝矿物的条件[40]。de Lapparent[41]以他的野外工作经验和对铝土矿的观察为依据,提出以下观点:①水软铝石是铝矾土历经富含腐殖酸的地下水作用下后形成的矿物;

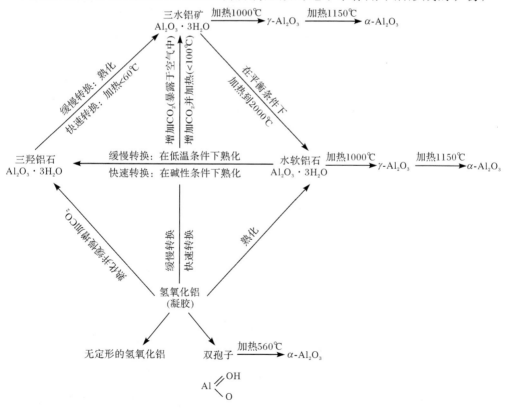

图 2.13　某些铝质物的形成[40]

②富含三水铝矿物的铝土矿是在地下水位以上形成;③硬水铝矿沉积物则在地下水位以下形成,叠加地热的作用更有利于其形成。

2) 铁的氧化物和氢氧化物

图 2.14 概括了形成氧化铁和氢氧化铁矿物的环境条件[42]。Dumbleton[43]在 Kenya 的研究基础上发现,铁的氧化物更容易在炎热潮湿气候和排水条件好的土壤中积累。在此条件下有机质被快速分解到淋滤的水中呈中性,并且铁被氧化和固定。氧化铁和氢氧化铁对环境中潜在的氧化还原反应特别敏感。在有机物存在的条件下或者在地下水位以下,铁矿物往往会被破坏;然而,在环境中的氧化区域,亚铁化合物十分不稳定。在大多数沉积岩中,氧化铁矿物出现时含有不定量的水,并且在 X 射线下呈非结晶型。

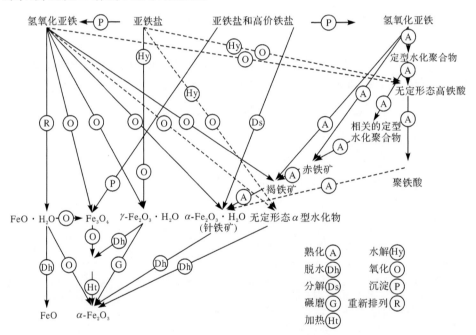

图 2.14 铁的氧化物和氧化水合物间的关系[42]

3) 钛的氧化物

现存的钛氧化物并不十分丰富。然而,大部分母岩中含有少量的含钛矿物,并且往往在红黏土的淋滤过程中能够富集该元素。在 TiO_2 的三种晶体形态中,作为风化残留物的正方形钛晶和锐钛矿很常见,而板钛矿却很稀少。钛铁矿是铁和钛的氧化物,在风化环境中显得比较稳定,并且可能在派生的沉积物中以碎屑颗粒形式存在。

2.3　黏土的天然结构

2.3.1　沉积黏土结构

水悬浮液中沉积黏土的结构不仅受流体运动方式影响,还受流体液相的成分影响,二者决定了黏土矿物的絮凝状态。沉积物中无论是单个晶体还是聚合物,沉积后的历史也非常关键。单晶相片状黏土矿物晶体通过边-边、边-面,面-面等接触的方式连接在一起,主要取决于颗粒间的平衡力,如图 2.15 所示。

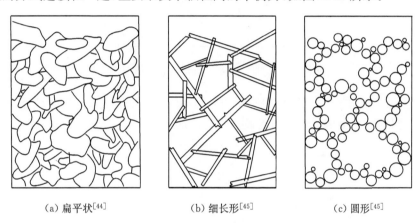

(a) 扁平状[44]　　　　　　　(b) 细长形[45]　　　　　　　(c) 圆形[45]

图 2.15　结构模式与颗粒形状的关系

1. 蜂窝结构

粒径为 0.02~0.0002mm 的粉土或砂粒在水中沉积,因为颗粒太小以至于当颗粒沉积到底部时接触区内颗粒间的分子斥力能够阻止颗粒进入已经沉积好的内部孔隙,而停留在土粒沉积的平衡位置。然后与其他颗粒相互靠拢在一起直到形成微小的拱形结构,产生相对较大的孔隙空间,形成类似蜂窝结构,如图2.16所示。按照这种松散的沉积模式形成了高孔隙比的疏松沉积物。

2. 絮状结构

单个土颗粒粒径小于 0.0002mm(胶体)时,在纯悬浮液中不会沉淀,但会发生移动。当带有同种电荷的粒子相互靠近时,彼此之间会相互排斥,防止颗粒聚集成团而沉淀。当把盐溶解在水中时,黏土颗粒产生悬浮状,溶液中的阳离子附着在带负电荷的黏土颗粒表面,它们之间发生中和作用。当颗粒的电荷释放后,在悬浮液中相互靠近时就不再相互排斥,而会在重力作用下形成疏松的絮状物或随

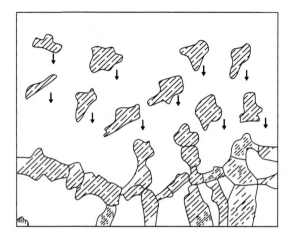

图 2.16　自然沉积下的蜂窝状结构[46]

机排列的聚集体颗粒。当絮状物不断变大后而影响了布朗运动,就在悬浮液中沉淀,形成拥有絮状结构的黏土沉淀物(图 2.17)。

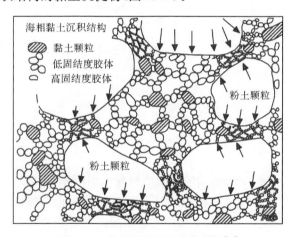

图 2.17　絮凝土壤中的蜂窝结构[47]

　　絮状结构的黏土具有很高的孔隙比。当在沉淀物上施加压力时,处于点接触状态处会发生应力集中,造成颗粒屈服和沿着接触面滑动,达到更加稳定的状态,其体积发生显著的压缩。另外,存在一种更加常见的絮状结构,它是由水流携带泥沙和黏土胶体颗粒流入海洋或静止的盐水湖中形成。胶体粒子与粉土颗粒在悬浮液中快速沉淀,形成拱形粉土颗粒和疏松的蜂窝结构。随着上覆岩层的重量增加,絮状结构中的拱形受到集中力的作用,由絮凝结构转变为粉土颗粒状,密实度得到大幅提高。由于絮凝结构中的拱效应,即使较大压力作用下也能阻止部分孔隙被压缩,而依然保持相对较大的孔隙结构(图 2.18)。

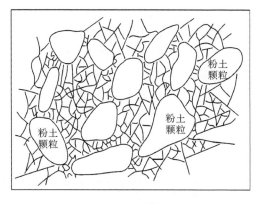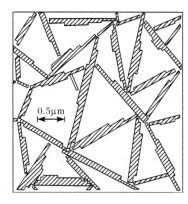

(a) 海相黏土的絮凝结构[48]　　　　　　　(b) 黏土结构的假想结构[49]

图 2.18　海相黏土的孔隙演化过程

在温和的水电解质溶液中,黏土颗粒之间的吸引力占主导而迅速发生沉淀,它们之间形成边-边和边-面接触,趋向于更加形成松散的开放结构。Lambe 和 Whitman[50] 提出了盐水和淡水中形成沉积物的原状和重塑结构,如图 2.19 所示。

(a) 盐水沉积原状土　　　　　　(b) 淡水沉积原状土　　　　　　(c) 重塑土

图 2.19　天然状态土与溶液介质的关系[50]

3. 分散结构

黏土实际上是非常微小的片状晶体的聚集形式,不同强度吸力把颗粒集聚在一起,如凝聚力。这种类型的力主要来源于片屑的光滑表面,因为这些颗粒的比表面积占总片屑表面积的比例很大。当增加黏土矿物的湿度时,片屑的光滑表面会逐渐分布一层水膜,可能由于存在吸附力和吸附阳离子的表现使其趋于成为水合物。这层水膜分离了单个的层片,在它们之间形成润滑作用。由于外力或揉捏重塑了絮状结构,造成片状颗粒滑动到附近的平行位置。随着颗粒间角度变成锐角,两个相邻颗粒表面的水分子电荷变成负电荷,将产生斥力试图把两个颗粒分开。晶片末端的距离越小,其压力就越大。这个较大的压力倾向于分开紧密相连的末端并且吸收水分子进入这个区域(渗透压),直到晶片被推到被双层水隔开的平行位置为止(图2.20)。颗粒定向排列是黏滞水产生的结果,重塑和压实黏土将会产生一个分散结构[51]。完全由黏土颗粒组成的负载絮状结构也会变成分散结构。压力施加于分散结构迫使片间的双电层水排出,直到层间只存在黏滞水且可以支撑荷载的作用。Lambe[51]对影响土壤结构自身和外界的因素进行了简要的讨论。

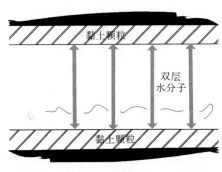

(a) 黏土颗粒的双电层[48]

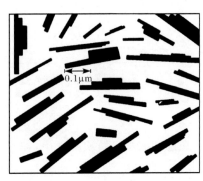

(b) 假设的黏土结构[49]

图2.20　黏土颗粒间的水分赋存状态

2.3.2　残积土的结构

Baver[52]、Jenny[53]、Kubiena[54]和Brewer[55]揭示残积土形成过程中最重要的成果就是确定了土体结构与风化条件和母岩之间的相互关系。例如,Baver[52]表明土壤结构与土壤类型具有相关性,而土壤类型又与风化条件和成土模式有关。另外,土壤颗粒的集聚程度也与降雨和温度条件有关(图2.21)。这意味着风化条件和成土作用对残积土的结构具有十分重要的影响。事实上,Kubiena[54]和Brewer[55]指出考虑成土化过程对残积风化土壤结构的判别和分类提供了现实的基础。

残积土最显著特征是近地面风化过程造成材料的形态随深度发生变化。主要是依据水平层面进行分区反映不同深度的土壤组成和结构的差异。这些差异性主要是由化学和物理环境的变化和可溶性盐、细粒黏土矿物和其他胶体的迁移而造成的。裂缝、孔隙、矿物颗粒和其他组成黏土的结构元素,通常都包裹有黏土颗粒,这些黏土有时平行于沉积表面或保持母岩的原始结构。成土化进程也是促进黏土颗粒集聚成团的过程,类似倍半氧化物或氢氧化物等黏结剂在黏土颗粒之间形成稳定的胶结作用,致使集聚团粒的结构更加稳定。

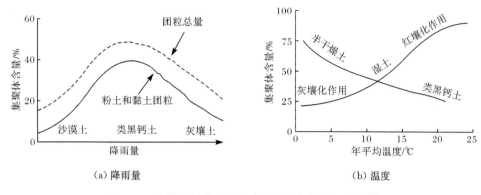

图 2.21　土壤颗粒的集聚程度和气候条件之间关系[52]

2.3.3　红黏土的结构

Kubiena[56]讨论了典型红壤型结构的微观发展。红黏土的形成包括以下 7 个阶段：①黏结层的形成；②铁层的包裹和着色；③铁渣的形成；④蚯蚓管的渗透；⑤Braunlehm 管中结核形成；⑥蠕虫状结构元素形成；⑦Braunlehm 管的硬化。

Kubiena[56]经过大量的现场观察，发现红黏土结构的形成与以下 3 个条件相关：①氢氧化铁必须以易于流动的形式存在；②存在密实的基质且易于物质的扩散；③存在稳定平缓的内核供湿润的物质缓慢生长。

很多学者从宏观角度描述红黏土的结构，如气孔质的、凝固的、多孔的、蠕虫状的、炉渣状的、豆岩状或混凝土块状的，覆盖了从疏松到散粒状再到坚硬岩石状。

2.4　"问题"红黏土的判别和评价

"问题"红黏土由于内在的特殊性，难以得到重复性的试验结果。因此，试图建立标准的试验分类方法存在很大的困难。很多黏性土的分类都采用颗粒级配和液塑限指标，然而红黏土的颗粒分析试验受试样的干燥程度、分散剂类型、搅拌时间和游离氧化铁含量的影响。从工程应用的角度来看，根据红黏土对干燥和重塑的敏感性、膨胀潜能和自稳能力等特性进行判别和分类似乎比从粒度分布和塑性特征分类更具优越性。

2.4.1　"问题"红黏土的显著演变特性

"问题"红黏土被普遍认为是残积风化土体，主要分布在近期火山活动剧烈或者平均年降雨量高达 150cm 的常湿气候地区。它们一般具有高天然含水量、高液限、低天然密度(0.32～1.12g/cm³)和松散易碎等特性。从矿物学角度看红黏土基本含有黏土矿物多水高岭土,它对环境的干燥和相对湿度非常敏感。这些土体也含有水合氧化铁和水合氧化铝,干燥或脱水可以造成部分水合氧化物发生不可逆的转变。

Hirashima[57]、Terzaghi[58]分别对夏威夷岛和肯尼亚的红黏土进行了研究,发现其具有低压缩性、高渗透性,并且内摩擦角较大。这些土体呈现易脆性和粒度粗的特性,这些特性源于土中含有倍半氧化物特别是游离氧化铁。游离氧化铁吸附在黏土矿物表面,覆盖孔隙壁或者充填孔隙,并且将原有的黏土颗粒胶结为细小的球形或海绵状集聚体。

2.4.2　标准土壤分类试验的局限性

红黏土颗粒的凝聚结构十分脆弱,颗粒分析试验结果可能受试验备样和试验方法的影响。不同试验操作人员或者使用不同试验方法会得到完全不一样的试验结果。在颗粒分析试验中红黏土颗粒的絮凝问题十分常见。很多研究者发现,不同的预先脱湿程度、分散剂的类型以及搅拌时间都可能引起颗粒分布的不同。只有全面通盘考虑并且使用合理的分散剂,才能确保把倍半氧化物胶结起来的团粒结构分解成细小的原始颗粒。对于粗粒土体,潮湿状态下筛分通常比干燥状态下筛分更易得到重复性的试验结果。

部分研究者讨论了评价这些"问题"红黏土的塑性特征时所遇到的问题,由于受试样的干燥程度以及搅拌时间的影响,发现大多数红黏土的液塑限试验不能得到重复性的试验结果。在备样的搅拌过程中,土团颗粒破碎可能导致液塑限试验中难以获得前后一致的结果。Terzaghi[58]将这种异常现象归结为存在微小土团聚体和氧化铁水合物。

2.4.3　红黏土的地质剖面判别方法

红黏土的土壤学和工程研究表明,相似的成土过程组合会形成相似岩土工程特性。在公路和机场建设调查中,为寻找合理的填筑材料,人们发现依据相似的成土过程来判别红黏土十分有效。从工程应用的角度对红黏土进行分类,可根据与红黏土成土过程紧密相关的因素来判别,如季节、植被、母岩类型、地形和排水条件等。事实表明,如果没有考虑热带风化过程,任何对热带风化土进行分类的方法都不会成功。例如,由于起控制成土作用的因素之间错综复杂,不同地区的黏土剖面厚度都不同。以工程应用为目的,描述区域红黏土的方法是确定典型风化地质剖面。土壤学分类方法的主要局限性是同种材料的岩土特性取值是一个范围值;然而,工程师急需得到比较确切的岩土工程特性数值,从而可以具体地对某种土体进行分类。

分布于地表的红黏土物理特性受风化条件、红土化作用和干燥过程的影响比较显著;而底层红黏土主要受母岩和残积或沉积红黏土的成土作用条件影响。根据风化作用程度(如崩解、红土化作用和干燥),红黏土通常以多种质地的形式存在。其形式分布范围很广,有用手指即可压碎的未固结软黏土,也有坚硬的岩。有学者提出利用硬度程度来描述,如"软黏土"、"坚固黏土"和"很坚固黏土"等。但是这种与岩土特性没有任何定量关系的定性表示方法显然对红黏土的现场施工人员来说没有实际意义。而且红黏土分布广泛,且随环境变化而硬化或者软化,所以任何基于形态学的判别体系虽有意义但对工程人员起不到很大的作用。然而,Little[59]提出基于风化程度和形态特性的工程分类体系,对残积红黏土的研究很有用。

典型残积红黏土剖面中处于表面或接近表面的土层比较坚硬,但随深度的增加而变软,所以在寻求工程填料时要格外谨慎,有必要根据深度和水平位置进行取样以评价其工程特性之间的差异。

综上所述,许多土壤学数据可以用于从形态特性分类的角度,对问题红黏土进行初步判别,但较为准确的判断需要借助岩土工程特性的试验确定。

2.4.4 "问题"红黏土的工程特性

红黏土用于工程实践时其力学性能有好有坏,但如何区分哪些红黏土好而哪些不好却十分困难。究其原因是缺乏准确的定义和命名方法,以及没有形成合理的描述体系和标准的评价方法。但基于工程应用为目的判别方法已取得很大的进步,可以通过重要的岩土工程特性来区分"正常"红黏土和"问题"红黏土。

1. 失水的敏感性

失水过程中黏土颗粒的团聚效应和矿物水合物的水分流失可能是引起"问题"红黏土性质发生改变的两个主导因素。Willis[60]通过颗粒分析试验发现失水引起黏粒和粉粒集聚成砂粒转变,同时也改变了土体的液塑限值。Newill[61]指出水合埃洛石黏土的含水量少于10%或者相对湿度少于40%时,由于黏土颗粒层间水的损失导致其比重会发生变化。失水促使不稳定的水合埃洛石转化为稳定的元埃洛石。虽然曾指出层间水流失引起比重的减少可能是错觉,但研究表明可以通过比重试验来区分"正常"红黏土和"问题"红黏土。

次生矿物中水合埃洛石、针铁矿、水合铝矿和水铝英石等最易受失水的影响。当解决含有这些矿物的红黏土问题时,应首先按照天然含水量状态下确定其特性指标,然后获得不同干燥程度试样的特性指标,目的是评价全含水量范围内的工程特性以及确定工程中起主导作用的物理条件。已有的失败工程案例表明,红黏土的性能对脱湿效应十分敏感。

　　Tateishi[62]提出用"颗粒团聚集度"指标描述红黏土对失水的敏感程度。聚集度定义为烘干试样和自然状态下的试样的砂当量试验值的比值。聚集度为 1 表明为"正常"红黏土,聚集度大于 1 时则为"问题"红黏土。因此,聚集度可以作为区别"问题"红黏土和"正常"红黏土的另一重要指标。

　　2. 干燥程度和自修复潜能

　　有些水合红黏土高塑性和高黏粒含量,按照施工规范的要求不能用于基础建设。但是,野外现场实际应用时发现其具有良好的工程特性。这种现象通常归因于干燥作用下倍半氧化物和黏土矿物由水合形式转变为脱水形式。

　　例如,以水合红黏土作为试样测试塑限时其指标超出规范的规定,但是相同的试样烘干后却又满足规范。虽然室内试验已论证脱湿对红黏土工程特性产生有利影响,但还不是很全面。为了合理地选择相应的试验方法反映红黏土中氧化铁的脱水状态,首先要将水合红黏土和脱水红黏土区分开。

　　如果红黏土中所有的氧化铁以三价铁的形式存在,而且没有任何促进氧化还原的环境,那么红黏土的特性将会非常稳定,这才符合标准试验的要求。Nascimento 等[63]建议采用"石化试验"评价红黏土自修复潜能。原状土样或重塑土样在 60℃ 恒温下干燥至恒重,然后在蒸馏水中浸泡 24h,试样的含水量定义为吸附极限。石化程度则为缩限和吸附极限的比值,比值越大自修复能力越强。因此,期望经历连续干燥作用提高红黏土的石化程度,以便增加其自修复潜能。

　　3. 聚集结构和重塑敏感性

　　红黏土中富含倍半氧化物,它覆盖在孔隙孔壁或充填在孔隙,并且能够把土壤颗粒胶结在一起,形成不同尺寸的粒状结构。这种粒状结构使得一些原状红黏土表现出符合工程应用的要求。但是,当原状土遭受重塑或其他扰动后,这种粒状结构明显被破坏,从而导致其土体塑性增强、承载能力降低和排水能力减弱。Newill[61]和 Tomlinson[64]发现红黏土的液塑限和游离氧化铁的含量有关。当游离氧化铁去除之后,黏粒含量和液限将会大幅度增加;同时,团粒基本消失,说明黏粒的集聚效应与氧化铁密切相关。当然,受到外力扰动以后,土团集聚也很难形成。

　　由于红黏土比其他黏土对重塑过程更敏感,液限试验中揉捏过程将会导致红黏土表现出较高的液塑限值,由此可能被评判为不合格的工程材料。但是它们在路基中的性能却又可以被接受。因此,通过液塑限来评判红黏土能否用于路基中的底层、基层还是面层,有时会造成一些误判。利用膨胀潜势来预测和评价红黏土在路面结构中的性能也许更有指导意义。葡萄牙土木工程国家实验室提出确保现场性能满足要求的基础上,允许发生一定的合理膨胀量,并建议潜在膨胀率

（10％）可以作为判断路基施工中优良红黏土和"问题"红黏土的界限值[65]。

2.5　小　　结

红黏土用做工程材料的历史悠久，但由于其复杂而特殊的水理特性，人们对它难以达到相对统一的认识。通过对国内外研究者对红黏土的定义、分类、结构和形成过程的回顾，认识到湿热的气候条件是红黏土形成的外部驱动力，而富含硅铝元素的母岩是红黏土"特殊性"的物质基础；同时，认识到不是所有的红黏土都是"问题土"，有些红黏土可以直接用于工程建设。

参 考 文 献

[1] Buchanan F A. Journey from Madras through the Countries of Mysore,Canara and Malabar [M]. London:East Indian Company,1807.

[2] Blanford W T. Laterite of orisa memoir[J]. Ree Geology Survey India,1859,1:290-290.

[3] Harrison J B. The residual earths of British Guiana commonly termed laterite[J]. Geology Magazine,1910,7:439-452,488-494,553-562.

[4] Mallet F R. On laterite and other manganese ore occurring at Gosalpur,Jabalpurdistrict[J]. Ree Geology Survey India,1883,16:103-118.

[5] Bauer M. Beitrage zur Geologie der Seychellen insbesondere zur Kenntnis des Laterits[J]. Neues Jahrb Mineralog,1898,2:168-219.

[6] Warth J,Warth F J. The composition of Indian laterite[J]. Geology Magazine,1903,4(10): 154-159.

[7] Fermor L L. What is laterite?[J]. Geology Magazine,1911,5(8):453-462,507-516,559-566.

[8] Lacroix A. Les laterites de la Guinee et les produits d'alteration qui leur sont associes[J]. Nouvelles Archives Du Museum Dhistoire Natarelle,1913,5:255-356.

[9] Martin F J,Doyne H C. Laterite and lateritic soils in Sierra Leone,1[J]. Agricultural Science,1927,17:530-546.

[10] Martin F J,Doyne H C. Laterite and lateritic soils in Sierra Leone,2[J]. Agricultural Science,1930,20:135-143.

[11] Winterkorn F H,Chandrasekharan E C. Laterites and their stabilization[J]. Highway Research Board,1951,44:10-29.

[12] Alexander L T,Cady J G. Genesis and hardening of laterite in soils[J]. U. S. Department Agriculture Technique Bulletin,1962,1282:90-90.

[13] Joachin A W R,Kandiah S. The composition of some local soil concretions and clays[J]. Tropical Agriculture,1941,96:67-75.

[14] Walther J. Latent in West Australian[J]. Deutsohe Zeitschrift Fur Die Gesamte Gerichtliche

Medizin,1915,67:113-140.

[15] Walther J. Das geologische alter und die bildung der laterits[J]. Petermanns Geogr Mittei-
lungen,1916,62:1-7,46-53.

[16] Harrassowitz H. Laterit forschungsh[J]. Geology Paläontol,1926,4(14):253-566.

[17] Fox C S. Buchanan's laterite of malabar and kanara[J]. Ree Geology Survey India,1939,69:
89-422.

[18] Pendelton R L. On the use of the term laterite[J]. American Soil Survey Bulletin,1936,17:
102-108.

[19] Pendelton R L,Sharasuvana S. Analyses of some siamese laterites[J]. Soil Science,1946,
62:423-440.

[20] Kellog C E. Preliminary suggestions for the classification and nomenclature of great soil
groups in tropical and equatorial regions[J]. Commonwealth Bureau Soil Science,Technical
Communication,1949,46:76-85.

[21] Vallerga B A,Schuster J A,Love A L,et al. Engineering study of laterite and lateritic soils
in connection with construction of roads[R]. New York:Highway and Airfields U. S Agen-
cy for International Development,1969.

[22] Hamilton R. Microscopic Studies of Laterite Formation[M]. Holland:Elsevier,Amsterdam,
1964.

[23] Dowling J W F. The occurrence of laterites in Northern Nigeria and their appearance in
aerial photography[J]. Engineering Geology,1966,1(3):221-233.

[24] D'Hoore J L. Soil Map of Africa (Scale 1:5000000,Plus Explanatory Monograph)[M].
Layos:Commission for Technical Cooperation,1964.

[25] Buckman H O,Brady N C. The Nature and Properties of Soils[M]. London:Macmillan,
1969.

[26] Persons B S. Laterite:Genesis,Location,Use[M]. New York:Plenum Press,1970.

[27] Mohr F C J,van Baren F A. Tropical Soils[M]. London:Interscience,1954.

[28] Crowther E M. The relationship of climatic and geological factors to the composition of soil
clay and the distribution of soil types[J]. Proceeding Record Society London Series,1930,
107:1-30.

[29] Maignien R. Review of research on laterites[R]. Paris:Natural Resources Research Ⅳ,
1966.

[30] Denisoff I. Le concept de la zonalite vertical applique a quelques sols caracteristique du
Ruanda-Urimdi[C]//Computational Rend Conference International Solder African,Dalaba,
1959.

[31] Tanada T. Certain properties of inorganic colloidal fractions of Hawaiian soils[J]. Journal of
Soil Science,1951,2:83-96.

[32] Dean L A. Differential thermal analysis of Hawaiian soils[J]. Soil Science,1947,63:95-105.

[33] Sherman G D. Factors influencing the development of lateritic and laterite soils in the

Hawaiian islands[J]. Pacific Science,1949,3:307-314.

[34] Sherman G D. The genesis and morphology of the alumina-rich laterite clays//Clay and Laterite Genesis[R]. New York:American Institution Mineral Metall,1952.

[35] Ahn P M. West African Soils[M]. London:Oxford University Press,1970.

[36] Glinka K D. Dokuchaev's ideas in the development of pedology and cognate sciences[C]// Proceedings of 1st International Congress Soil Science,Washington,1928.

[37] Humbert R P. The genesis of laterite[J]. Soil Science,1948,65:281-290.

[38] Rosevear R D. Soil changes in Enugu plantations[J]. Farm Forests,1942,3:41-41.

[39] Clare K E. Road making gravels and soils in Central Africa[J]. British Road Research Laboratory Overseas Bulletin,1960,12:43-43.

[40] Frederickson A F. The genetic significance of mineralogy//Problems of Clay and Laterite Genesis[R]. New York:American Institution Mineral Metall,1952.

[41] de Lapparent J. Les hydroxydes d'aluminium,des argues bauxitiques d'Ayrshire[J]. Bulletin Society France Mineral,1935,58:246-252.

[42] Welo L A,Baudisch O. Active iron, II. Relationships among the oxides,hydrates and oxides of iron and some of their properties[J]. Chemical Reviews,1934,15:45-97.

[43] Dumbleton M J. Clay mineralogy of Borneo soils considered in relation to their origin and their properties as road making materials[C]//Proceedings of 2nd International Conference Soil Mechanics Foundation Engineering,Tokyo,1963.

[44] Tan Tjong Kie. Discussion on:Soil properties and their measurement[C]//Proceedings of 4th International Conference Soil Mechanics Foundation Engineering,London,1957.

[45] Hofman U. Neue Erkenntnisse auf dem Gebiete der Thixotropie,insbesondere bei tonhaltigen Gelen[J]. Kolloid Zeitschrifi und Zeitschrift Polymere,1952,125(2):86-86.

[46] Wilun Z. Mechanika gruntow i gruntoznastwo drogowe[R]. Warszawa:Arkady,1962.

[47] Casagrande A. The structure of clay and its importance in foundation engineering//Contributions to Soil Mechanics[R]. Boston:Boston Society Civil Engineering,1940.

[48] Means R E,Parcher J V. Structure In:Physical Properties of Soils[M]. London:Constable, 1964.

[49] Hough B K. Basic Soils Engineering[M]. New York:Ronald Press,1957.

[50] Lambe W T,Whitman R V. Soil Mechanics[M]. New York:Wiley,1969.

[51] Lambe W T. Compacted clay[J]. American Society Civil Engineering Transportation Paper, 1960,125(1):681-756.

[52] Baver L D. A classification of soil structure and its relation to the main soil groups[J]. American Soil Survey Association Bulletin,1934,15:107-109.

[53] Jenny H. Factors of Soil Formation[M]. New York:McGraw-Hill,1941.

[54] Kubiena W L. Red earth formation and laterisation:Their differentiation by micromorphology characteristics[C]//Proceedings of 6th International Congress Soil Science,Paris,1956.

[55] Brewer R. Fabric and Mineral Analysis of Soils[M]. New York:Wiley,1964.

[56] Kubiena W L. Micromorphology of laterite formation in Rio Muni, Spanish Guinea[C]//5th Transport International Conference Soil Science, Leopoldville, 1954.

[57] Hirashima K B. Highway experience with thixotropic volcanic clay[J]. Proceeding Highway Research Board, 1948, 28:481-496.

[58] Terzaghi K. Design and performance of the Sasumua dam[C]//Proceeding British Institute Civil Engineering, London, 1958.

[59] Little A L. The engineering classification of residual tropical soils[C]//Proceedings of 7th Specific Session Lateritic Soils International Conference Soil Mechanics Foundation Engineering, Mexico, 1969.

[60] Willis E A. Discussion: A study on lateritic soils[J]. Proceeding Highway Research Board, 1946, 26:589-593.

[61] Newill D. A laboratory investigation of two red clays from Kenya[J]. Geotechnique, 1961, 11:303-318.

[62] Tateishi H. Basic engineering characteristics of high-moisture tropical soils[C]//Proceeding Washington Associate State Highway Office Conference, Washington, 1967.

[63] Nascimento U, de Castro E, Rodrigues M. Swelling and petrification of lateritic soils[R]. Lisbon: National Engineering Laboratory, 1964.

[64] Tomlinson M J. Airfield construction on overseas soils[J]. Proceeding Installment Civil Engineering, 1957, 8:232-252.

[65] Portuguese National Civil Engineering Laboratory (Lisbon). Studies on engineering properties of lateritic soils[C]//7th International Conference on Soil Mechanics Foundation Engineering, Mexico, 1969.

第 3 章　压实红黏土水理特性与孔隙
结构的互馈关系

3.1　概　　述

　　红黏土是一种水敏性较强的特殊土,其力学性能强烈地受含水量的变化影响。在干旱季节由于大气的剧烈蒸发效应,土体很容易发生失水收缩开裂,少量的水分损失将会诱发大量的微观裂隙[1~3];同时,收缩开裂为雨水的进入提供了顺畅的通道,从而增加了工程土体的压缩性和渗透性[4~6],引起地基沉降、路基边坡溜塌等次生工程灾害[7,8]。同时,红黏土遇强降雨或梅雨季节,又会出现吸水膨胀泥化而导致土体抗剪强度降低。所以,深入研究压实土体的水理特性对预防路基边坡土体的开裂和失稳具有非常重要的指导意义。

　　土水特征曲线是了解非饱和土持水性能的重要途径[9],该曲线描述了非饱和土中基质吸力(ψ)与重力含水量(w)、体积含水量(θ)、饱和度(S_r)或有效饱和度(Θ)之间的关系。结合饱和土的相关参数可以预测非饱和土的渗透系数、水分扩散系数及剪切强度等[10~13]。土体的微观结构与土体的传热传质、持水性能及其胀缩变形等特性密切相关。通过压汞试验和氮吸附方法获取土体的孔隙结构分布特征,是一种获得土体微观孔隙结构的成熟方法。例如,Garcia-Bengochea等[14]通过土体的孔隙分布数据提出了预测饱和渗透系数的方程。Delage 和 Lefebvre[15]利用孔隙计研究灵敏性原状黏土固结过程中结构的演化规律,并针对该黏土提出了自由孔隙和残存孔隙两个概念。Griffiths 和 Joshi[16]研究了不同种类的黏土在固结的不同阶段中孔隙尺寸分布情况。Prapaharan 等[17]通过压实黏土的孔隙分布特征数据预测其土水特征曲线。

　　可见,孔隙结构分布曲线不仅可以了解内部孔隙的分布形态,还可以分析与孔隙相关的特征变量,如渗透系数、收缩系数、持水特征和膨胀特性等。为此,本章结合压汞方法、氮吸附方法和扫描电镜等试验手段从细观的角度揭示水分变动过程对压实红黏土的孔隙结构的影响机制。

3.2　压实红黏土的孔隙分布特征

3.2.1　试样和试验方法

1. 试样

试验土样取自厦门至成都高速公路湖南省郴州段,红黏土的基本物理性质如表 3.1 所示。

表 3.1　红黏土的物理性质指标

天然含水量/%	天然湿密度/(g/cm³)	比重	液限/%	塑限/%	塑性指数	自由膨胀率/%
30.9	1.80	2.65	61	35	26	28.5

通过控制干密度的方法,制备了四种干密度(1.58g/cm³、1.51g/cm³、1.44g/cm³、1.37g/cm³)的环刀样。制作方法如下:先根据最优含水量配置土样后用塑料袋密封放置保湿缸内静置一周;然后,根据干密度和初始含水量计算每个试样的湿土质量,再把称后的土样倒入预先定制好的钢模内进行静压。钢模的内直径与试样直径相同,两端用垫块填充(垫块直径与钢模内径相同),当千斤顶把两个垫块完全压平的时候,试样刚好达到预定的密度。静压完成后不能立刻卸掉千斤顶,要让施加的力稳定一段时间防止试样回弹。最后,用其他垫块从底部把试样慢慢顶出。试样成型后要用密封袋封装好后再次放入保湿缸内静置以供试验所用。把上述制作好的试样完成土水特征曲线试验后,将环刀内不同干密度的土样推出后切成边长大约为 1cm 的立方体土块;然后将其在液氮中(沸点−196℃)快速冷冻15min,使土中液态水形成不具有膨胀性的非结晶态冰;最后利用冷干机在−50℃的环境下抽真空 8h 使土中非结晶冰直接升华干燥,这样可以避免直接干燥带来的体积收缩。

2. 试验方法

压汞法(mercury intrusion porosimetry, MIP)测试土体孔隙分布(pore size distribution, PSD)是基于非浸润性液体在没有外压力作用下不会自主流入固体孔隙内部的原理,该方法是研究土壤等多孔介质微观结构的手段之一。汞对土体来说属于非浸润型的流体,即土体表面和汞分子之间具有排斥性。把试样浸入水银中,通过对水银施加压力迫使水银逐渐进入试样孔隙内。水银浸入孔隙所需的压力与孔隙直径存在对应关系。Washburn[18]据此提出如下公式:

$$P = \frac{4T_s \cos\theta}{d} \tag{3.1}$$

式中,P 为绝对压力,Pa;T_s 为水银的表面张力,0.484N/m;θ 为水银和土之间的接触角,140°;d 为当量孔隙直径,μm。假设孔隙形状为柱状,如为扁平形状,则当量直径 d 等于两倍的颗粒间距离。

采用美国麦克公司生产的 9310 型测孔仪进行压汞试验。该测孔仪可测量孔隙直径为 0.006~300μm。压汞试验得到压力与汞压入的体积关系,利用 Washburn 方程通过压力 P 找到对应的当量直径 d,由此可转换为孔隙直径与表观孔隙的分布曲线。

3.2.2　试验结果及分析

1. 孔隙体积的累积分布曲线

孔隙累积分布曲线类似颗粒级配曲线,描述了大于某孔径的所有孔隙体积累加量与孔径之间的关系。由于大孔隙与小孔隙的直径大小相差 5 个数量级,为便于分析试验结果,孔隙直径采用对数刻度表示。四种不同初始干密度试样经过压力板仪脱水至残余含水量后的孔隙累积分布如图 3.1 所示。

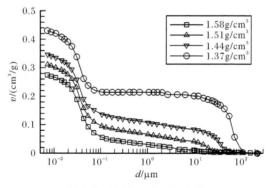

图 3.1　孔隙累积分布曲线

从图 3.1 中可看出,不同初始干密度试样的孔隙分布特征有很大的差异,初始干密度越大,孔隙的总体积越小。所以,图 3.1 中初始干密度较大的孔隙累积分布曲线总是整体位于初始干密度较小的分布曲线下方。以孔径 0.1μm 和10μm 为孔隙直径界限,可将上列孔隙累积分布曲线大致分为三个范围,即 $d<0.1\mu$m,0.1μm$<d<10\mu$m,$d>10\mu$m。不同孔径范围内的孔隙体积分布情况见表 3.2。

表 3.2　压实红黏土的孔隙分布特征

干密度/(g/cm³)	平均孔径/μm	不同孔径范围孔隙体积/%				
		<0.01	0.01~0.1	0.1~1	1~10	>10
1.58	0.035	3	75	10	8	4

干密度/(g/cm³)	平均孔径/μm	不同孔径范围孔隙体积/%				
		<0.01	0.01~0.1	0.1~1	1~10	>10
1.51	0.040	2	67	10	8	13
1.44	0.044	3	57	9	6	25
1.37	0.053	2	46	2	2	48

　　四种干密度(1.58g/cm³、1.51g/cm³、1.44g/cm³、1.37g/cm³)试样在孔径 $d<0.1$μm 的孔隙体积占总孔隙体积的比例分别为 78%、69%、60%、48%；在孔径0.1μm$<d<$10μm 的分别为 18%、18%、15%、4%；在孔径$d>$10μm的则分别为 4%、13%、25%、48%。不同干密度试样的孔隙分布差异主要体现在孔径 $d>$10μm，而试样的孔隙体积则主要分布在孔径$d<0.1$μm。不同孔径的孔隙体积占总孔隙体积的比例，在孔隙累积分布曲线上表现为该孔径曲线斜率的大小。斜率越大说明所占的孔隙比例越多，斜率越小则表明所占的孔隙比例越少。

　　2. 孔隙的孔径分布曲线

　　孔隙的孔径分布曲线可利用 Origin 数据处理软件对孔隙的累积分布曲线进行求导数得到，反映了不同孔径对应下的孔隙体积大小。四种不同初始干密度(1.58g/cm³、1.51g/cm³、1.44g/cm³、1.37g/cm³)试样的孔径分布曲线如图 3.2 所示，图中孔隙直径坐标采用对数刻度表示。孔径分布曲线图中的峰值大小代表该孔径对应的孔隙体积多少。四种不同初始干密度试样的孔径分布曲线均出现了两种比较典型的峰值。峰值的大小和对应的孔径值如表 3.3 所示。

表 3.3　孔径分布曲线峰值特征

干密度/(g/cm³)	峰值①		峰值②	
	孔径/μm	分布密度/(cm³/g)	孔径/μm	分布密度/(cm³/g)
1.58	0.0359	0.0365	3.624	0.0045
1.51	0.0297	0.0375	19.503	0.0080
1.44	0.0360	0.0353	35.960	0.0101
1.37	0.0358	0.0426	60.940	0.0554

　　峰值①处不同干密度试样对应的孔径及其孔隙分布密度差别不大；但峰值②处对应的孔径差别非常悬殊，最大孔径直径是最小孔径直径的 17 倍，前者对应的孔隙分布密度也是后者的 12 倍。说明常规的压实作用只能改变土体的大孔径孔隙，而土体的大部分孔隙都属于微观孔隙。所以，常规压实作用只能在很小的范

围内提高土体的压实度。

　　通过分析压实红黏土的孔隙累积分布曲线和孔径分布曲线可知,土体干密度的变化主要是由孔径 $d>10\,\mu m$ 的孔隙变化引起。换言之,压实的作用主要只能改变孔径 $d>10\,\mu m$ 的孔隙。赵颖文[19]指出红黏土不同的微观结构层次具有不同的结构强度。在相同外力作用下,某一微观结构层次的结构强度破坏,则该结构层次下的孔隙控制土体的力学特性,属于活性孔隙;而另一层次的结构强度未破坏,相应的孔隙保持原有的状态,没有对土体的力学性状产生较大影响,属于惰性孔隙。因而红黏土不同微观层次下的孔隙对土体的宏观工程特征产生不同的影响。据此,可以认为孔径 $d>10\,\mu m$ 的孔隙为活性孔隙,而孔径 $d<10\,\mu m$ 的孔隙为惰性孔隙。

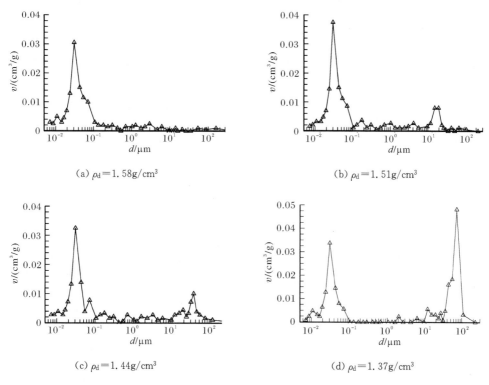

图 3.2　不同孔隙的孔径分布曲线

　　红黏土的孔隙十分发育,形成以小孔隙与微孔隙为主同时兼有一定的大、中孔隙,使得红黏土一般具有很高的孔隙比。红黏土的结构单元主要为不规则的集聚体,在漫长的红土化过程中集聚体表面和集聚体之间因游离氧化铁的胶结作用连成更大的聚合体,形成凝块状和絮凝状结构[20~23]。根据红黏土的微观结构特征可以将其孔隙分为主要的两大类[24~27]:①聚集体内孔隙,主要指微聚体内的孔隙,这类孔隙数量多、体积小、稳定性较高;②聚集体之间孔隙,主要指聚集体、碎屑颗粒、微块体之间的孔隙,这类孔隙的数量相比前者要少但体积大,稳定性与聚集体之间的联结方式有关,若是松散堆积联结则稳定性差,若是穿插镶嵌联结则稳定性强。所以,上述压实红黏土孔径 $d<1\mu m$ 的孔隙可视为聚集体内孔隙;孔径 $1\mu m<d<10\mu m$ 的孔隙为稳定性较强的聚集体之间孔隙;而孔径 $d>10\mu m$ 的孔隙则为稳定性较差的聚集体之间孔隙。

3.3　多功能土水特征曲线试验仪的研制

3.3.1　土水特征曲线试验方法

1. 轴平移技术

轴平移技术是研究非饱和土的试验设备中最常用的吸力控制方法。基质吸力为孔隙气压力与孔隙水压力的差值(u_a-u_w),对于一般非饱和土,孔隙气压力为大气压力,基质吸力在数值上等于负孔隙水压力。轴平移技术也就是简单地将孔隙水压力的基准从标准大气压力平移到试样室的压力,即所施加的气压力。目前非饱和土工试验仪大多基于这一原理设计,最常用的土水特征曲线试验仪是Tempe 仪(图 3.3)。

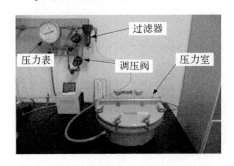
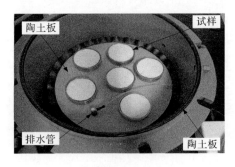

(a)试验仪总体图　　　　　　　　　　　　(b)试样室内部图

图 3.3　Tempe 仪实物图

Tempe 仪的主要组成部分是试样室和高进气值陶土板。试验时,先将陶土板饱和,然后将饱和好的试样置于陶土板之上,逐级增加气压,试样在气压力作用下逐渐脱水减湿。高进气值陶土板是该仪器的核心部件,是由高岭土经过焙烧,形成一种有无数均匀分布小孔构成的多孔性材料。当陶土板饱和之后,水占据了陶土板的细小孔隙,在水的表面张力作用下,气体不能够通过陶土板,从而使饱和的陶土板形成一个透水而不透气结构面。Tempe 仪陶土板的进气值为 15bar(1bar=

100kPa），试验时施加的气压力不能大于该进气值，否则空气将冲破表面张力的作用透过陶土板。

2. 气相法

气相法又称为水气平衡法，其基本原理是将试样放入一个封闭的环境中，通过控制封闭环境的相对湿度来达到控制基质吸力的目的。气相法控制吸力试验装置如图 3.4 所示。保湿缸与盐溶液通过管道连通，采用饱和盐溶液来控制保湿缸的饱和蒸气压，从而达到控制吸力的目的，气泵的作用是使密闭环境中的相对湿度处于平衡状态。试验时，土样中的水在吸力差的作用下通过蒸气交换达到平衡，通过称量剩余土样的重量计算试样的饱和度。不同的吸力需要通过不同的饱和溶液来实现，所以当土样的水汽交换达到平衡时需要更换盐溶液，最高可以施加 340MPa 的吸力，但由于控制精度有限，所以一般只能进行 4MPa 以上的试验。

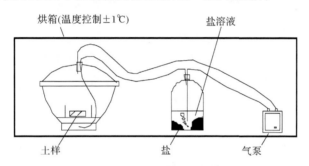

图 3.4　气相法控制吸力示意图[28]

3. 张力计直接量测方法

张力计有多种类型，但其测量原理及基本结构大致相同，主要由高进气值多孔陶瓷头和压力量测装置两部分组成，如图 3.5 所示。二者用塑料圆管连接。陶瓷头相当于轴平移技术中的陶土板，压力量测装置主要用于测量管内压力，有采集系统自动采集和压力表人工读数两种。试验时，将陶瓷头和圆管用蒸馏水填满，直接将陶瓷头插入预先挖好的孔中与被测土体直接接触。非饱和土中孔隙水压力为负值，在压力差作用下，张力计中水会被吸出，圆管内形成负压，当土和圆管内压力达到平衡时，张力计中的水将与土中的孔隙水具有相同的压力值。当孔隙气压力等于大气压力时，测得的负孔隙水压力在数值上即等于基质吸力。理论上张力计能够量测负压的范围为一个大气压，即 $-100\sim0$kPa，但由于圆管出现真空会产生气蚀现象，张力计只能够测量 85kPa 左右的吸力。由于盐溶液能够自由通过陶瓷头，张力计不能测量土的渗透吸力。

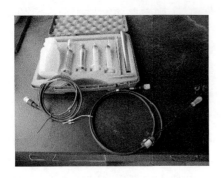
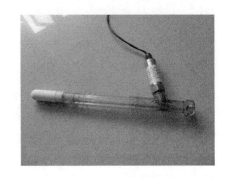

（a）T 系列　　　　　　　　　　　　（b）2710ARL06NG

图 3.5　张力计实物图

4. 存在的问题

　　土水特征曲线试验是认识土的持水性能的主要手段，然而，常用的土水特征曲线试验仪，如 Tempe 仪、体积压力板仪等仪器主要用于研究农业土壤的持水性能，没有考虑岩土工程中遇到的复杂问题，如应力和温度等。气相法能够较好地解决温度控制的问题，但由于其控制精度的限制，无法得到土体在接近饱和阶段的持水性能。张力计的陶瓷头在压力作用下会压碎，故不能考虑荷载对土的持水性能的影响，受到测量范围的限制，张力计也只能够测量砂土或者接近饱和的粉土和黏土的基质吸力，其适用范围有限。

3.3.2　多功能土水特征曲线试验仪组成

　　多功能土水特征曲线试验仪由制样工具、试样室及底座、温度控制系统、基质吸力控制系统、加压装置、变形测量系统和排水测量装置等部分组成。试验仪概貌和主体实物图，如图 3.6 所示。

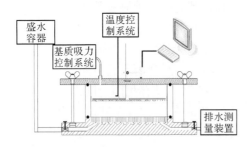

（a）试验仪概图　　　　　　　　　　（b）试验仪实物图

图 3.6　多功能土水特征曲线试验仪

1. 制样工具

通常采用击实法制作环刀试样,但制作过程工序较多,试样质量也得不到保证。为了克服传统制样方法的不足,精确控制试样初始干密度,保证试样的质量,设计了一套加压制样装置,由环刀、底座、固定环和顶盖组成,如图 3.7 所示。制样时,将环刀放入底座凹槽内,套上固定环,按照试样的初始密度计算所需土样并称取相应质量的待测土样放入制样器中,用小勺将土样表面整理平整,上面放一张与环刀外径大小相等的滤纸,盖上顶盖,放入如图 3.8 所示的千斤顶下加压,当顶盖与固定环接触时停止加压,静置一段时间后取出环刀,得到所需干密度的环刀试样。本仪器所采用的试样尺寸为 105mm×20mm。

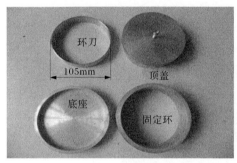

图 3.7　制样器　　　　　　　　图 3.8　压样装置

2. 试样室及底座

试样室示意图如图 3.9 所示。试样室底座有一两端与外界相通的螺旋槽,两端均与 6mm 气管相接,一端用于进水,另一端用于排水,均用球形阀控制开关度。当一端关闭另一端开启时可以饱和陶土板及试样,试验时用做试样排水通道,当两端都连通时能够排除底座螺旋槽的气泡。试样室与螺旋通道通过高进气值陶土板隔开,水能够自由通过陶土板而气不能够通过,试样室与外部通过顶盖及密封圈密封,使试样室形成一个透水而不透气的封闭环境,这也是非饱和试验系统的必备环境。陶土板的进气值为 15bar,基本满足非饱和试验的要求。为了保证试样室的密封性,采用航空插座进行内外信号传递。

3. 温度控制系统

目前温度控制主要有恒温水浴[29]、恒温控制箱[30]等方法。针对本试验试样的特点,采用加热板直接对试样的剖切面加热,最大程度上减小试样内部产生温度梯度。温度控制系统主要由温度控制器、调压电源、加热硅胶、温度传感器和加

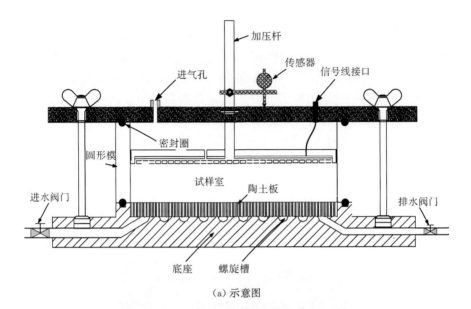

（a）示意图

（b）实物图

图 3.9　试样室

热板等部分组成。加热硅胶具有功率低（24V,12W）的优点,有利于实现恒温控制。将加热硅胶嵌入加热板内部,通过温度控制器控制加热板温度,温度控制器输出电压为 240V,所以需要在温度控制器和加热硅胶之间设置调压电源。试验时,根据试验要求通过温度控制器设置某一温度,当温度低于所设置温度时,电源自动闭合开始加热,当温度达到所设置温度后,电源自动切断停止加热,从而实现恒温控制的目的。本系统所采用的温度控制器为 ATC-800＋,控制精度为±1℃。加热板实物图如图 3.10 所示。

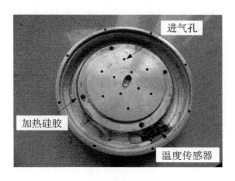

(a) 加热板内部图 (b) 加热板外部图

图 3.10 加热板实物图

4. 基质吸力控制系统

基质吸力控制系统是试验仪的核心部件,精确地控制基质吸力能够使试验结果更加准确,而精确控制进气值附近的基质吸力在一定程度上决定了试验成果的价值。为了达到精确控制基质吸力的目的,该系统采用标准压力体积控制器(GDS 控制器)与调压阀联合控制的方法,基质吸力控制示意图如图 3.11 所示,其主要由 GDS 控制器、空压机、调压阀、压力表和三通阀门等部分构成。在试验初始阶段,采用 GDS 控制器施加基质吸力,GDS 控制器实物图如图 3.12(a)所示。GDS 控制器的控制精度为±1kPa。选择合适的吸力梯度能够准确控制进气值附近的吸力,当吸力达到一定值后,采用空压机提供气源、精密调压阀控制压力大小,调压阀采用日本产的 IR2020 高精密调压阀,其参数见表 3.4,当吸力较大时,吸力控制精度对试验结果影响有限,该精度能够满足试验要求。

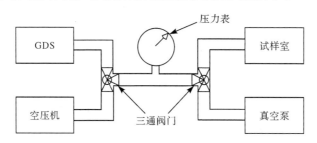

图 3.11 基质吸力控制示意图

表 3.4 调压阀参数

型号	最高压力/MPa	最低进口压力	灵敏度/%	重复精度/%
IR2020	1.0	设定压力+0.1MPa	≤0.2	≤0.5

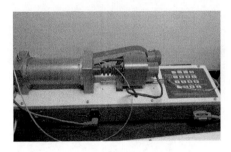

（a）GDS 控制器　　　　　　　　　　　（b）吸力控制柜

图 3.12　吸力控制系统

5. 轴向荷载施加方法

为了模拟土体承受的上覆荷载,需要对试样施加轴向荷载。加压装置采用室内试验最常用的砝码加载的方式。考虑到陶土板承受荷载的能力,试验仪能够承受的最大荷载为 400kPa。加压杠杆采用比例为 1∶12,通过换算得到轴向压力与砝码重量,见表 3.5。

表 3.5　轴向压力与砝码重量换算表

轴向应力/kPa	25	50	100	200
砝码重量/kg	1.85	3.7	7.4	14.8

6. 变形测量系统

试样在荷载作用下发生轴向变形,在减湿过程中也会发生收缩,试样体积的变化直接导致饱和度的改变。因此,需要准确测量试验过程中的变形量,修正因试样体积变化导致的体积含水量或饱和度的计算误差。在加压杠杆两端分别安装一支传感器,平行测量求平均值获得试样的轴向变形,如图 3.13 所示。

1）采集系统组成

采集系统由系统硬件和系统软件两部分组成。硬件部分主要由传感器、数据采集卡、信号转换器等设备组成,是数据测量、采集和传输的通道和载体;软件部分由驱动程序、应用程序编写接口(VISA 库)、虚拟仪器开发工具三部分组成,驱动程序实现 LabVIEW 与硬件的无缝连接,VISA 库起着连接计算机与仪器的作用,应用软件是程序开发工具,本系统采用的应用软件是 LabVIEW。

2）采集系统硬件

采集系统功能的实现需要硬件的支持,硬件由计算机和 I/O 接口设备两部分组成,其中,I/O 接口设备包括传感器、数据采集卡和信号转换器三个部分。I/O

接口设备是硬件的核心,其主要完成被测信号的采集、放大和模数转换等功能。在数据采集硬件方面,目前我国应用最广泛的是台湾研华科技有限公司开发的采集设备。在本系统中,主要应用 ADAM-4117 采集卡和 ADAM-4520 信号转换器,如图 3.14 所示。ADAM-4117 配置 8 路不同且可独立配置的差分通道,具有宽温运行和高抗噪性等优点,拥有易于监测状态的 LED 指示灯,支持＋/－15V 输入范围,还支持在线升级。ADAM-4520 隔离转换器可以将 RS-422 或 RS-485 信号转换为隔离的 RS-232 信号。不需要对 PC 硬件或软件做任何修改,ADAM-4520 能够使用标准的 PC 硬件构建一个工业级、长距离的通信系统。传感器采用 KTR-10 直线位移传感器,传感器的重复性精度为 0.01mm,量程为 10mm。

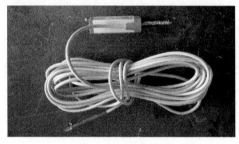
图 3.13　位移传感器

图 3.14　采集卡

采集卡和转换器线路的正确连接是采集系统得以工作的关键。每个传感器有 4 根接线,电源负极和数据负极共用蓝色接线,较粗的黑线接地,较细的黑线为电源正极;每个 ADAM-4117 有 8 个采集通道、1 个数据输出通道、电源端口,各个通道均有正、负极之分;ADAM-4520 上面有 RS-232 数据线插口、RS-422 数据端口、RS-485 数据端口和电源插口。在本系统中,传感器的电源正、负极接口分别与电源的正、负极对应连接,传感器数据端口的正、负极与 ADAM-4117 的采集通道的正、负极对应连接,各个 ADAM-4117 的数据输出端口并联之后与 ADAM-4520 的 RS-485 数据输入端口对应连接,然后通过串口转 USB 信号线将数据信号输送给计算机。

硬件连接完成之后,系统还需要安装与采集卡相应的驱动程序才能够工作,购买研华产品时都会提供相应的驱动程序,也可以在研华公司的官方网站下载驱动程序及相应程序的使用说明。本系统需要安装研华为 LabVIEW 数据采集专门开发的 LabVIEW 驱动程序和 ADAM-4117 驱动程序,为了在试验之前检查系统电路连接的正确性以及采集卡各个通道的有效性,还需要安装 ADAM-4000-5000 驱动程序。

3) 采集系统软件

LabVIEW 是 NI 公司于 1986 年推出的应用软件开发平台,是一个标准的图形化开发环境,通过其程序框图,能够为数据采集、仪器控制、测量分析与数据显示等提供完整的开发工具。LabVIEW 尽可能地利用了技术人员、科学家、工程师所熟悉的术语、图标和概念,降低了编写程序的难度。从事非计算机行业的科研人员能够迅速依据试验需要编写测试系统,用户还可以根据需要实时增加采集端口,具有根据实际需求可任意增加或减少采集通道、任意设置数据采集的优点。

LabVIEW 程序一般由一个或多个 VI 文件组成,一个 VI 包括三个部分:前面板、框图及图标和连线板。前面板相当于仪器的控制面板,通过各种图标取代了传统仪器界面上的控制按钮,构成采集系统的控制界面。前面板是用户与程序交流的窗口,一个界面美观、功能齐全、易于操控的前面板是其设计的主要内容。框图是程序代码的图形显示,是程序功能得以实现的基础。框图的设计包括图形化函数的选用,子 VI 的设计,变量、常量的选用。连线板是数据进出的通道,在比较复杂的程序中,为了简化程序结构,经常会用到子 VI,子 VI 只是程序的一部分,通过连线端口与程序连接,一般 VI 程序没有连线端口,需要通过建立连线板,创建数据进出端口,才能将子 VI 运用到程序中。

基于 LabVIEW 开发的数据采集系统界面如图 3.15 所示。通过该界面能够进行采集参数设置、数据查看、数据保存等操作。采集系统部分程序框图如图 3.16 所示。

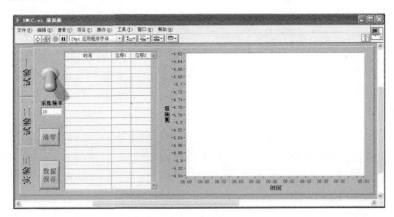

图 3.15　数据采集系统界面

4) 系统工作原理

测试系统的工作原理是[31]:传感器测量监测对象的待测参数值,并将变化的数值转换为波动的电信号,经过采集卡放大后,通过转换器转换为通用的 RS-232 信号,然后由 USB 数据线传输给计算机,采集系统软件读取 RS-232 信号并保存到计算机硬盘中,该信号为原始电压信号,最后通过传感器标定系数进行模数放大,即得到试验参数的真实值。为了达到同时采集多个传感器并预留一定采集端

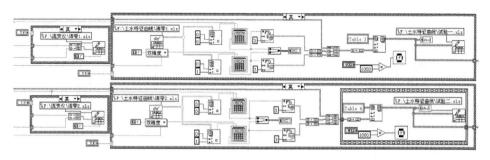

图 3.16　部分程序框图

口便于系统扩展的目的,采用多个采集卡并联然后与信号转换器串联。传感器、采集卡和转换器采用线性稳压电源供电以增强系统稳定性。系统工作原理图如图 3.17 所示。

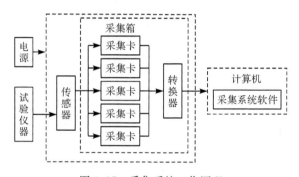

图 3.17　采集系统工作原理

5）操作规程

（1）开启系统。打开电源和计算机,双击桌面上"采集系统"图标,打开采集系统界面,如图 3.15 所示,采集系统界面包括试验一、试验二和试验三,分别控制三台不同的仪器。

（2）系统清零。单击采集系统界面"试验一",进入试验一控制界面,单击按钮"　　",使按钮开关朝上,单击"清零"按钮,观察试验数据。当试验数据为零时单击窗口上方"　"按钮,将光标移动至数据显示区,单击右键选择数据操作—清空表格,清除表格中的数据,将光标移动至图表显示区,单击右键选择数据操作—清空图表,清除数据曲线。

（3）采集频率设置。采集频率的默认值为1s,当需要改变采集频率时,在采集频率输入对话框中输入采集频率数值（以 s 记）,最小输入值为1。

（4）开始采集。单击"　",开始试验数据采集,试验数据自动保存到计算机硬盘（F:\SWCC\数据 1）。

（5）关闭系统。试验结束时，单击窗口上方"▥"按钮，关闭采集系统界面，然后再关闭电源，最后将本次试验数据备份。

6）系统误差

采集系统的误差是不可避免的，尽量减小测量误差可以提高试验成果的可信度及价值，分析采集系统存在误差的原因，并采取合理的措施减小误差是提高采集系统精度的有效办法。采集系统误差主要来自两个方面：传感器本身误差和电信号传输过程中的信号衰减误差。信号传输过程中的信号衰减误差包括不同采集端口之间的相互干扰以及信号输送过程中电信号的损失。传感器误差主要通过选用合适精度的传感器来控制，并在使用之前对传感器进行滤定。试验表明，研华采集卡相邻端口之间干扰较小，能够满足一般试验测试对精度的要求。信号线的电阻及屏蔽效果是导致其信号减弱的主要因素，采用专用铜芯屏蔽信号线并减少传输过程中信号线与其他端口之间的连接能够有效地控制测试系统因信号线和连接端口产生的误差。

7. 排水测量装置

获得某一基质吸力下试样的含水量主要有两种方法：直接测量试样质量来计算试样含水量、测量试样各级吸力作用下的排水量及试样最终的残余含水量进行推算。考虑到可操作性，本仪器采用第二种方法。如何精确测量排水量是试验成败的关键，目前通常采用测量所排出水的体积来计算试样含水量，但体积测量误差较大。本仪器采用天平直接称量的方法来测量排水量。排水测量装置由集水瓶、校准瓶和高精度天平三部分组成。集水瓶与底座的排水管相连通，用于收集试样所排出的水，通过高精度天平称量水的重量。为了保证整个系统排水通畅，在集水瓶口设有一小孔，与大气连通，不可避免存在水分蒸发问题。为了消除蒸发的影响，设置一校准瓶，测量试验过程中瓶内蒸发量，修正试验结果。排水测量装置如图 3.18 所示。

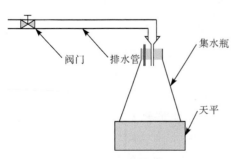

（a）排水测量示意图

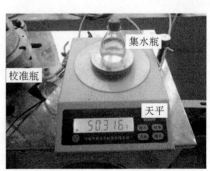

（b）排水测量实物图

图 3.18　排水测量装置

3.3.3　仪器优点

该仪器主要有如下三方面的优势：

（1）试验仪通过加热板对试样直接加热，采用砝码加载并通过采集系统测量试验过程中的体变，能够同时考虑温度和轴向荷载对试样持水性能的影响，更能反映岩土工程的实际工作状态。

（2）试样室内抽气饱和，同一试样即可实现饱和→脱湿→吸湿→饱和的干湿循环过程，消除试样差异引起的试验误差。

（3）实现了变形的精确测量和自动化采集，获得增（减）湿过程中的变性特征，并修正体积变化引起的体积含水量及饱和度的计算误差，采用高精度天平测量排水量，试验结果准确性得到保证。

3.3.4　操作规程及注意事项

1. 操作规程

根据土工试验规程，结合仪器特点以及试验经验，制定如下操作规程：

（1）制备试样。按照试样初始含水量配置好土样，置于密封袋内静置 24h，测量土样的初始含水量，按照试样的初始干密度称取一定量土样，采用制样工具制作环刀试样。

（2）装样。拧开试样室顶盖的固定螺栓，取下顶盖，取出加热装置，将做好的环刀试样连同环刀一起置于试样室陶土板上，在试样上放一片滤纸以防止施加轴向荷载时土体被压入加热板的通气孔内，将加热板置于滤纸上方，盖上顶盖，拧紧螺栓，连接信号线。

（3）变形测量。开启数据采集系统，安装传感器，使传感器与试样室顶盖接触并具有一定读数，单击清零按钮对传感器进行清零。

（4）饱和。固定轴向加压杆，关闭试样室底座排水阀门、开启进水阀，将真空泵与进气管连通，开启真空泵抽真空 2h，关闭进气管阀门，当试样室内液面刚好与试样顶部平齐时关闭进水阀门，开启进气管阀门，使试样室内部气压变为大气压力，最后施加 10kPa 左右的气压力排除试样周边多余的水，松开轴向加压杆，完成饱和过程。

（5）施加温度。按照试验方案通过温度控制器设置目标温度 t_1，对试样进行加热，该温度必须高于试样初始温度。

（6）施加轴向荷载。按照试验方案施加法向应力 σ_1，同时打开排水阀门，直至传感器读数稳定。

（7）施加气压力进行试验。施加第一级气压力 P_1，每隔一天测量一次试样的排水量,当排水趋于稳定后读取水的质量 m_1 和传感器的读数 L_1,施加下一级吸力,直至试验完成。

(8) 测量残余含水量。拧开螺栓,取下加热装置、顶盖,取出试样称其质量 m',将试样放入烘箱烘干并测其质量 m_s,残余含水量 $m'_w = m' - m_s$。

(9) 计算第 i 级气压力作用下的稳定含水质量 m_{wi}:

$$m_{wi} = \sum_{t=i+1}^{n} m_t + m'_w = \sum_{t=i+1}^{n} m_t + m' - m_s, \quad i < n \tag{3.2}$$

$$m_{wi} = m'_{ws} = m' - m_s, \quad i = n \tag{3.3}$$

(10) 计算第 i 级气压力作用下试样孔隙的总体积 v_{vi}:

$$e = \frac{d_s(1+w)\rho_w}{\rho} - 1 \tag{3.4}$$

$$v_{vi} = \frac{e}{1+e}(v - sL_i) \tag{3.5}$$

式中,e 为试样初始孔隙比;d_s 为土体比重;w 为试样初始含水量;ρ_w 为水的密度;ρ 为试样初始密度;v 为试样总体积;s 为试样横截面面积。

(11) 计算第 i 级气压力作用下试样的饱和度 S_i:

$$S_i = \frac{v_w}{v_{vi}} = \frac{m_{wi}\rho_w}{v_{vi}} \tag{3.6}$$

2. 注意事项及说明

使用仪器时需要注意的事项以及有关仪器的说明包括以下几点:

(1) 陶土板为易脆性配件,其承受轴向荷载的能力有限,试验时轴向荷载一般不要超过限制,否则造成仪器损坏。

(2) 陶土板的进气值为 15bar,考虑到试样室承压能力以及试验安全性,最大气压力一般不超过 6bar。

(3) 气体在水中具有一定的溶解度,气体在水中的溶解度随着温度的升高而增大,当温度达到一定值后,一定量的气体能够透过陶土板,导致试验结果不够准确,因此,每天需要冲洗试样室底座以排除底座内的气泡,此外,还需要考虑通过陶土板的气体体积来修正试验结果。

(4) 试验前必须进行传感器清零,传感器清零应该在安装传感器之后饱和试样之前进行。

(5) 试验仪配有百分表架,如果不需要测量试验过程中体变量,可以采用百分表代替采集系统。

(6) 试验过程中若发生停电现象,应迅速关闭排水阀门,以免底座及排水管中的水倒吸,继续进行试验前需将停电前的数据保存,防止试验数据被覆盖。

3.4　压实红黏土的持水性能

3.4.1　试验概况

1. 试样及试验仪器

试验土样取自某高速公路取土场土样,为红褐色黏土,其基本物理特性如表 3.6 所示。

表 3.6　红黏土的物理性质指标

天然含水量 /%	天然湿密度 /(g/cm³)	比重	液限 /%	塑限 /%	塑性指数	自由膨胀率 /%
30.9	1.80	2.65	61.0	35.0	26.0	28.5

根据击实试验确定的最大干密度为 1.58g/cm³,利用千斤顶压制了四种不同压实度的环刀试样,干密度分别为 1.58g/cm³、1.51g/cm³、1.44g/cm³、1.37g/cm³,其压实含水量为 27.2%。然后抽真空浸水饱和后放入由美国土壤水分公司生产的 15bar 压力板内进行土水特征曲线试验,如图 3.19 所示。

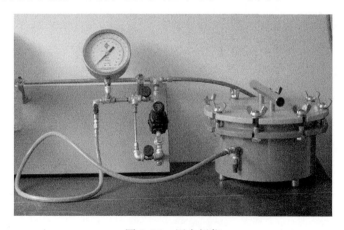

图 3.19　压力板仪

2. 试验步骤

(1) 将 15bar 高进气值陶土板放入抽真空容器进行抽真空饱和,抽真空 3h 左右。

(2) 饱和好的陶土板擦干表面的水分后放入压力容器中,并保持板面处于水平状态,连接好排水管路。

（3）将已准备好的饱和环刀试样放在陶土板上,并使试样与陶土板尽可能紧密接触。

（4）密封压力容器,施加指定吸力所对应的气压。为避免反复称重来判断某一基质吸力下水分是否达到排水稳定,对黏土在低吸力范围内（0～200kPa）取 7d 为稳定时间,大于这个范围则取 10d,然后施加下一级吸力。

3.4.2　试验结果及分析

由于红黏土具有脱水收缩现象,体积必会发生一定的改变。为此,应对试验曲线进行校正。校正方法是采用收缩试验成果来校正脱湿土样的实际体积含水量,具体见文献[32],如式（3.7）和式（3.8）所示:

$$\theta_{wi}=w_i\frac{m_{dry}}{V_0\rho_w}\frac{1}{1-(\lambda_v+2\lambda_h)(w_0-w_i)},\quad w_s<w_i\leqslant w_0 \tag{3.7}$$

$$\theta_{wi}=w_i\frac{m_{dry}}{V_0\rho_w}\frac{1}{1-(\lambda_v+2\lambda_h)(w_0-w_s)},\quad w_i\leqslant w_s \tag{3.8}$$

式中,m_{dry} 为试样干重,g;w_0 为收缩试验初始饱和含水量,%;w_i 为所校正体积含水量所对应的重力含水量,%;w_s 为缩限,%;假设土体三向收缩均匀,即 $\lambda_v=\lambda_h$。

采用式（3.7）对四种初始干密度试样的土水特征曲线进行修正,其修正后的结果见图 3.20(a)～图 3.23(a),图中横坐标（吸力）采用对数坐标;便于研究不同压实土体的持水特征,利用其对应的孔隙累积分布曲线进行对比分析[33],如图 3.20(b)～图 3.23(b)所示,图中横坐标（孔径）也采用对数坐标。

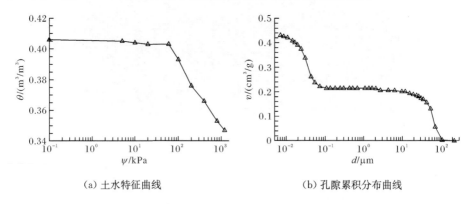

（a）土水特征曲线　　　　　　　　　（b）孔隙累积分布曲线

图 3.20　土水特征与孔隙分布曲线（$\rho_d=1.58g/cm^3$）

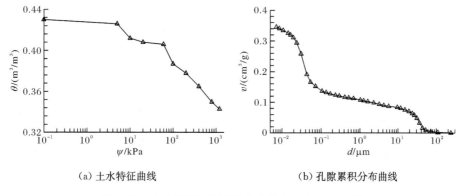

（a）土水特征曲线　　　　　　　（b）孔隙累积分布曲线

图 3.21　土水特征与孔隙分布曲线（$\rho_d = 1.51\text{g}/\text{cm}^3$）

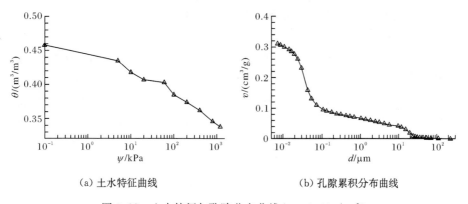

（a）土水特征曲线　　　　　　　（b）孔隙累积分布曲线

图 3.22　土水特征与孔隙分布曲线（$\rho_d = 1.44\text{g}/\text{cm}^3$）

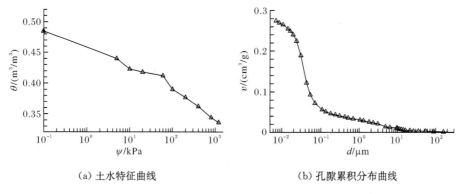

（a）土水特征曲线　　　　　　　（b）孔隙累积分布曲线

图 3.23　土水特征与孔隙分布曲线（$\rho_d = 1.37\text{g}/\text{cm}^3$）

　　开始施加气压力对环刀试样进行脱水前,试样经过抽真空后浸水饱和。因此,初始含水量为饱和含水量。试样的干密度越大其孔隙体积就越小,所以饱和含水量也越小。干密度为 $1.58\mathrm{g/cm^3}$、$1.51\mathrm{g/cm^3}$、$1.44\mathrm{g/cm^3}$、$1.37\mathrm{g/cm^3}$ 的试样初始体积含水量 θ 分别为 $0.51\mathrm{m^3/m^3}$、$0.54\mathrm{m^3/m^3}$、$0.62\mathrm{m^3/m^3}$、$0.70\mathrm{m^3/m^3}$。压力板仪的陶土板最大进气值只有 15bar,而红黏土残余含水量对应的吸力较高,本次试验土样未能通过压力板直接测出土样的残余含水量。

从图 3.20(a)~图 3.23(a)可以看出,该压实红黏土的土水特征曲线与其他黏土的土水特征曲线有很大的不同,特别是干密度较小的情况更加突出,如干密度 $\rho_d=1.37\mathrm{g/cm^3}$、$\rho_d=1.51\mathrm{g/cm^3}$ 的情况。在吸力增大的过程中出现了类似于进气值前和残余含水量后的水平阶段,大致处于吸力为 10~100kPa。水平阶段的情况与试样的干密度有很大的关系,干密度越小水平阶段持续越长;该水平阶段对应的体积含水量分别为 $0.50\mathrm{m^3/m^3}$、$0.48\mathrm{m^3/m^3}$、$0.45\mathrm{m^3/m^3}$、$0.45\mathrm{m^3/m^3}$,与其各自的饱和含水量相比,干密度越小水分的脱湿幅度越大。

根据孔隙中水分的赋存将水分为重力水、毛细水与吸附水三类,压实土体的水分在脱湿过程中形态的变化与土体的孔隙及水分的初始赋存状态相关。一般说来,受土体孔隙大小的限制(除宏观的裂隙和孔洞),土体水分主要以毛细水和吸附水的形态存在。Vanapalli[34] 将土体的减饱和过程分为三个阶段:边界效应段、过渡段和非饱和残余段。边界效应段范围内孔隙水分呈连通状态;过渡段内处于水连通变化到气连通状态;非饱和残余阶段水分呈吸附状态。压实土体处于非饱和过渡阶段时其水分主要以毛细水形态存在,根据毛细上升理论推导的基质吸力与弯液面半径模型,表明二者成反比例函数关系,而弯液面半径与孔隙半径密切相关。压实红黏土的孔隙形式主要存在两大类:集聚体内孔隙和集聚体之间孔隙。两类孔隙的孔径大小差别很大。由于后者的孔径较大,施加很小的气压力,土体很快就能达到水气平衡状态;当施加的气压力大于前者最小孔径对应的吸力,而又小于后者最大孔径对应的吸力时,基本处于不排水状态,在土水特征曲线上就出现了水平阶段;当气压力进一步逐级增大,将会使集聚体内孔隙的水分相应地减少直至达到残余状态。吸力为 0~20kPa 的土水特征曲线代表了集聚体之间孔隙的持水特征;吸力大于 20kPa 的土水特征曲线则反映了集聚体内孔隙的持水性能。

对比分析同一干密度试样的两种曲线可知,土水特征曲线出现水平阶段与土体的孔隙赋存特征具有对应关系。图 3.20(a)~图 3.23(a)中吸力为 0~20kPa 的土水特征曲线与吸力大于 20kPa 的曲线相似,但由于受压力板仪进气压力控制精度的限制,吸力为 0~20kPa 的数据不够多,故图 3.20(a)中该范围内的曲线相似性不够。与之对应,图 3.20(b)~图 3.23(b)中孔径 $d>10\mu\mathrm{m}$ 的孔隙体积累积分布与孔径 $d<10\mu\mathrm{m}$ 的孔隙体积累积分布特征相似。基于土体孔隙尺寸分布决定土体持水性能的观点,可以认为该压实试样孔径 $d>10\mu\mathrm{m}$ 的孔隙主要控制 0~10kPa 的持水能力;而孔径 $d<10\mu\mathrm{m}$ 的孔隙则主要控制吸力大于 10kPa 的持水

能力。

3.4.3 拟合方程与参数的确定

Ahuja 和 Swartzendruber[35] 在 Gardner[36] 提出的经验模型基础上提出了式 (3.9),Haverkamp 等[37] 利用该式成功地拟合了土水特征曲线试验数据。

$$\theta(\psi) = \frac{\theta_s}{1 + (a\psi)^p} \tag{3.9}$$

式中,θ 为体积含水量,m^3/m^3;θ_s 为饱和体积含水量,m^3/m^3;ψ、θ 为对应的吸力,kPa;a、p 为通过对试验数据进行拟合得到的参数。

van Genutchen 对式(3.9)进行了简单的修改,提出了如下修正公式:

$$\theta(\psi) = (\theta_s - \theta_r)\left[\frac{1}{1 + (a\psi)^p}\right]^m + \theta_r \tag{3.10}$$

式中,θ_r 为残余体积含水量,m^3/m^3;m、p 为通过对试验数据进行拟合得到的参数。

为使模型更加实用,可令参数 $m=1$,则式(3.10)可简化为

$$\theta(\psi) = (\theta_s - \theta_r)/[1 + (a\psi)^n] + \theta_r \tag{3.11}$$

利用 Microsoft Origin 软件拟合上述数学模型,结果见表 3.7。

表 3.7 土水特征曲线参数

干密度/(g/cm³)	θ_s/(m³/m³)	θ_r/(m³/m³)	a/($\times 10^{-3}$)	p
1.58	0.406	0.328	4.03	1.527
1.51	0.432	0.323	5.23	0.842
1.44	0.458	0.316	10.99	0.657
1.37	0.485	0.301	14.67	0.590

拟合参数与干密度的关系如图 3.24 所示。

根据压实度(96%、94%、93%、87%)对应的干密度进行插值,然后把不同压实度下的参数代入式(3.11)得

$$\theta(\psi) = \frac{0.106}{1 + (0.00572\psi)^{0.895}} + 0.325 \tag{3.12}$$

$$\theta(\psi) = \frac{0.121}{1 + (0.00705\psi)^{0.752}} + 0.321 \tag{3.13}$$

$$\theta(\psi) = \frac{0.131}{1 + (0.00823\psi)^{0.694}} + 0.319 \tag{3.14}$$

$$\theta(\psi) = \frac{0.184}{1 + (0.01467\psi)^{0.590}} + 0.301 \tag{3.15}$$

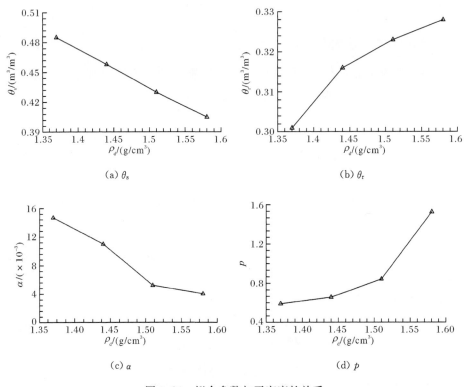

图 3.24　拟合参数与干密度的关系

3.5　压实红黏土的恒体积膨胀力与细观机制

3.5.1　试验概况

　　膨胀力是膨胀性土路基设计和施工中的关键技术参数之一。Shuai[38]认为膨胀压力等于土体吸水后保持土体体积总体不变所需要的反力。目前,确定膨胀力的试验方法主要有三种[39,40]:①膨胀反压法,试样充分吸水自由膨胀稳定后再施加荷载使其恢复到初始体积;②加压膨胀法,通过一系列荷载-膨胀量对应关系曲线确定膨胀力值,分为多试样法和单试样法;③平衡加压法,试样吸水开始膨胀时,逐步施加荷载以维持体积不变。依据《岩土工程基本术语标准》(GB/T 50279—98)的定义[41]:膨胀力是土体在不允许侧向变形下充分吸水,使其保持不发生竖向膨胀所需施加的最大压力值。显然,方法①和②均不符合土体吸水过程中体积不变的条件;方法③比较接近膨胀力的定义,但在实际操作中该方法很难控制,因为膨胀过程中难以确定到底施加多少荷载刚好平衡其体积,土体的体积依然存在膨胀或压缩的可能,如图 3.25 所示呈现"锯齿"状。因此,拟对第③种方法作进一步改进,提出一种近似恒体积条件下测量土体膨胀力的试验方法,称之为限制膨胀法;并与膨胀反压法试验结果进行对比分析;最后,从微观孔隙结构角度揭示不同状态或边界条件对其膨胀力的影响机制。

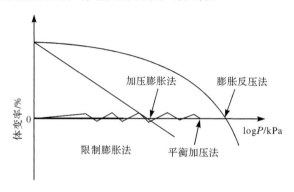

图 3.25　膨胀力测试方法示意图

1. 试验材料

试验土样取自某高速公路的填料取土场,为了减小烘干作用对红黏土颗粒间胶结结构的影响,所有试样均在自然条件下风干。试验用土的基本物理特性如表 3.8 所示;颗粒级配分布曲线如图 3.26 所示,其黏粒含量超过 45.6%。

表 3.8　试样的物理性质指标

试样	天然含水量/%	比重	液限/%	塑限/%	最大干密度/(g/cm³)	最优含水量/%
红黏土	32.2	2.71	57.3	24.4	1.46	29.8

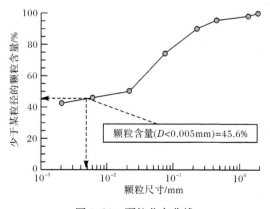

图 3.26　颗粒分布曲线

依据《公路土工试验规程》(JTG E40—2007)[42]对按照干法配置的试样进行重型标准击实得到最大干密度(1.46g/cm³)和最优含水量(29.8%)。

2. 试样制备

1) 膨胀力试验

采用控制干密度的方法制备了两种干密度试样,1.40g/cm³和1.46g/cm³。制样含水量以最优含水量(29.8%)为参考点,干湿两侧分别取两种含水量,总共5种初始含水量(23.8%、26.8%、29.8%、32.8%、35.8%)。为了保证试样的湿度均匀,按照预先计算的加水量喷洒在风干土样(过2mm筛)上,充分拌和后密封在塑料袋内静置48h。最后利用图3.27中的制样模具和千斤顶静压成环刀样,试样直径$\phi=61.8$mm、高$h=20$mm。

图3.27　制样模具

2) 微观孔隙结构试验

为尽量减小土体失水收缩对试样孔隙结构的影响,不能采用普通的烘干法干燥试样。液氮冻干法是目前世界公认的最佳干燥方法。本次试验的操作步骤如下:首先,把各状态下的试样切成1cm³大小的小方块;然后,放入液氮(沸点−196℃)瓶中冷冻20min,此时土中液态水直接转化为不具膨胀性的非结晶态冰;最后,在−50℃状态下用冷冻干燥机连续抽真空24h左右,使土中非结晶的冰直接升华,冻干后的试样以备用于后续的压汞和氮吸附试验。

3. 试验方法

1) 膨胀力试验

为了便于对比分析,确定膨胀力采用两种方法:限制膨胀法和膨胀反压法,其试验步骤分别简介如下:

(1) 限制膨胀法。首先,试样压实好后放入未盛水的盒子内;然后,调整图3.28中的旋转手柄,使测力计的传力杆刚好接触试样上方的多孔金属圆板($\phi=$61.8mm);最后,清零传感器并开始读数,并立即向试样盒内注入蒸馏水至淹没试样顶部为止。当测力计读数 2h 内稳定不变后,视为试验结束。此值代表限制膨胀条件下的膨胀力,记为 p_{sr}。

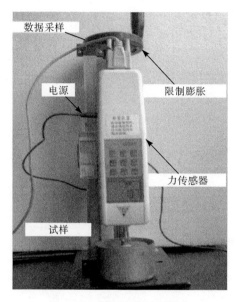

图 3.28　限制膨胀的测量仪

(2)膨胀反压法。首先,把压实后的环刀样放入固结仪内并夹紧用于量测膨胀量的百分表;然后,注入蒸馏水待试样充分膨胀稳定;再按照固结试验的操作步骤施加系列荷载,根据压缩变形量调整最大一级法向固结应力水平。当试样的压缩量超过膨胀量后即可停止试验,而压缩量恰好等于膨胀量时对应的固结应力大小即为膨胀力,记为 p_{sc}。

2) 微观孔隙结构试验

为了获得土体的有效孔隙范围,联合压汞法(测大孔)和氮吸附方法(测中孔和微孔)进行测试。研究的内容包括:①制样含水量对土体孔隙分布的影响;②浸水膨胀方式对土体孔隙分布的影响;③试样浸水膨胀前后的孔隙变化规律。

4. 限制膨胀法测量仪

限制膨胀法要求土体吸水后保持其整体宏观体积不变,即土体的孔隙总体积不变。因此,需要严格控制土体的变形,并能实时测出土体的膨胀力。

测量仪包括:①测力计。可依据膨胀潜势选择不同量程和精度的传感器,具有自身变形微小、反应灵敏的优点。②装样盒。试样压入环刀,在其外侧加上护套,环刀样上下面用同内径的多孔透水铜板夹住,直接放入盛水的容器内。③数据采集。可利用 USB 接口连接在电脑上实时读数,实时观测土体吸水膨胀的变化过程。

整个测量仪价格便宜,占据空间非常小,可直接放在试验台上;同时,减少了利用砝码加载的繁琐步骤,可节省大量的试验时间。

3.5.2　膨胀力试验结果分析

按照上述的试验方法,旨在探索初始含水量和初始干密度对膨胀力的影响规律,并对比分析限制膨胀法和膨胀反压法所测得的膨胀力之间的差异。限制膨胀法的试验结果如图 3.29 所示,图中横坐标是时间的自然对数刻度,纵坐标是膨胀力;膨胀反压法的试验结果如图 3.30 所示,图中横坐标是固结应力的自然对数刻度,纵坐标是膨胀率。

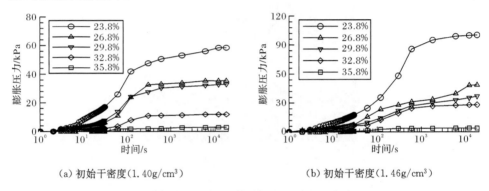

（a）初始干密度(1.40g/cm³)　　　　（b）初始干密度(1.46g/cm³)

图 3.29　限制膨胀法膨胀力

相同初始干密度条件下,膨胀力随初始含水量的增加而递减。例如,试样初始干密度为 1.40g/cm³ 时,其膨胀力依次为 58.3kPa、35.4kPa、32.9kPa、11.8kPa、2.8kPa。初始含水量越大,干密度越小,达到膨胀稳定状态的时间越短。例如,试样干密度为 1.40g/cm³,初始含水量为 35.8%,其达到稳定的时间约 1.6h。浸水后所有试样在 18 000s(5h)内均达到膨胀稳定状态,而膨胀反压法则需耗时 4~7d。可见,限制膨胀法具有耗时少、效率高的优点。

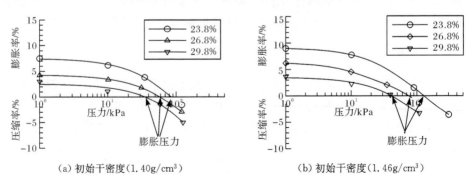

（a）初始干密度(1.40g/cm³)　　　　（b）初始干密度(1.46g/cm³)

图 3.30　膨胀反压法膨胀力

图 3.30 中膨胀率为零时,压缩曲线与横坐标的截距大小即为膨胀力。其交叉点随着试样初始含水量的减小而依次从左至右出现。显然,初始含水量越大膨胀力越小。由于高含水量试样吸水膨胀量较小,通过膨胀反压法难以确定其膨胀力。因此,图 3.30 中没有初始含水量为 32.8% 和 35.5% 的试样试验结果。由此,也可以进一步证明限制膨胀法比膨胀反压法的应用范围要更广,优势也更加明显。

为了对比分析限制膨胀法和膨胀反压法所确定的膨胀力结果之间的差异,将各不相同初始条件下的膨胀力列出,见表 3.9。

表 3.9　膨胀力值

初始含水量/%	p_{sc}/kPa		p_{rs}/kPa	
	1.40/(g/cm³)	1.46/(g/cm³)	1.40/(g/cm³)	1.46/(g/cm³)
23.8	84.5	128.2	58.3	100.2
26.8	58.0	75.0	35.4	48.6
29.8	35.2	40.7	32.9	37.0
32.8	—	—	11.8	28.1
35.8	—	—	2.8	4.1

对比表 3.9 的数据可知,相同初始条件下膨胀反压法获得的膨胀力均大于限制膨胀法测得的膨胀力。对此可以作如下解释:

(1) 膨胀反压法是允许膨胀性黏土颗粒得到充分膨胀后再压缩,它首先是晶间和粒间的结合水膜增厚"楔"开颗粒的物理化学过程,然后是土体孔隙自由水排出和孔隙减小的固结过程[43]。Bolt[44] 的试验结果表明,两个扁平的蒙脱土颗粒之间距离约 11.5nm,如果想把两个颗粒通过外力靠拢,理论上则需要施加 552MPa 的应力把它们之间的吸附水挤出。可见,晶间和粒间吸水膨胀后可视为一种"不可逆"的膨胀变形。

(2) 限制膨胀法实际是晶间和粒间吸水胀开后,由于受到边界条件的约束,优先挤压土体内部大孔隙,其次才能表现出向外扩张,故从宏观上表现为膨胀力相对较小。当干密度越大(大孔隙越少)的情况下,晶间和粒间吸水后的胀开程度还可能受到约束,晶间和粒间吸水膨胀后发生的"不可逆"膨胀变形程度没有膨胀反压法大。因此,膨胀反压法获得的膨胀力均大于限制膨胀法测得的膨胀力。

为了论证上述机理解释的可靠性,将从试样细观孔隙结构的角度进一步探讨。

3.5.3　吸水膨胀的细观机制

国际理论(化学)与应用化学联合会(International Union of Pure and Applied

Chemistry,IUPAC)将多孔材料的孔隙类型分为 3 类,见表 3.10。

表 3.10 孔的分类[45]

孔的类型	孔径尺寸*	备注
微孔(micro-pores)	<2nm	吸附质主要起填充作用
中孔(meso-pores)	2～50nm	吸附质在孔壁上形成吸附膜,而在孔心处发生毛细管凝聚现象
大孔(macro-pores)	>50nm	吸附质传输运移的通道

*1μm=1000nm。

图 3.31 为相同干密度(1.40g/cm³)的试样在不同制样含水量(23.8%、29.8%、35.8%)状态下的孔隙体积分布特征。

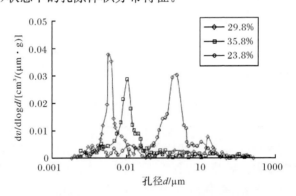

图 3.31 不同含水量试样的孔隙分布

对于同一土样,虽然干密度相同(孔隙体积率相等),但其压实后试样的孔隙体积分布却有显著的差别,最优含水量(29.8%)和偏湿状态下(35.8%),其孔隙体积主要分布在孔径小于 0.3μm 时;而偏干状态下(35.8%)下,其孔隙体积主要分布在孔径为 0.3～4μm 时。

Delage 等[46]认为水与黏土颗粒之间的相互作用是引起孔隙体积分布不同的原因。偏湿状态下,黏土颗粒呈定向排列,但吸附水膜的存在使得黏土颗粒靠拢程度受到限制;偏干状态时,黏土颗粒之间形成团聚体,而且黏土颗粒之间缺少水分的润滑,压实作用下颗粒之间难以发生错动,故孔隙体积主要分布在大孔径范围内。

图 3.32 为初始含水量(23.8%)的试样在自由膨胀和限制膨胀条件下的中、微孔体积分布特征。

可以看出,试样吸水后限制膨胀与允许自由膨胀对其中孔影响很大,在孔径为 10～50nm 时,二者之间的差别更加明显。因此,也证明了上述观点,即允许土体吸水自由膨胀,水分子能很容易地"楔"开黏土颗粒,而限制土体吸水膨胀则抑制了黏土颗粒的胀开行为。

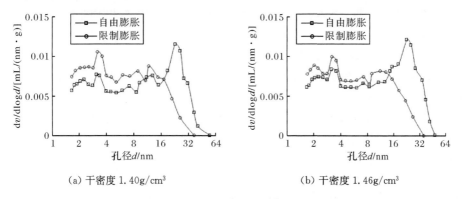

(a) 干密度 1.40g/cm³　　　　　　　　　(b) 干密度 1.46g/cm³

图 3.32　中孔孔隙分布

图 3.33 为吸水限制膨胀前后的大孔隙演化规律。

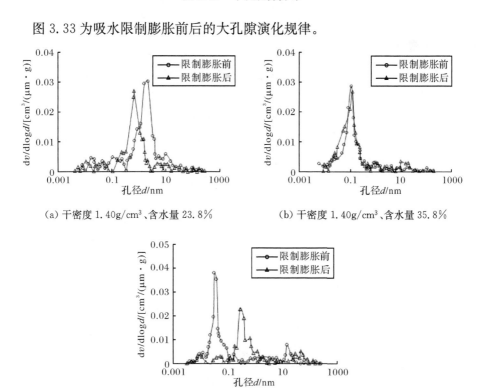

(a) 干密度 1.40g/cm³、含水量 23.8%　　　　　(b) 干密度 1.40g/cm³、含水量 35.8%

(c) 干密度 1.40g/cm³、含水量 29.8%

图 3.33　膨胀前后的孔隙分布特征

对比分析图 3.33(a)中限制膨胀前后的土体孔隙体积分布曲线,不难发现限制膨胀后土体的大孔隙分布范围向小孔径方向发生移动。这说明土体吸水后,因受到外部边界的约束,土体的中微孔隙"楔"开膨胀后挤压了土体的大孔隙。但初始含水量较大(35.8%)时,压实后土体接近饱和状态,吸水后孔隙分布特征基本不变,如图 3.33(b)所示,从宏观上则表现出膨胀力较小(2.8kPa),见表 3.9。吸水后允许土体能自由膨胀,则其孔隙体积分布范围向大孔径方向转移,如图 3.33(c)所示。

综上所述,黏土晶间和粒间吸水自由膨胀后发生了"不可逆"的膨胀变形,而土体发生"不可逆"的膨胀变形程度则是引起限制膨胀法和膨胀反压法所得试验结果出现差异的主要原因。

3.6　压实红黏土失水收缩过程的孔隙演化规律

3.6.1　试验概况

目前主要采用孔隙比、线性收缩率等宏观指标描述黏土的收缩行为,但这些指标均只能反映黏土孔隙的总体变化量,而不能更进一步反映其内部孔隙的变化过程。在风干脱湿过程中,土体内部不同孔径的孔隙是按比例收缩,还是按某几个范围的孔径孔隙分阶段收缩? 探明以上问题对揭示孔隙内部水分与孔隙收缩的互馈作用过程具有十分重要的研究价值。为此,以压实红黏土为研究对象,开展自然风干条件下不同初始干密度的饱和试样的自由收缩试验,并利用孔隙分析仪测定其不同脱湿状态下的孔隙分布特征。着重探明孔隙体积与宏观收缩的对应过程,从细观孔隙的角度揭示失水收缩诱发开裂的内在机制。

1. 试样制备

试样取自长韶娄高速公路取土场,试样为棕红色、黏性大。参照《公路土工试验规程》(JTG E40—2007)的试验方法,获得其基本物理特性,见表 3.11。表中的最大干密度和最优含水量采用重型击实试验获得。

表 3.11　试样的基本物理特性

液限 /%	塑限 /%	比重	最优含水量 /%	最大干密度 /(g/cm³)
51.5	31.2	2.63	27.8	1.53

选取风干红黏土过 2mm 筛,配置含水量为 27.8%湿土料,塑料袋封装后在保湿缸内静置超过 48h。采用干密度控制法,利用如图 3.27 所示的压样器和千斤顶

制备干密度分别为 1.53g/cm³、1.47g/cm³、1.42g/cm³、1.38g/cm³ 的土样各四个，其中两个作为收缩试验对比试样，另外两个分别供孔隙分布测试用。所有土样压制完成后均抽真空饱和备用。

典型的收缩曲线如图 3.34 所示。收缩过程通常有三个阶段：①正常收缩（Ⅰ），土体线缩率与含水量的减少成正比；②残余收缩（Ⅱ），随着含水量的减少，线缩率的变化减少；③零收缩（Ⅲ），随着含水量的进一步减少，线缩率基本不变，接近为一直线。其中，第Ⅰ阶段和第Ⅲ阶段所在线的延长线交点所对应的含水量为土体的缩限。为了解脱湿过程中土体孔隙的变化规律，首先根据收缩曲线确定特征含水量点，其中包含饱和含水量（w_{sat}）、比例收缩阶段中间含水量（w_{ssm}）、缩限（w_s）以及残余收缩阶段中间含水量（w_{rsm}）。将制备好的饱和试样推出环刀，切割成若干边长 1cm 的立方块，在室温（20±1℃）的条件下，利用连续称重法将其脱湿到预定的目标含水量。

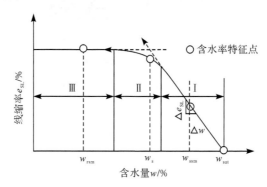

图 3.34　典型收缩曲线

2. 试验方法

1）收缩试验

将制备好的饱和试样推出环刀，置于多孔板上，称量试样和多孔板的质量；安装百分表，记下初始读数，此后每隔 1～4h 测记百分表读数并称量整套装置和试样质量；2 天后，每隔 16～24h 测记百分表读数并称质量，直至 2 次百分表读数不变，取出试样烘干称干土质量。整个试验控制室温为 20±1℃。

2）孔隙分布试验

如何保证在干燥试样的同时又保持孔隙体积不发生收缩？这是整个试验的核心关键技术，液氮冻干法是处理该问题的公认方法。将制备好的小方块放入液氮（沸点−196℃）瓶中冷冻 20min，如图 3.35(a)所示，土中液态水成为不具膨胀性的非结晶态冰，然后在−50℃状态下用冷冻干燥机抽真空 24h 左右，如图 3.35(b)

所示,使土中非结晶的冰直接升华,所制备的土样用于压汞孔隙分析试验。

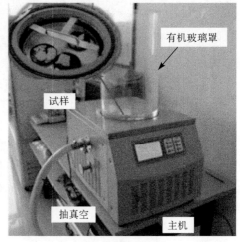

（a）液氮冷冻　　　　　　　　　　　（b）冷冻干燥机

图 3.35　试样干燥设备

3.6.2　收缩试验结果与分析

1. 收缩率与含水量的关系

四种不同干密度的试样,经过自然风干脱湿过程后的收缩曲线,如图 3.36 所示。整理收缩曲线特征值见表 3.12。干密度为 1.53g/cm³、1.47g/cm³、1.42g/cm³、1.38g/cm³ 的试样的极限线缩率分别为 2.26%、2.35%、2.52%、2.85%,可以得出,初始干密度越大,饱和含水量越小,其收缩变形越小,缩限含水量越小,收缩系数越小。

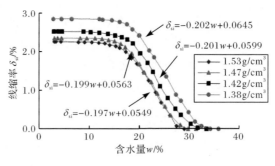

图 3.36　收缩曲线

表 3.12　收缩特征值

$\rho_d/(\text{g/cm}^3)$	$\delta_{max}/\%$	$w_0/\%$	$w_s/\%$	λ
1.53	2.26	29.0	16.4	0.197
1.47	2.35	31.3	16.5	0.199
1.42	2.52	33.5	17.3	0.201
1.38	2.85	35.8	17.8	0.202

注:ρ_d 为干密度;δ_{max} 为极限线性收缩率;w_0 为初始含水量;w_s 为缩限;λ 为收缩系数。

线缩率与干密度的关系如图 3.37 所示,可以得出,极限线缩率随初始干密度增大而减小,呈非线性关系,所以提高路基土体的压实度也是预防土体收缩变形的有效措施。

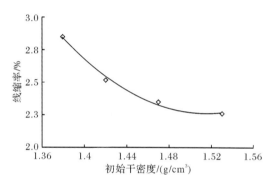

图 3.37　线缩率与初始干密度的关系

2. 孔隙比与饱和度的关系

假设土体各向同性,则脱湿过程中三向均匀收缩,则体积的收缩量 ΔV 为

$$\Delta V = V_0 \varepsilon_v \tag{3.16}$$

式中,V_0 为初始体积;ε_v 为体积收缩率。

收缩过程中,液态水和固体土颗粒的体积不可被压缩,故体积减小量均为孔隙减少量,计算收缩过程中的孔隙比 e:

$$e = \frac{V_v}{V_s} = \frac{V - V_s}{V_s} = \frac{V}{V_s} - 1 = \frac{(V_0 - \Delta V)G_s}{\rho_{d0} V_0} - 1 \tag{3.17}$$

式中,ρ_{d0} 为初始干密度;G_s 为颗粒比重。

计算收缩过程中土体的饱和度 S_r:

$$S_r = \frac{V_{wi}}{V_v} = \frac{w_i \rho_{wi}}{V_0 - \Delta V - \dfrac{\rho_{d0} V_0}{G_s}} \tag{3.18}$$

式中，ρ_{wi} 为收缩过程中土体的湿密度。

整理孔隙比和饱和度的关系，如图 3.38 所示。

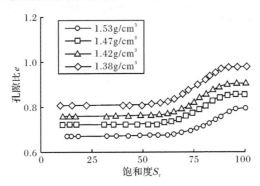

图 3.38　孔隙比与饱和度的关系

依据土体失水过程孔隙变化的三阶段划分标准，汇总试样各阶段收缩特征值，如表 3.13 所示。可以看出，土体的收缩变形主要发生在比例收缩阶段，其变形所占比例达到 70% 以上。此外，结构收缩阶段都在饱和度 90% 以上完成，比例收缩阶段都在饱和度 55% 以上完成，土体的所有收缩变形均在饱和度 40% 以上完成。

表 3.13　收缩过程特征值

状态	ρ_d=1.53g/cm³			ρ_d=1.47g/cm³			ρ_d=1.42g/cm³			ρ_d=1.38g/cm³		
	Δe	比例/%	S_e	Δe	比例/%	S_e	Δe	比例/%	S_e	Δe	比例/%	S_e
结构收缩	0.0038	3.17	95.12	0.0057	4.45	90.37	0.0072	5.05	90.94	0.0113	6.73	87.78
比例收缩	0.0872	73.30	76.19	0.1028	79.97	67.55	0.1046	73.4	68.51	0.1324	78.94	65.07
残余收缩	0.0280	23.53	53.13	0.0200	15.58	52.29	0.0307	21.55	42.62	0.0240	14.34	42.54

3.6.3　收缩过程的孔隙演化规律

利用压汞试验研究土体孔隙分布特征，主要利用孔隙体积分布密度曲线和孔隙体积累积分布曲线来描述孔隙的分布情况。假设土壤孔隙等效为系列孔径(d)不同的圆柱形管道，则将土中每 1g 土颗粒对应的孔隙体积定义为孔隙分布密度 $f(d)$；其累计孔隙体积分布函数为 $F(d)$。其中，$f(d)$ 通过 $F(d)$ 对孔径 d 求一阶导数得到。

1. 孔隙体积分布特征演化规律

图 3.39 为干密度为 1.53g/cm³ 的饱和试样在不同脱湿状态下的孔隙体积密度分布曲线。

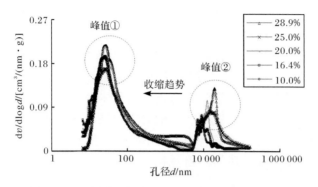

图 3.39　不同脱湿状态下的孔隙体积密度分布曲线

可以看出,试样的孔隙分布曲线存在两个明显的峰值,表明压实红黏土主要包括 6000nm<d<160 000nm 的粒间大孔隙与 10nm<d<300nm 的粒团内小孔隙。随着脱湿过程的进行,峰值①处的孔径基本处于 30nm 左右不变,其孔隙体积分布密度略有变化;但峰值②处对应的孔径差别较明显,其峰值孔径随着含水量减小而逐渐向左移动,说明随着脱湿过程的进一步发展,颗粒发生移位,粒间距离减小,粒间大孔隙体积明显减小,压实红黏土因脱湿导致的体积收缩的主因是粒间孔隙脱水收缩导致。

为了定量说明孔隙体积大小和分布随收缩过程的变化规律,把图 3.39 中各双峰曲线的峰值及对应的孔径值列于表 3.14。

表 3.14　孔隙体积密度分布曲线的峰值

含水量/%	峰值①		峰值②	
	孔径/nm	分布密度/(cm³/g)	孔径/nm	分布密度/(cm³/g)
28.9	31.9	0.218	25 002	0.1260
25.0	33.6	0.168	21 830	0.0777
20.0	31.1	0.213	15 574	0.1020
16.4	32.0	0.194	11 917	0.0627
10.0	30.0	0.190	11 240	0.0696

从表 3.14 可以看出,峰值①处孔径处于 30nm 附近基本不变,峰值的大小由 0.218cm³/g 向 0.190cm³/g 转化;峰值②处孔径由 25 002nm 逐步向 11 240nm 演

化,而且峰值的大小也由 0.126cm³/g 变为 0.0696cm³/g。换言之,失水收缩的主因是粒间大孔隙减小,但是不代表粒间里面的小孔隙不发生变化,只是它相对来说变化较小。

黏土的孔隙体积密度分布曲线出现两个或多个峰值与土体的团粒(颗粒)组成结构紧密相关。已有研究表明[47,48]:土体在细观上一般具有团聚体间的结构和团聚体内结构双重结构特征。由于团聚体的尺寸相对较大,团聚体之间除了会形成空洞外,还会形成一些较大的宏观孔隙,称之为团聚体间孔隙,如图 3.40(a)所示,对应于图 3.39 中的峰值②处;而团聚体内部一般由排列比较紧密的黏土颗粒组成,彼此之间形成细小的微观孔隙,称之为团聚体内孔隙,如图 3.40(b)所示,对应于图 3.39 中的峰值①处。文献[49]的研究结果也证实,红黏土的颗粒之间成团现象十分明显,低压实度状态下的孔隙体积分布密度曲线呈"双峰"分布特征,经过压实作用后大孔隙所在的峰值逐渐削减,表明红黏土的确存在团粒间的孔隙。

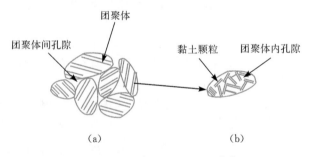

图 3.40　团聚体结构示意图[50]

2. 孔隙体积累积分布特征演化规律

孔隙体积密度分布曲线只能反映孔隙体积分布的总体分布概况,而在整个收缩过程中基本遵循大孔逐渐向小孔演变的趋势。为了更加详细捕捉收缩过程中更多不同孔径范围内孔隙的演化规律,现利用孔隙累积曲线孔径范围来统计其孔隙体积的大小。

如何确定有代表意义的特征孔径来统计其孔隙体积大小,对于试验结果的分析影响十分显著。目前,国际上定义孔径 $d>0.05\mu m$ 为大孔隙,$0.002\mu m<d<0.05\mu m$ 为中孔隙,$d<0.002\mu m$ 为微孔隙[45];王清等根据黄土孔隙分布曲线及分形理论,确定微、小、大孔隙界限为 $0.02\mu m$、$0.8\mu m$ 两个孔径[45,51]。雷华阳等认为结构性软土在交通荷载作用下的孔径划分界限为 $0.01\mu m$、$0.5\mu m$、$2.5\mu m$[52]。可见,到底采取何种特征孔径来划分其界限范围,应根据试验结果和分析的目的来定。为了捕捉不同孔径范围内的孔隙体积在失水过程中的微小变化,因而孔径

范围划分不能过大,也不能取值过小,否则计算量过大。因此,采用等比例范围取值便于分析试验结果。故提出试验结果孔隙分为以下几类:大孔隙,孔径 $d>$ 10 000nm;中孔隙,1000nm$<d<$10 000nm;过渡孔隙,100nm$<d<$1000nm;小孔隙,10nm$<d<$100nm;微孔隙,$d<$10nm。

在不同脱湿状态下,干密度为 1.53g/cm³ 的饱和试样的孔隙体积累积分布曲线如图 3.41 所示。

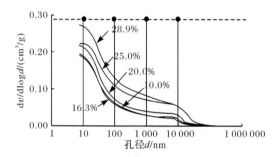

图 3.41　不同脱湿状态下的孔隙体积累积曲线

根据上述孔隙界限范围的划分标准,将各脱湿状态下不同孔径范围内的孔隙体积分量统计后,列于表 3.15。

表 3.15　孔隙结构特征参数

含水量 /%	总孔隙体积 /(cm³/g)	孔隙体积分布/(cm³/g)(孔隙体积百分含量/%)				
		大孔隙 $d>$10 000nm	中孔隙 1000nm$<d<$ 10 000nm	过渡孔隙 100nm$<d<$ 1000nm	小孔隙 10nm$<d<$ 100nm	微孔隙 $d<$10nm
29.0	0.277	0.0534(19.28)	0.0306(11.05)	0.0466(16.82)	0.1406(50.76)	0.0058(2.09)
25.0	0.224	0.0525(23.44)	0.0183(8.17)	0.0392(17.5)	0.1138(50.80)	0.0002(0.09)
20.0	0.220	0.029(13.18)	0.0107(4.86)	0.0334(15.18)	0.1410(64.09)	0.0059(2.68)
16.4	0.197	0.0184(9.34)	0.0110(5.58)	0.0326(16.55)	0.1282(65.08)	0.0068(3.45)
10.0	0.193	0.0145(7.51)	0.0130(6.74)	0.0313(16.22)	0.1287(66.68)	0.0055(2.85)

不同孔径范围的孔隙体积随脱湿过程的变化规律如图 3.42 所示。图例说明方框内的 k 值是采用直线拟合后的斜率,代表孔隙体积随单位含水量的变化率。其中,k 为正值时孔隙体积分量随水量的减少而增大,反之亦然。

从图 3.42 可见,孔径 $d>$10 000nm、1000nm$<d<$10 000nm 和 100nm$<d<$1000nm 的孔隙的 k 值依次为 0.804、0.228 和 0.048,均大于 0,说明这三种孔径范围的孔隙体积在失水过程中孔隙体积减小,但减少的幅度不同,孔径 $d>$ 10 000nm 的孔隙体积收缩量最大,100nm$<d<$1000nm 的孔隙体积收缩量最小;

而孔径 10nm$<d<$100nm 和 $d<$10nm 的孔隙体积随失水过程而增大,且 10nm$<$ $d<$100nm 的孔隙体积增量最大($k=-0.978$),$d<$10nm 的孔隙体积增量次之 ($k=-0.103$)。结合图 3.40 和图 3.41,可以认为,结构收缩和等比例收缩阶段 (偏湿时),团聚体间的孔隙优先收缩,表现为大孔隙的体积峰值半径随着含水量 的减少而减小,另外,大孔隙的孔径收缩还会表现为小孔径的孔隙体积增多;而当 达到残余收缩阶段,团聚体内的孔隙会发生收缩,但其收缩的幅度没有大孔隙收 缩演化形成的次级小孔隙增量大。故整个失水过程中土体的体积收缩包括团聚 体间的孔隙收缩和团聚体内微观孔隙收缩两部分,但以团聚体间的孔隙体积收缩 为主。因此,收缩过程的孔隙体积总体减少,与宏观所测得的收缩规律一致。

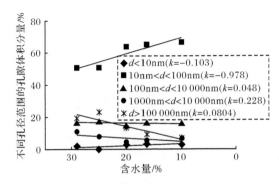

图 3.42　不同孔径范围的孔隙体积与含水量的关系

3. 水分赋存状态与孔隙收缩的互馈关系

土体孔隙内的水分除了自由水外,在土颗粒表面还附着结合水。结合水受电 分子吸引力吸附于土颗粒表面,其吸引力高达几千到几万个大气压,使水分子和 土颗粒表面牢固地黏结在一起。同时,土体的大孔隙也是赋存大部分自由水的场 所。显然,同等自然风干作用下自由水最容易被蒸发逃逸;结合水受土颗粒的吸 附作用而相对滞后。因此,土体在风干过程中大孔隙的水分优先被蒸发(严格地 说应该是自由水优先被蒸发)而变成非饱和状态,如图 3.43 所示。

由于水分的减少,颗粒之间的弯液面半径减小了,依据非饱和土力学中毛细 管理论模型,土颗粒之间的表面张力增大,迫使土颗粒相互靠拢,从宏观上表现为 孔隙体积的收缩。表 3.13 数据表明,85%的孔隙体积收缩量均在结构收缩和比 例收缩阶段完成,其对应的饱和度约为 55%;大孔隙收缩变成次级小孔隙后,45% 的减饱和度引起的孔隙体积收缩量仅占总收缩量的 15%。由此可见,孔隙形态与 分布对水的赋存形式与含量敏感性高,风干过程引起了结构重组、孔隙分布调整 和孔隙体积减小,进而宏观上表现为土的体积收缩。

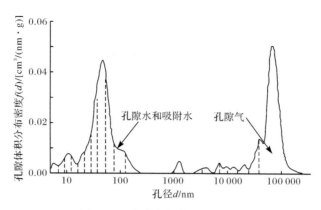

图 3.43　孔隙内水分的赋存状态

3.7　小　　结

（1）通过分析压实红黏土的孔隙体积累积分布曲线可知，四种干密度（1.58g/cm³、1.51g/cm³、1.44g/cm³、1.37g/cm³）试样，孔径 $d<0.1\mu m$ 的孔隙体积占总孔隙体积的比例分别为 78%、69%、60%、48%；孔径 $0.1\mu m<d<10\mu m$ 的分别为 18%、18%、15%、4%；孔径 $d>10\mu m$ 则分别为 4%、13%、25%、48%。可见，压实的作用主要只能改变孔径 $d>10\mu m$ 的孔隙。

（2）根据红黏土的微观结构特征可以将其孔隙主要分为两大类：①聚集体内孔隙；②聚集体之间孔隙。压实红黏土孔径 $d<1\mu m$ 的孔隙可视为聚集体内孔隙；孔径 $1\mu m<d<10\mu m$ 的孔隙为稳定性较强的聚集体之间孔隙；而孔径 $d>10\mu m$ 的孔隙则为稳定性较差的聚集体之间孔隙。

（3）研制了一套多功能土水特征曲线试验仪，仪器主要包括制样工具、试样室及底座、温度控制系统、基质吸力控制系统、加压装置、变形测量系统和排水测量装置等部分。该仪器能够同时考虑温度和轴向荷载对试样持水性能的影响，更能反映岩土工程的真实工作状态，试样室内抽气饱和，同一试样即可实现饱和→脱湿→吸湿→饱和的干湿循环过程，实现了变形的精确测量和自动化采集，获得增（减）湿过程中的变性特征，并修正由于体积变化造成的体积含水量及饱和度的计算误差，采用高精度天平测量排水量，试验结果准确性得到了保证。

（4）压实红黏土的集聚体内孔隙和集聚体之间孔隙的孔径大小差别很大，由于后者的孔径较大，施加很小的气压力，土体很快就能达到水气平衡状态；当施加的气压力大于前者最小孔径对应的吸力，而又小于后者最大孔径对应的吸力时，基本处于不排水状态，在土水特征曲线上就出现了水平阶段；当气压力进一步增大，将会使集聚体内孔隙的水分相应地减少直至达到残余状态。吸力为 0～20kPa

的土水特征曲线代表了集聚体之间孔隙的持水特征;吸力大于 20kPa 的土水特征曲线则反映了集聚体内孔隙的持水性能。

（5）土水特征曲线出现水平阶段与土体的孔隙赋存特征具有对应关系。吸力为 0~20kPa 的土水特征曲线与吸力大于 20kPa 的曲线相似;与之对应,孔径 $d>$ 10μm 的孔隙体积累积分布与孔径 $d<$10μm 的孔隙体积累积分布特征相似。基于土体孔隙尺寸分布决定土体持水性能的观点,可以认为,该压实试样孔径 $d>$ 10μm 的孔隙主要控制 0~10kPa 的持水能力;而孔径 $d<$10μm 的孔隙则主要控制吸力大于 10kPa 的持水能力。

（6）限制膨胀法测膨胀力具有三个优势:①更加符合膨胀力的定义;②试验耗时少、占空间少;③能测较宽范围内的膨胀力,实用性更加广泛。相同初始状态下,限制膨胀法所测的膨胀力都小于膨胀反压法所测的值。黏土晶间和粒间吸水自由膨胀后发生了"不可逆"的膨胀变形,而土体发生"不可逆"的膨胀变形程度则是引起限制膨胀法和膨胀反压法所得试验结果之间产生差异的主要原因。

（7）相同干密度试样,制样含水量对压实土体的孔隙分布影响显著。最优含水量（29.8%）和偏湿状态（35.8%）下,其孔隙体积主要分布在孔径小于 0.3μm 时;而偏干状态下（35.8%）下,其孔隙体积主要分布在孔径为 0.3~4μm。试样吸水后限制其膨胀与允许其自由膨胀对中孔影响很大,孔径大于 16nm 时,二者的差别更加明显。限制土体吸水膨胀条件下,土体呈现大孔孔径变小和中、微孔孔径变大的演化过程。

（8）不同脱湿状态下红黏土的孔径体积密度分布曲线均有两个明显峰值,峰值①处孔径处于 30nm 附近基本不变,峰值的大小也变动不大;峰值②处孔径由 25 002nm 逐步向 11 240nm 演化,而且峰值的大小也由 0.126cm³/g 变为 0.0696cm³/g。失水收缩引起了孔径 $d>$10 000nm 的孔隙发生整体收缩,而孔径 30nm 左右的孔隙略有变化。

（9）整个失水过程中土体的体积收缩包括团聚体间的孔隙收缩和团聚体内微观孔隙收缩两部分,但以团聚体间的孔隙体积收缩为主。收缩过程的孔隙体积总体减少,与宏观所测得的收缩规律一致。土体内部的大孔隙是赋存大部分自由水的场所,在风干过程中大孔隙的自由水优先被蒸发而变成非饱和状态;同时,由于水分的减少土颗粒之间的弯液面半径会随之减小,使得土颗粒之间的表面张力增大,从而迫使土颗粒之间相互靠拢,从宏观上表现为孔隙体积的收缩。

参 考 文 献

[1] 唐朝生,施斌,刘春,等. 黏性土在不同温度下干缩裂缝的发展规律及形态学定量分析[J]. 岩土工程学报,2007,29(5):743-749.

［2］唐朝生,施斌,刘春,等.影响黏性土表面干缩裂缝结构形态的因素及定量分析［J］.水利学报,2007,38(10):1186-1193.

［3］Tang C,Shi B,Liu C,et al. Influencing factors of geometrical structure of surface shrinkage cracks in clayey soils［J］. Engineering Geology,2008,101(3-4):204-217.

［4］Boynton S S,Daniel D E. Hydraulic conductivity tests on compacted clay［J］. Journal of Geotechnical Engineering,ASCE,1985,114(4):465-478.

［5］Morris P H,Graham J,Williams D J. Cracking in drying soils［J］. Canadian Geotechnical Journal,1992,29(2):263-277.

［6］Albrecht B A,Benson C H. Effect of desiccation on compacted natural clays［J］. Journal of Geotechnical and Geoenvironmental Engineering,ASCE,2001,127(1):67-75.

［7］袁俊平,殷宗泽. 膨胀土裂隙的量化指标与强度性质研究［J］. 水利学报,2004,35(6):108-113.

［8］孔令伟,陈建斌,郭爱国,等. 大气作用下膨胀土边坡的现场响应试验研究［J］.岩土工程学报,2007,29(7):1065-1073.

［9］王铁行,卢靖. 考虑温度和密度影响的非饱和黄土土-水特征曲线研究［J］.岩土力学,2008,29(1):1-5.

［10］Brooks R H,Corey A T. Hydraulic properties of porous media［J］. Colorado State University Hydrology Paper,1964,3(3):20-27.

［11］Fredlund D G,Xing A,Huang S Y,et al. Predicting the permeability function for unsaturated soils using the soil-water characteristic curve［J］. Canadian Geotechnical Journal,1994,31:533-546.

［12］van Genuchten M T. A closed-form equation for predicting the hydraulic conductivity of unsaturated soils［J］. Soil Science Society Amercain Journal,1980,44:892-898.

［13］Vanapalli S K,Fredlund D G,Pufahl D E. The influence of soil structure and stress histroy on the soil-water characteristics of a compacted till［J］. Geotechnique,1999,49(2):143-160.

［14］Garcia-Bengochea I,Lovell C W,Altshaeffl A G. Pore distribution and permeability of silty clays［J］. Journal of Geotechnical and Geoenvironmental Engineering,1979,105:839-855.

［15］Delage P,Lefebvre G. Study of the structure of a sensitive champlain clay and its evolution during consolidation［J］. Canadian Geotechnical Journal,1984,21:21-35.

［16］Griffiths F J,Joshi R C. Changes in pore size distribution due to consolidation of clays［J］. Geotechnique,1989,39:159-167.

［17］Prapaharan S,Altschaeffl A G,Dempsey B J. Moisture curve of compacted clay:Mercury intrusion method［J］. Journal of Geotechnical and Geoenvironmental Engineering,1985,111:1139-1143.

［18］Washburn E W. Note on a method of determining the distribution of pore sizes in a porous material［C］//Proceedings of the National Academy of Sciences,American:National Academy of Sciences,1921.

［19］赵颖文. 中国西南地区红黏土的强度与水理性特征研究［D］. 武汉:中国科学院武汉岩土力

学研究所,2003.

[20] 程昌炳,康哲良,徐昌伟. 针铁矿与高岭土"胶结"本质的微观结构初探[J]. 岩土力学,1992,13(2-3):122-127.

[21] 孔令伟,罗鸿禧. 游离氧化铁形态转化对红黏土工程性质的影响[J]. 岩土力学,1993,14(4):25-39.

[22] 孔令伟,罗鸿禧,袁建新. 红黏土有效胶结特征的初步研究[J]. 岩土工程学报,1995,17(5):42-47.

[23] 孔令伟,罗鸿禧,谭罗荣. 红土胶结问题的讨论[C]//中国青年学者岩土工程力学及其应用讨论会论文集. 北京:科学出版社,1994.

[24] Madu R M. An investigation into the geotechnical and engineering properties of some laterites of eastern Nigeria[J]. Engineering Geology,1977,11:101-125.

[25] 谭罗荣,孔令伟. 某类红黏土的基本特性与微观结构模型[J]. 岩土工程学报,2001,23(4):458-462.

[26] 罗鸿禧,周芳琴,张文敏. 红土的某些微观特性[C]//第二届全国红土工程地质研讨会论文集. 贵州:贵州科学出版社,1991.

[27] 孔令伟. 红黏土的微观特性与胶结形状研究[D]. 武汉:中国科学院武汉岩土力学研究所,1993.

[28] 叶为民,唐益群,崔玉军. 室内吸力量测与上海软土土水特征[J]. 岩土工程学报,2005,27(3):347-349.

[29] Maricia D,Delage P,Cui Y J. On the high stress compression of betonies[J]. Canadian Geotechnical Journal,2002,39(4):812-820.

[30] 陈正汉. 非饱和土固结仪和直剪仪的研制及应用[J]. 岩土工程学报,2004,26(2):161-166.

[31] 胡新江,王世梅,谈云志,等. 基于 LabVIEW 的土工测试系统开发与应用[J]. 微计算机信息,2011,27(8):72-74.

[32] 张华,陈守义,姚海林. 用收缩试验资料间接估算压力板试验中的体积含水量[J]. 岩土力学,1999,20(2):20-26.

[33] 谈云志. 压实红黏土的工程特征与湿热耦合效应研究[D]. 武汉:中国科学院武汉岩土力学研究所,2009.

[34] Vanapalli S K. Simple test procedures and their interpretation in evaluating the shear strength of unsaturated soils[D]. Canada:Saskatoon University of Saskatchewan,1994.

[35] Ahuja L R,Swartzendruber D. An improved form of soil-water diffusivity function[J]. Soil Science Society of American Proceedings,1972,36:9-14.

[36] Gardner W R. Calculation of capillary conductivity from pressure plate outflow data[J]. Soil Science of American Proceedings,1956,21:317-320.

[37] Haverkamp R,Vauclin M,Touma J,et al. Comparison of numerical simulation models for one-dimensional infiltration[J]. Soil Science Society American Journal,1977,41:285-294.

[38] Shuai F. Simulation of swelling pressure measurements on expansive soils[D]. Saskatoon:University of Saskatchewan,1996.

[39] Basma A A, Al-Homoud A S, Malkawi A H. Laboratory assessment of swelling pressure of expansive soils[J]. Applied Clay Science, 1995, 9(5): 355-368.

[40] Attom M F, Barakat S. Investigation of three methods for evaluating swelling pressure of soils[J]. Environmental and Engineering Geoscience, 2000, 6(3): 293-299.

[41] 中华人民共和国水利部. GB/T 50279—98 岩土工程基本术语标准[S]. 北京: 中国计划出版社, 1999.

[42] 中华人民共和国交通部. JTG E40—2007 公路土工试验规程[S]. 北京: 人民交通出版社, 2007.

[43] 丁振洲, 郑颖人, 李利晟. 膨胀力的概念及其增湿规律的试验研究[J]. 工业建筑, 2006, 36(3): 67-70.

[44] Bolt G H. Physico-chemical analysis of the compressibility of pure clays[J]. Geotechnique, 1956, 6(2): 86-93.

[45] Sing K S W, Evrett D H, Haul R A, et al. Reporting physisorption data for gas/solid systems with special reference to the determination of surface area and porosity[J]. Pure and Applied Chemistry, 1985, 57(4): 603-619.

[46] Delage P, Audiguier M, Cui Y J. et al. Microstructure of a compacted silt[J]. Canadian Geotechnical Journal, 1996, 33(1): 150-158.

[47] Alonso E E, Lloret A, Gens A. Experimental behaviour of highly expansive double-structure clay[C]//Proceeding of the 1st International Conference on Unsaturated Soils, Paris, 1995: 6-8.

[48] Hoffmann C, Alonso E E, Romero E. Hydro-mechanical behaviour of bentonite pellet mixtures[J]. Physics and Chemistry of the Earth, 2007, 32(8—14): 832-849.

[49] 谈云志, 孔令伟, 郭爱国, 等. 压实过程对红黏土的孔隙分布影响研究[J]. 岩土力学, 2010, 31(5): 1427-1430.

[50] 唐朝生, 崔玉军, Tang A-M, 等. 土体干燥过程中的体积收缩变形特征[J]. 岩土工程学报, 2011, 33(8): 1271-1279.

[51] 王清, 王剑平. 土孔隙的分形几何研究[J]. 岩土工程学报, 2000, 22(4): 496-498.

[52] 雷华阳, 姜岩, 陆培毅, 等. 交通荷载作用下结构性软土的孔径分布试验[J]. 中国公路学报, 2009, 22(2): 6-11.

第4章 压实红黏土的工程力学特性

4.1 概　　述

土体压实过程是利用机械能促使土颗粒之间更加紧密,减小彼此之间的空气孔隙。土体压实的主要目的是降低强度和体积随环境变化的敏感性,特别是受水分的影响。其压实过程同时也是为了提高它的强度和承载力、降低压缩性和渗透能力。击实试验主要有三种类型的击实方式:冲击、揉搓和振动。一般说来,无黏性土利用振动压实,静力荷载对很难把松砂压紧。但黏性土由于自身结构的特殊性,很难单靠振动压实。开挖后的黏土在压实前大多呈松散随机排列的状态,如图4.1(a)所示。黏土颗粒表面会附着一层薄薄的固态吸附水和一层稍厚的双电层黏滞水,双电层水的厚度取决于土体的含水量。压实的作用就是把黏土的颗粒由点-边接触或点-点接触通过外部荷载改变为近似平行的状态,从而减小它们的孔隙率。

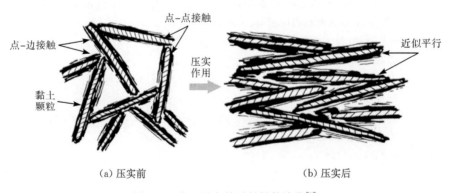

（a）压实前　　　　　　　　　　　　　（b）压实后

图 4.1　黏土压实前后的结构演化[1]

评价红黏土强度的方式有很多,包含直剪强度、三轴剪切强度、承载比强度等。其中,承载比强度主要用于评价柔性路面建设材料的性能。在许多热带和亚热带国家,该方法已经广泛用于评价红黏土用于填筑公路和机场的可行性。虽然承载比试验的理论基础是建立在冻胀地区的材料评价上,但该方法已经被证明几乎适用于评价所有类型的红黏土[2~5]。

4.2　红黏土的击实特性

4.2.1　试验概述

击实试验是通过机械力的作用促使土体颗粒之间相互靠拢,模拟现场压实机具的作用效果。同时,为现场碾压提供参考标准,也为室内试验制样提供控制参数。红黏土属于一类特殊细粒土,采用常规试验方法(如采用风干和烘干土样)进行试验常导致液限和塑性指数失真,最大击实干密度偏大和最优含水量偏低。《公路土工试验规程》(JTG E40—2007)指出:对于高含水量土宜选用湿土法,对于非高含水量土则选用干土法。该试验路段路基填料属于高液限土,采用湿法备样比较符合实际情况,但为了对比研究同时也进行了干法备样击实试验。

(1)按照公路交通试验标准要求选用重型击实方法,并考虑到高液限土具有结构性特征,选用湿法备样击实,同时为了和湿法进行对比也做了干法击实。

(2)对击实桶内壁涂抹凡士林,并在桶底垫块上放置滤纸,并将配置好的试样分三次导入桶内,每次 1700kg 左右。整平表面并稍加压紧,然后按照设定的击数进行第一层击实、拉毛。依次进行第二层和第三层的击实。

(3)用削土刀沿套桶内壁削刮,使套筒与试样脱离后,扭动并取下套筒,齐筒顶细心削平试样,拆除底板,擦净桶外壁,称重,精确至 1g。

(4)用推土器推出桶内试样,从试样中心处取样测定其含水量,精确值为 0.1%。

(5)绘制含水量与干密度的关系图,确定其最优含水量(w_{opt})和最大干密度(ρ_{dmax})。

4.2.2　试验结果

1. 长韶娄高速

选取的红黏土经风干后过 5mm 筛,然后进行标准重型击实(98 击),获得的击实曲线如图 4.2 所示。

曲线峰值点相应的纵坐标为击实试样的最大干密度,相应的横坐标为击实试样的最佳含水量。最优含水量与最大干密度见表 4.1。

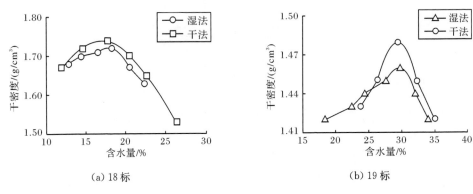

(a) 18标　　　　　　　　　　　(b) 19标

图 4.2　含水量与干密度关系

表 4.1　击实试验结果表

标号	备样方法	最优含水量/%	最大干密度/(g/cm³)
18标	干法	17.7	1.74
	湿法	18.3	1.72
19标	干法	29.4	1.46
	湿法	29.8	1.48

长韶娄的高液限填料利用湿法与干法击实试验得到的最优含水量差别不大，干法获得的干密度大于湿法获得的干密度。但在湖南省郴宁高速 14 标获得的试验结果比上述试验结果要明显，见图 4.3 和表 4.2。

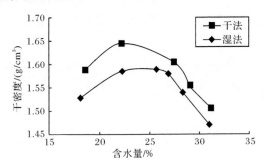

图 4.3　14 标土样干湿法重型击实结果对比

表 4.2　最大干密度、最佳含水量

标段	备样方法	最优含水量/%	最大干密度/(g/cm³)
14标	干法	22.2	1.62
	湿法	25.5	1.59

2. 厦成高速

选取的红黏土经风干后过 5mm 筛，然后进行标准重型击实（98 击），如图 4.4 所示。K8 桩号红黏土的最大干密度为 1.53g/cm³、最优含水量为 26.2%；而 K27 桩号红黏土的最大干密度为 1.58g/cm³、最优含水量为 24.1%。

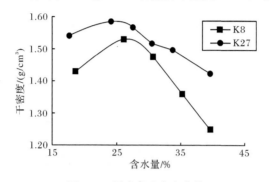

图 4.4　厦成高速击实曲线

从图 4.4 可以看出，在最优含水量的左侧即土体偏干时，土的干密度随着含水量增加而提高，这主要是因为土处于疏松状态，此时土的结构为片状结构，土中孔隙大都相互连通，孔隙内含水少含气多，击实时土体孔隙中气体容易排出，水在颗粒之间起润滑作用，土粒间阻力减少，压实时土粒易于移动挤紧变为较紧的片堆结构，从而孔隙减小、干密度提高；当干密度达到最大值以后，含水量再继续增大，土中孔隙被过多的水所占据，含水量越大占的体积越多，击实时水不能被压缩，被水分包围的气泡更不容易被挤出。事实上，当土的含水量接近和大于最优含水量时，土内孔隙中的空气越来越多地处于"受困"状态，即土中气体与土体外大气不连通，其水气形态称为气封闭水开敞系统。这样压实时产生的孔隙气压力将像"缓冲气囊"一样吸收了部分击实功。所以，干密度随含水量增加而降低。

3. 洞新高速

按《公路土工试验规程》（JTG E40—2007），对所选取的红黏土采用湿法备样进行击实试验以便求出其最佳含水量（w_{opt}）和最大干密度（ρ_{dmax}）。在每层击数为 98 击的条件下，所获得的干密度和含水量的关系曲线如图 4.5 所示，其最优含水量和最大干密度列于表 4.3。

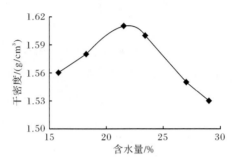

图 4.5　洞新 6 标击实曲线

表 4.3　最优含水量与最大干密度

最优含水量/%	最大干密度/(g/cm³)	天然含水量/%
22.0	1.61	29.5

按《公路土工试验规程》(JTG E40—2007),对所选取的填料按照湿法和干法备样分别进行击实试验以便求出其最佳含水量(w_{opt})和最大干密度(ρ_{dmax})。在每层击数为 98 击的条件下,所获得的干密度和含水量的关系曲线如图 4.6 所示,其最佳含水量和最大干密度列于表 4.4。

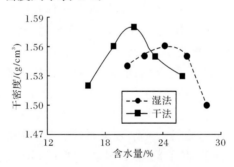

图 4.6　洞新 11 标击实曲线

表 4.4　最佳含水量与最大干密度

备样方法	最佳含水量/%	最大干密度/(g/cm³)	天然含水量/%
湿法	24.7	1.56	29.8
干法	20.7	1.58	

可以看出,高液限土的干法备样与湿法备样获得的试验结果差别比较大,很显然湿法对应的最大干密度要比干法对应的干密度小,而前者所对应的最优含水量却大于后者对应的值。这主要是由于高液限黏土具有一定的结构性,干法备样

实际在干燥过程中破坏了颗粒之间的胶结物质,再重塑时结构性不可逆转所以出现上述结果。对于湖南西南部的炎热多雨地区来说,湿土法击实应该更符合实际施工工况条件,因此限含水量和场压实度检测时应以湿土法击实的结果为依据。

4.2.3　讨论与分析

1. 击实过程水分与孔隙的赋存特性

击实对黏土结构的影响如图 4.7 所示。

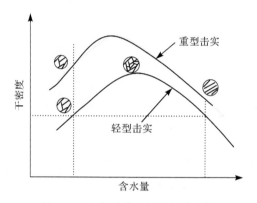

图 4.7　击实对黏土结构的影响[6]

土的含水量在压实全过程曲线中有以下四个阶段的变化:

(1) 半固体状态范围。土体中水的数量与颗粒本身和其孔隙相比相对较少。各土粒之间不能完全靠水来连接。在压实过程中土粒相互错动的阻力很大,故难以压密,且压实后水稳性极差。

(2) 弹性范围。在这个阶段,土颗粒之间的水附着于各个土粒上形成弯液面,由于表面张力在土粒之间形成强有力的连接。此时,压实阻力仍然比较大。

(3) 塑性范围。最优含水量存在于这个范围内,土颗粒之间水弯液面的曲率比前阶段要小。土粒之间虽然紧密地衔接着,但土粒间的相互移动和残余气体逸出都比较容易。

(4) 半黏性流体范围。土中的孔隙几乎被水所饱和,土粒完全被水覆盖而失去相互之间的凝聚力,逐渐具有黏性流体的性质。在此阶段,虽然土体中残余气体很少,但孔隙几乎被水充满,已无法进一步压实。

2. 干法与湿法的比较

干燥方法对压实特性的影响研究已经引起了研究者极大的兴趣,研究表明红黏土的初始含水量对压实曲线的影响十分显著,Willis[7]可能是首次关注湿法备样和干法备样对压实曲线影响的学者，如图 4.8 所示。

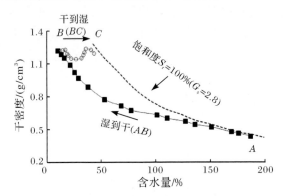

图 4.8　脱湿过程对击实曲线的影响[7]

图 4.8 为火山灰质红黏土从天然含水量状态脱湿到干燥状态再又回到湿化状态的击实曲线。曲线 AB 起于 A 点，对应天然含水量状态，曲线上其余数据点在室温状态下逐步脱湿到 B 点获得。BC 曲线上的各点是利用前期各点的试样加水重新击实获得。比较曲线 AB 和 BC，二者的差别十分明显。在工程建设中有十分重要的意义，如果土体天然含水量过低则需要增加水击实，如果天然含水量高于要求的含水量，击实前必须脱湿到指定的含水量，相同击实功作用下二者之间的干密度差别很大。

Tateishi[8] 报道了初始含水量对红黏土击实曲线的影响。如图 4.9 所示，利用某风干红黏土，从天然含水量 180% 起（曲线 A 点），风干到含水量 75%，然后再增湿到不同含水量点进行击实，获得击实曲线 B；类似地，风干到 45%，获得击实曲线 C。注意到最优含水量和最大干密度不是常数，而是依据预脱湿的程度而变。

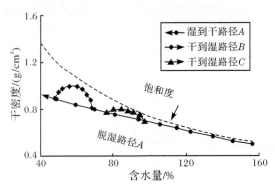

图 4.9　初始制样含水量对击实曲线的影响[8]

对于失水的红黏土,含水量稍微减少一点都会产生不可逆的改变,由于倍半氧化物中的活性,二价铁转变为稳定的三价铁。另外,倍半氧化物的水化和水化矿物的水化,特别是多水高岭土、针铁矿和三水铝石等,也会对击实结果产生不同的影响[9]。因此,在现场中红黏土不同的干燥程度会引起剖面上初始含水量出现较大范围的差异,这将导致即使在同一干燥水平下也会产生不同的击实曲线,如图 4.10 所示。

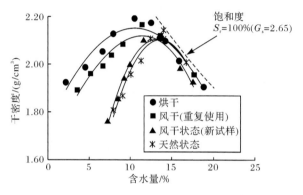

图 4.10　备样方法对压实曲线的影响[10]

烘干土的最大干密度值最大、最优含水量值最小,其次是风干土;而天然状态下的红黏土的最大干密度最小,对应的最优含水量最大[10]。同时,脱湿程度也会对红黏土的最后总膨胀量和吸附稳定含水量产生影响[11],如图 4.11 所示。

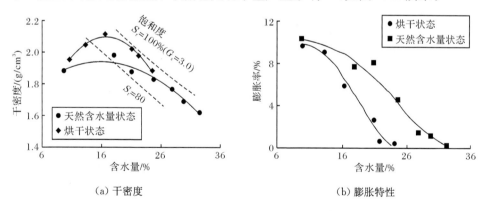

(a) 干密度　　　　　　　　　　　　　　(b) 膨胀特性

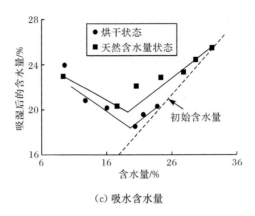

（c）吸水含水量

图 4.11　初始制样含水量对红黏土特性的影响[11]

4.3　红黏土的承载比特性

4.3.1　试验概述

加州承载比（California bearing ratio，CBR），由美国加利福尼亚州公路局首先提出来用于评定路基土和路面材料的强度指标。我国将 CBR 指标列入《公路土工试验规程》（JTG E40—2007）[12] 和《公路路基施工技术规范》（JTG F10—2006）[13]，作为路基填料选择的重要依据。它是一种评定材料承载能力的试验方法，表征了材料抵抗局部荷载压入变形的能力，以确保路堤填筑压实后的浸水整体强度和稳定性符合设计要求。

4.3.2　试验原理与步骤

1. 试验原理

试验时，按路基施工时的最佳含水量、最大干容重及压实度要求在试筒内制备试件。为了模拟材料在使用过程中的最不利状态，加载前泡水 4 昼夜。在浸水过程中及贯入试验时，在试件顶面施加荷载板以模拟路面结构对土基的附加应力；贯入试验中，材料的承载能力越高，对其压入一定贯入深度所需施加的荷载越大。所谓 CBR，就是试料贯入量达到 2.5mm 或 5mm 时的单位压力与标准碎石压入相同贯入量时标准荷载强度（7MPa 或 10.5MPa）的比值，用百分数表示。

2. 试验技术要求及注意事项

（1）试验采用具有代表性风干试料，用木碾捣碎。但应尽量避免土或粒料的单个颗粒破碎,按四分法备料。

(2) 做击实试验,确定试料的最大干密度和最佳含水量。试验过程必须严格按试验规程要求的精度做。

(3) 按最佳含水量制备试件。制备试件前,必需准确地测定试料的风干含水量。

(4) 试件泡水 4 昼夜。在泡水期间,槽内水面应保持在试件顶面以上大约 2.5cm。

(5) 做贯入试验。使用承载比试验仪加载,先在贯入杆上施加 45N 荷载,使贯入杆表面与试件紧密接触,然后将荷载数值置为 0,以 1.0mn/min 的速度压入试件。

(6) 记录不同贯入量及相应荷载。注意应使总贯入量超过 7mm 停止加载。

(7) 绘制单位压力 P 与贯入量 L 关系曲线,必要时进行原点修正。

(8) 从 P-L 关系曲线上读取贯入量分别为 2.5mm 和 5.0mm 所对应的单位压力 $P_{2.5}$(MPa)和 P_5(MPa),则

$$CBR_{2.5} = \frac{P_{2.5}}{7000} \times 100\% \qquad\qquad (4.1)$$

$$CBR_5 = \frac{P_5}{10\,500} \times 100\% \qquad\qquad (4.2)$$

式中,$CBR_{2.5}$ 为贯入量为 2.5mm 时的承载比,%;CBR_5 为贯入量为 5.0mm 时的承载比,%;$P_{2.5}$ 为贯入量为 2.5mm 时的单位压力,MPa;P_5 为贯入量为 5.0mm 时的单位压力,MPa。

3. CBR 试验要点

(1) 水浸泡试验是基本条件。由于高速公路路面的封闭作用,路基路面中聚积的水分得不到蒸发,使路基在运营中的含水量增大。按 4 昼夜浸水作为设计状态,模拟路基在使用过程中可能处于的最不利状态下的强度,有利于提高路基的强度和稳定性,防止竣工后使用及养护过程中路基病害的发生。

(2) 材料的颗粒尺寸必须加以限定。《公路土工试验规程》(JTG E40—2007)规定,承载比试验的试样最大粒径宜控制在 20mm 以内,最大不得超过 40mm 且含量不超过 5%。

4.3.3　试验结果与分析

1. 长韶娄高速

依据规范进行不同初始含水量(最优含水量、大于最优含水量 3 个百分点、大于最优含水量 6 个百分点)、三种不同击实功(98、50、30)击的浸水承载比试验,单

位压力与贯入量的关系如图 4.12～图 4.14 所示,承载比(CBR)、膨胀量等见表 4.5～表 4.7。

表 4.5　标试验结果

浸水方式	含水量	锤击次数	干密度/(g/cm³)	CBR/%	膨胀量/%
浸水	8.6	98	1.88	1.9	4.7
		50	1.75	0.8	5.5
		30	1.70	0.2	6.4
不浸水	8.8	98	1.87	8.5	—
		50	1.76	6.5	—
		30	1.69	4.4	—

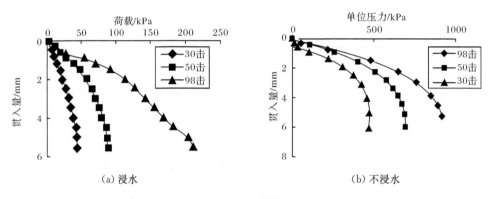

图 4.12　标贯入量与单位压力的关系

17 标仅做了初始含水量为最优含水量的 CBR 试验,17 标的试验结果表明,该桩号填料的承载比最大值才 1.9%,不满足 93 区的填筑要求,而且膨胀量约为 4.7%。对于浸水 CBR 小于 3%的高液限土要补做不浸水 CBR 试验。如果不浸水 CBR 大于 3%,则在采用包边等工程措施前提下可以用于 93 区不受外部水分浸泡的部位;如果不浸水 CBR 小于 3%,则建议废弃。本章将论述标准 CBR 试验存在的一些不合理问题,从外部影响因素探讨其不合理的原因。

表 4.6　标试验结果

含水量/%	击数	干密度/(g/cm³)	CBR/%	吸水量/g	膨胀量/%
17.7	98	1.69	25.7	136	1.37
	50	1.58	13.3	236	2.19
	30	1.48	6.1	337	2.84

续表

含水量/%	击数	干密度/(g/cm³)	CBR/%	吸水量/g	膨胀量/%
	98	1.68	23.8	54	0.27
21.0	50	1.62	21.9	103	0.8
	30	1.5	9.5	209	1.16
	98	1.64	12.4	22	0.22
24.0	50	1.62	10.5	34	0.25
	30	1.53	9.0	106	0.55

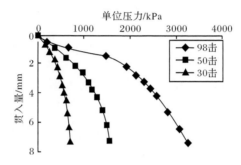

(a) 含水量 17.7%

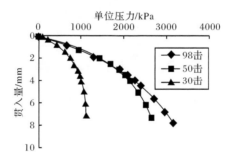

(b) 含水量 21.0%

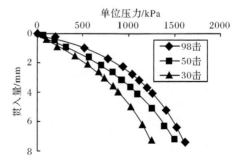

(c) 含水量 24.0%

图 4.13　贯入量与单位压力的关系(18 标)

18 标试验结果表明,三种初始制样含水量对应的压实度在 98 击作用下 CBR 最小都达到 12.4%,随制样含水量的增大,CBR 减少。击实功越大,CBR 越大。总体说来,18 标的填料膨胀性不强,在最优含水量处、30 击作用下的膨胀率只有 2.84%。

表 4.7　标试验结果

含水量/%	击数	干密度/(g/cm³)	CBR/%	吸水量/g	膨胀量/%
	98	1.39	3.5	317	13.7
29.3	50	1.33	2.7	375	13.7
	30	1.21	1.2	451	13.3
	98	1.42	4.9	151	6.8
32.0	50	1.38	4.5	187	6.9
	30	1.25	2.6	303	6.7
	98	1.37	5.1	78	5.7
35.0	50	1.36	6.2	96	5.1
	30	1.27	3.8	202	4.7

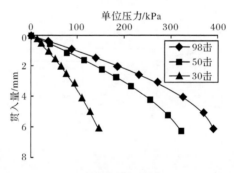

(a) 含水量 29.3%

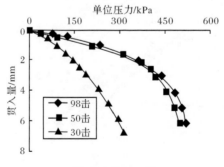

(b) 含水量 32.0%

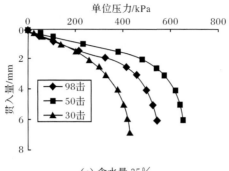

（c）含水量 35％

图 4.14　贯入量与单位压力的关系（19 标）

该桩号粉土的浸水 CBR 在 98 击的作用下均能满足路基 93 区的填筑要求,但该填料的浸水膨胀量比较大,特别是在最优含水量下其膨胀率均超过了 10％,即使高于最优含水量 6 个百分点的试样膨胀率都在 5％左右。在保证强度满足规范要求的前提下,建议高于最优含水量的状态下碾压有利于路基的长期整体稳定性,且 19 标填料的膨胀性较大,在填筑时要填筑在地下水不丰富的地段,防止地下水的毛细上升引起其膨胀。

2. 郴宁高速

作者曾在郴宁高速开展了大量的承载比试验,便于和长韶娄的试验结果对比分析和参考应用,本节选取了两个桩号的试验结果。首先,配置 6 种不同含水量的试样,含水量处于最优含水量和天然含水量之间。然后,每种含水量的试样进行三种不同击实功(98 击、50 击、30 击)的 CBR 试验。表 4.8 是 14 标土样在不同含水量和压实度下的 CBR 试验结果。

表 4.8　红黏土的 CBR 与压实度和干密度

含水量/%	干密度/(g/cm³)	压实度/%	CBR/%	击数/次
	1.53	96.2	4.1	98
18.0	1.44	90.6	3.2	50
	1.37	86.8	2.2	30
	1.58	99.4	14.0	98
22.2	1.45	91.2	3.9	50
	1.37	86.8	2.3	30

续表

含水量/%	干密度/(g/cm³)	压实度/%	CBR/%	击数/次
	1.59	100.0	16.8	98
25.5	1.48	93.1	12.8	50
	1.41	88.7	5.2	30
	1.55	97.5	6.9	98
27.8	1.53	96.2	8.8	50
	1.44	90.6	9.6	30
	1.48	93.1	5.8	98
30.4	1.48	93.1	6.4	50
	1.45	91.2	9.4	30
	1.45	91.2	4.8	98
33.9	1.44	90.6	6.9	50
	1.40	88.1	7.8	30

干密度、压实度和 CBR 随着含水量的变化规律如图 4.15～图 4.17 所示。

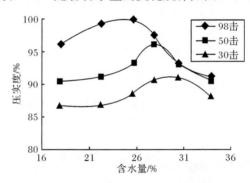

图 4.15 压实度与含水量关系图

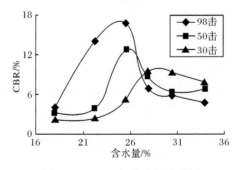

图 4.16 CBR 与含水量关系图

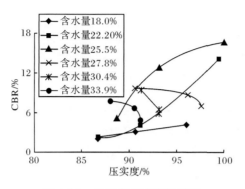

图 4.17　CBR 与压实度的关系

　　从表 4.8 和图 4.17 可以看出,在初始含水量为最佳含水量和大于最佳含水量时,CBR 都在 4% 以上,在含水量低于最佳含水量时,只有压实度大于 90%,CBR才大于 3%;在初始含水量超过 30.4% 以后,CBR 有随压实度增大而降低的趋势,这主要是击实功过大造成土体形成橡皮土的结果。在实际施工中,如果土料的含水量超过 30% 以后,碾压时也要避免过度碾压,以免形成橡皮土。

　　表 4.9 是郴宁高速 7 标试样在不同含水量和压实度下的 CBR 试验结果。

表 4.9　重型击实红黏土的 CBR 与压实度和干密度

含水量/%	干密度/(g/cm³)	压实度/%	CBR/%	击数/次
	1.39	96.5	2.4	98
20.9	1.30	90.3	1.5	50
	1.23	85.4	1.1	30
	1.40	97.2	2.8	98
25.6	1.30	90.3	1.9	50
	1.23	85.4	1.2	30
	1.44	100.0	7.4	98
28.8	1.31	91.0	2.7	50
	1.24	86.1	1.6	30
	1.44	100.0	17.4	98
31.5	1.38	95.8	9.5	50
	1.30	90.3	4.5	30
	1.40	97.2	12.3	98
34.1	1.38	95.8	11.2	50
	1.33	92.4	8.6	30

续表

含水量/%	干密度/(g/cm³)	压实度/%	CBR/%	击数/次
	1.33	92.4	5.4	98
37.7	1.33	92.4	7.4	50
	1.32	91.7	9.2	30

压实度和 CBR 随着含水量的变化规律如图 4.18 和图 4.19 所示。

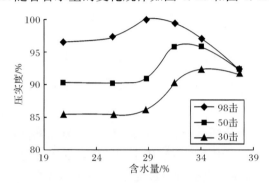

图 4.18　压实度与含水量关系图

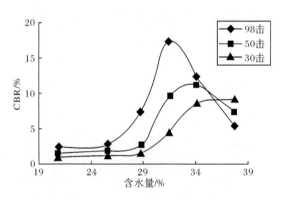

图 4.19　CBR 与含水量关系图

由图 4.18 和图 4.19 可以看出：

（1）相同击实功作用下,位于最优含水量左侧的土体压实度随着含水量的增大而增大；位于最优含水量右侧的土体压实度随着含水量的增大而减小。不过前者提高的幅度没有后者降低的幅度大。

（2）CBR 随含水量变化的规律与击实曲线的形状相似,但在相同击实功下最大 CBR 对应的含水量点并不是最优含水量,而是大于最优含水量 3 个百分点左右。最大 CBR 点附近的强度对水分的敏感性十分强烈,主要表现在该段含水量对应的 CBR 变化幅度非常显著,曲线呈现孤峰形状。对于 14 标的土,击实功

(98 击)作用下的 CBR 在整个试验含水量范围内都大于 3%,满足下路堤的填筑要求。对于 7 标的土,击实功(98 击)作用下在含水量 28% 和天然含水量之间的 CBR 最小都能达到 5.4,满足下路堤的填筑要求。

3. 洞新高速

在大于最佳含水量的范围内配置了三种含水量、三种击实功的 CBR 强度试验,结果见表 4.10。

表 4.10　最佳含水量与最大干密度

击实含水量/%	每层击数	吸水量/g	膨胀量/%	CBR/%
	98	111	0.49	6.7
20.5	50	151	0.67	5.6
	30	190	1.26	4.6
	98	97	0.60	6.3
23.6	50	156	0.90	5.4
	30	311	1.20	4.1
	98	36	0.53	6.4
25.7	50	88	0.86	5.5
	30	124	0.92	4.1

表 4.10 表明,三种不同击实功作用下的试样对应的 CBR 都能达到规范在 93 区填筑规定的最低要求 3%,而且其膨胀量最大才 1.26%。因此,从强度和水稳定性来看可以直接用于路基 93 区的填筑。

4. 厦成高速

1) K8 试验结果

对该桩号土样进行三种击实功(98 击、50 击、30 击)和五种不同含水量的 (26.6%、30.5%、33.9%、37.2%、39.9%)的室内 CBR 试验。试验结果见表 4.11。

表 4.11　重型击实红黏土的 CBR 与压实度和干密度

含水量/%	98 击			50 击			30 击		
	干密度 /(g/cm³)	压实度 /%	CBR /%	干密度 /(g/cm³)	压实度 /%	CBR /%	干密度 /(g/cm³)	压实度 /%	CBR /%
26.6	1.53	100.0	12.3	1.43	93.6	8.7	1.34	87.5	5.7
30.5	1.48	96.9	13.2	1.45	94.8	11.2	1.38	90.3	6.3

续表

含水量/%	98击			50击			30击		
	干密度 /(g/cm³)	压实度 /%	CBR /%	干密度 /(g/cm³)	压实度 /%	CBR /%	干密度 /(g/cm³)	压实度 /%	CBR /%
33.9	1.41	92.0	5.5	1.39	91.0	3.5	1.36	89.0	2.8
37.2	1.31	85.8	3.6	1.32	86.0	2.7	1.32	85.9	2.1
39.9	1.25	81.7	2.9	1.27	82.6	2.0	1.26	82.2	1.7

CBR 和压实度随着含水量的变化规律如图 4.20 所示。

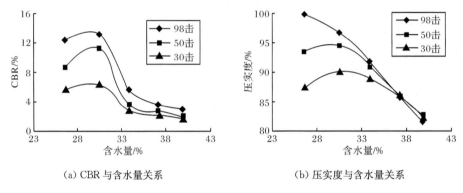

(a) CBR 与含水量关系　　　　　　　(b) 压实度与含水量关系

图 4.20　CBR 及压实度与含水量的关系

由图 4.20 可以看出：

（1）含水量为 26.6%～33.9% 时，击实功对 CBR 及压实度的影响十分明显，超过 33.9% 后不同击实功对压实度的贡献差别不大，这也说明对超出一定含水量范围的红黏土进行碾压时，靠增大击实功来提高压实度既不经济也不科学。另外，最优含水量对应的 CBR 都不是最大值，观察浸泡后的试样发现，试样表层由于强吸水被浸泡软化，而 CBR 试验时贯入杆只贯入 7mm 左右，刚好处于软化层。所以，路基填料偏干碾压对其水稳定性非常不利。

（2）最优含水量为 26.6%～30.5% 时，随着含水量的增大，CBR 略有增加。但压实度在大击实功（98击）的作用下减少而小击实功（50击、30击）的作用下却增大。当含水量大于 30.5% 时，CBR 和压实度出现急剧衰减，含水量增加 3%，强度减小 12% 左右、压实度减小 50% 左右，表明在此含水量区间强度和压实度对水十分敏感，也进一步佐证了红黏土属于一种水敏性强的特殊土。

（3）处于大于最优含水量 3% 的状态时，利用重型击实 CBR 可以高达13.2%、压实度也能达到 96.9%，似乎完全可以直接作为路基填料进行填筑。但是不可回避的现实是，其天然含水量比这种状态的含水量要高 10% 左右，意味着要想在此状态下碾压，就必须对土块进行击碎翻晒。不仅操作上困难，还将消耗大量的工期、成本,并且在此过程中极易导致土块内湿外干等含水量不均匀现象。由此可见,当遇水分入渗或迁移,其强度会急剧丧失,在炎热多雨的气候地区,要让路基长期保持这种低含水量状态也不可能。

2) K20 试验结果

对该桩号土样进行三种击实功(98 击、50 击、30 击)和四种不同含水量的(18.5%、22.4%、26.4%、30.5%)的室内 CBR 试验。试验结果见表 4.12。

表 4.12　重型击实红黏土的 CBR 与压实度和干密度

| 含水量/% | 98 击 | | | 50 击 | | | 30 击 | | |
	干密度 /(g/cm³)	压实度 /%	CBR /%	干密度 /(g/cm³)	压实度 /%	CBR /%	干密度 /(g/cm³)	压实度 /%	CBR /%
18.5	1.69	99.8	6.4	1.61	95.4	3.4	1.49	88.0	2.5
22.4	1.66	98.2	7.6	1.65	97.9	6.4	1.57	92.7	3.1
26.4	1.58	93.4	3.6	1.62	95.7	2.8	1.54	91.1	2.3
30.5	1.48	87.5	2.8	1.54	91.0	2.2	1.54	91.4	2.3

CBR 和压实度随着含水量的变化规律,如图 4.21 所示。

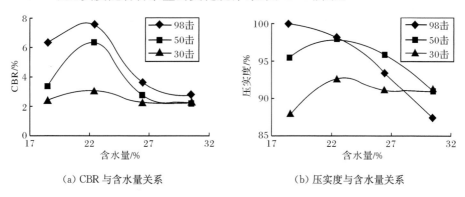

(a) CBR 与含水量关系　　　　　　　(b) 压实度与含水量关系

图 4.21　CBR 及压实度与含水量的关系

从图 4.21 可以看出:

(1) 该桩号红黏土的水敏性与 K8 和 K27 桩号相比不明显。但击实功对强度和压实度的影响比较大,小击实功作用下强度很小、压实度很低,说明没有被压实。从压实度与含水量的关系图可以看出,重型击实作用下土体似乎被击松,在含水量大于 27% 以后出现 98 击作用下的压实度比 50 击的要低。

(2) 重型击实作用下,含水量 26% 时对应的压实度为 93.4%、CBR 达到 3.6%,可以满足 93 区的现场填筑要求。而且天然含水量为 29.5%,现场翻晒降水工作量不大。

3）K27 试验结果

对该桩号土样进行三种击实功（98 击、50 击、30 击）和四种不同含水量的（24.5%、27.5%、30.7%、33.9%）的室内 CBR 试验。试验结果见表 4.13。

表 4.13　重型击实红黏土的 CBR 与压实度和干密度

含水量/%	98 击			50 击			30 击		
	干密度/(g/cm³)	压实度/%	CBR/%	干密度/(g/cm³)	压实度/%	CBR/%	干密度/(g/cm³)	压实度/%	CBR/%
24.5	1.58	99.9	3.6	1.56	97.4	3.1	1.44	91.1	2.6
27.5	1.54	97.5	4.5	1.54	97.7	3.6	1.44	91.6	2.8
30.7	1.44	91.2	1.9	1.44	91.1	1.8	1.43	90.9	1.5
33.9	1.40	88.5	1.8	1.41	89.1	1.6	1.40	88.8	1.3

CBR 和压实度随着含水量的变化规律如图 4.22 所示。

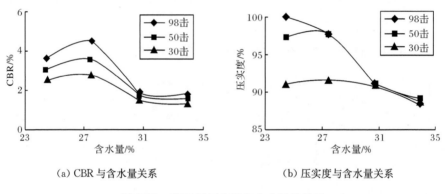

(a) CBR 与含水量关系　　　　　　　(b) 压实度与含水量关系

图 4.22　CBR 及压实度与含水量的关系

从图 4.22 可以看出：

（1）该桩号红黏土的 CBR 很小，重型击实（98 击）作用下，含水量 27.5%时只有 4.5，可以用于下路堤和上路堤的填筑。其天然含水量为 31%，降低 3 个百分点进行碾压在施工上可以实现。

（2）当含水量超过 27%后，含水量的变动对于强度的影响很大，含水量 30.7%时 CBR 只有 2%，且压实度也降低了 6 个百分点。所以，利用该桩号土体进行直接填筑时需要控制好碾压含水量并做好防水措施。

（3）当含水量大于天然含水量后土体处于软塑状态，击实功的作用效果已经不能得到有效地吸收，表现在 CBR 和压实度都很低且再增大含水量时二者都基本不变化。

另外，红黏土的最大 CBR 对应的含水量不是最优含水量，而是约大于最优含水量 3 个百分点,这与红黏土独特的水分赋存状态相关。Lamb[14] 开展了红黏土的孔隙水压力系数随试样含水量变化规律研究,发现该系数的突增点对应的含水量也滞后于最优含水量,和砂土的变化规律存在很大的差异,如图 4.23 所示。

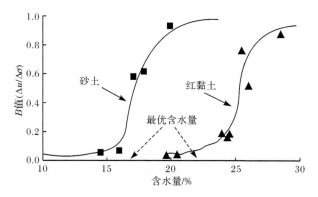

图 4.23　孔隙水压力系数与含水量的关系[14]

4.3.4　标准试验方法存在的问题

1) 浸水方式[15]

标准方法中规定试件泡水时水面应保持在试件以上大约 25mm,时间为 96h,以模拟材料在使用过程中的最不利状态。这对于非水敏性材料而言比较合适,但对红黏土这种水敏性材料却不能反映其真实强度。试样浸水以后表层因强吸水而被浸泡软化,实际上整个试件的内部并非与表层一样被泥化,而 CBR 的贯入试验又恰好在试件的表层进行,其 CBR 只能反映贯入杆贯入 2.5mm 及 5mm 时的强度。所以,该 CBR 不能够真实反映试件泡水后总体湿度状态下的强度。

2) 上覆压力[15]

标准试验方法规定在泡水和贯入过程中需在试样顶部施加荷载板,目的是模拟该材料层受到路面结构重量产生的竖向力,并规定上覆荷载为 50N(7.5kPa)。但规范对填料 CBR 的取值标准按照路堤部位划分,不同层位受到的上覆压力不同,粉土填料只用来填筑下路堤(距离路面表层大于 2m),按土的容重计算上覆压力至少可以达到 35kPa。如在试验中增大上覆压力可以减少试件表层的膨胀量和吸水量,实际上标准试验没有考虑膨胀带来的不利。

4.4　压实红黏土的剪切强度

4.4.1　饱和红黏土三轴强度

1. 试验概述

红黏土的强度直接决定着路基的稳定性和耐久性。填方路基根据离路床顶面以下深度的不同分为不同的区,压实度也不一样。为研究不同压实度的红黏土强度与变形特征,开展了三轴剪切力学试验,以确定其抗剪强度指标,为路基的相关计算提供参数。根据路基工程的填筑及后期运营的特点,本次试验采用固结排水的试验方法。固结排水试验(CD)是使试样先在某一周围压力作用下排水固结,然后在允许试样充分排水的情况下增加轴向压力直至破坏。

2. 试验结果与分析

选取 K27 桩号的风干红黏土,制备四种干密度的试样,分别是 1.37g/cm^3、1.44g/cm^3、1.51g/cm^3、1.58g/cm^3,试样尺寸为 $\phi31.8\text{mm}\times80\text{mm}$。试验得到的应力-应变关系曲线如图 4.24 所示。

然后以剪应力为纵坐标、法向应力为横坐标,横坐标轴上以破坏时的应力 $\dfrac{\sigma_{1f}+\sigma_{3f}}{2}$ 为圆心、以 $\dfrac{\sigma_{1f}-\sigma_{3f}}{2}$ 为半径,在 $\tau\text{-}\sigma$ 应力平面上绘制莫尔应力圆,并绘制不同围压下莫尔应力圆的强度包络线,如图 4.25 所示。

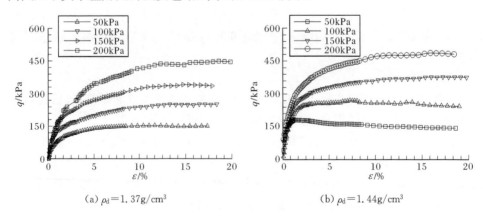

(a) $\rho_d=1.37\text{g/cm}^3$　　　　　　　　　　　(b) $\rho_d=1.44\text{g/cm}^3$

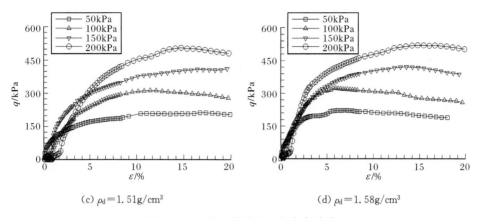

(c) $\rho_d = 1.51\text{g/cm}^3$　　　　(d) $\rho_d = 1.58\text{g/cm}^3$

图 4.24　红黏土的偏应力与应变关系

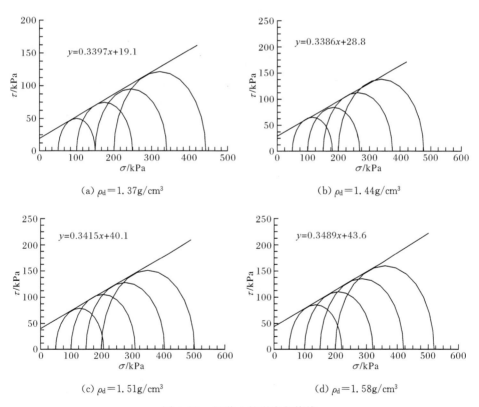

(a) $\rho_d = 1.37\text{g/cm}^3$　　　　(b) $\rho_d = 1.44\text{g/cm}^3$

(c) $\rho_d = 1.51\text{g/cm}^3$　　　　(d) $\rho_d = 1.58\text{g/cm}^3$

图 4.25　红黏土的强度包络线

通过不同干密度下的强度包络线求出的强度参数值,见表 4.14。

表 4.14　不同干密度下的强度参数值

干密度/(g/cm³)	1.37	1.44	1.51	1.58
内摩擦角/(°)	18.8	18.7	18.9	19.2
黏聚力/kPa	19.1	28.8	40.1	43.6

强度参数随干密度的变化规律,如图 4.26 所示。

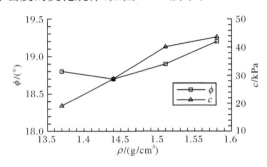

图 4.26　红黏土强度指标关系曲线

由图 4.26 可知,干密度为 1.37~1.58g/cm³ 时,其内摩擦角在 19°左右浮动,随着干密度的增大,该桩号土的内摩擦角变化不太显著,但黏聚力的增幅比较明显,从 19.1kPa 增到 43.6kPa,呈非线性增长。初始密实状态显著地影响凝聚力,这表明路基土壤的压实对路基土壤的强度贡献主要通过凝聚力的增长体现。

4.4.2　非饱和红黏土三轴强度

1. 试验概况

1) 试验仪器与试样

非饱和三轴试验系统与饱和三轴试验系统相比,增加了能控制基质吸力的功能。如图 4.27 所示,原本在试样顶部提供反压饱和的管路由提供孔隙气压力的管路替代;同时底部镶嵌了高进气值陶土板以达到过水而不过气的作用。

试验试样取自厦门至成都高速公路湖南郴州段,呈红褐色、天然含水量很高。根据基本物性指标(表 4.15)可以判断该土属于高液限红黏土。三轴试验试样根据天然湿密度击实成样,试样尺寸为直径 61.8mm,高 100mm。为了不出现明显的分层现象,本次试验试样分八层击实,然后用饱和器固定抽真空饱和。试样均从饱和状态脱湿至控制吸力对应的含水量。

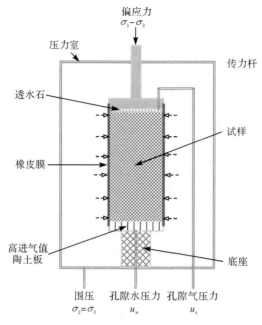

图 4.27　非饱和三轴试验概图

表 4.15　土样物理性质指标

天然含水量/%	天然湿密度/(g/cm³)	比重	液限/%	塑限/%
30.9	1.79	2.646	58.3	36.3

2）试验方案与注意事项

试验主要是测试非饱和土的抗剪强度指标,基质吸力与围压的选取是取得理想结果的关键环节,方案的确定既要符合工程实际情况,同时也不能忽视仪器本身的测量范围和精度。

试验方案:净围压 50kPa、100kPa、150kPa、200kPa;基质吸力 25kPa、50kPa、100kPa、150kPa。

红黏土路堑等边坡失稳属于浅层滑塌,实际受到的侧限压力比较小,在选定非饱和三轴试验时要充分考虑这种实际情况,但是如果不同围压之间差值过小,由于试验仪器的精度问题可能导致不同围压之间的强度值并不明显。

基质吸力方案的确定是利用压力板仪测试原状样的土水特征曲线作为选择依据,试验结果表明:其进气值约等于 30kPa,而天然含水量 30.9% 对应的基质吸力约为 40kPa。压力板仪的最小刻度是 10kPa。因此,基质吸力的选取兼顾了实际情况与仪器的精度。

目前,非饱和土三轴试验没有形成统一的规范,试验过程中操作步骤处于探索阶段。非饱和土与饱和土试验最本质的区别在于试验过程中要保持试样内部有稳定的气压,即有恒定的基质吸力。因此,试验中有些技巧需要特别强调,具体如下:

(1) 定期冲水排气。由于试验中会有少量气体透过陶土板进入排水管路以及从试样排除的水中有少量的气体挥发,排水管路中会滞留一些气泡,从而影响固结效果。因此,必须定期对陶土板底部管路进行冲水排气。

(2) 选取合适的剪切速率。为了在剪切过程中保持试样内部吸力的均匀性,剪切速率不宜过大,试验选取 0.008mm/min。

(3) 确定固结稳定时间。由于试验仪器精度的限制,固结排水量和固结压缩量都难于准确量测,故试样固结稳定的标准难以把握,只能凭经验确定,大致确定为 10 天左右。

(4) 数据的修正。试验结束后,为了消除传力杆与密封圈之间的摩擦对轴向应力的影响,应进行不加试样的空载剪切试验,然后对实际剪切试样的数据进行修正。

2. 试验结果及分析

1) 应力-应变关系

土的强度与变形是同一剪切过程的两个方面,反映了土体在受力过程中的力学性状。土体的破坏是土受力变形过程的一个特殊点,破坏强度即指此时的应力状态。确定破坏强度,首先通过控制不同基质吸力和围压进行固结;然后待排水稳定后剪切;得出轴向应力-应变关系,最后根据曲线选取破坏强度值。四种不同基质吸力的应力-应变曲线如图 4.28 所示。为了清晰地反映应力-应变关系,对原始记录的试验数据按照一定的时间间隔进行提取,图 4.28 中的曲线是提取后的试验数据曲线。图 4.28 表明,非饱和红黏土应变曲线呈硬化型,并且随着吸力和围压增大,硬化现象更加明显。

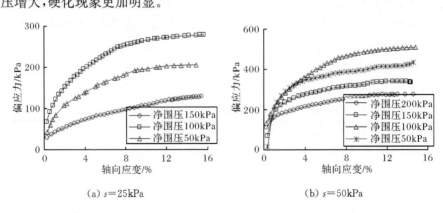

(a) $s=25$kPa　　　　　　　　　(b) $s=50$kPa

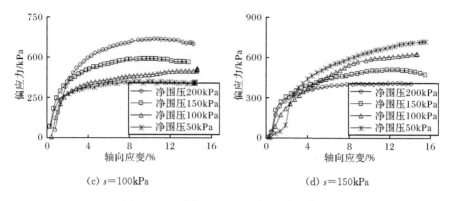

(c) $s=100$kPa　　　　　　　　　　(d) $s=150$kPa

图 4.28　不同基质吸力的应力-应变曲线

2) 强度包络线及强度指标

根据莫尔-库仑定律,选取不同基质吸力下的净法向应力与围压作出对应的强度包络线,如图 4.29 所示。基质吸力与剪切应力关系如图 4.30 所示。

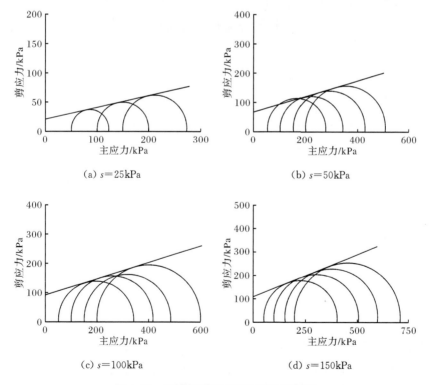

(a) $s=25$kPa　　　　　　　　　　(b) $s=50$kPa

(c) $s=100$kPa　　　　　　　　　　(d) $s=150$kPa

图 4.29　不同基质吸力下的强度包络线

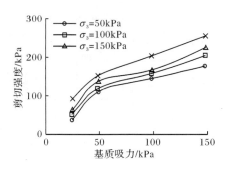

图 4.30　基质吸力与剪切应力的关系

从图 4.30 可以看出,剪切强度随着基质吸力增大而增大,且在 25~50kPa 增长幅度最大,25~150kPa 增长幅度变小,这是由于基质吸力大于进气值之后,吸力对强度的贡献比较显著;另外,围压越大剪应力也越大。

通过强度包络线图计算出抗剪强度指标,列于表 4.16。为方便对比分析把表 4.16 的结果利用图 4.31 表示。

表 4.16　强度指标与基质吸力

基质吸力/kPa	0	25	50	100	150
总凝聚力 c/kPa	19.1	20.1	66	93.3	108.3
净法向应力摩擦角 φ	12.2	11.5	14.9	15.9	19.7
基质吸力摩擦角 φ_b	0	2.4	43.2	36.6	30.7

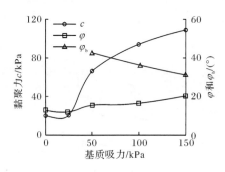

图 4.31　基质吸力与强度指标的关系

分析表 4.16 和图 4.31 可知:

(1) 总凝聚力随着基质吸力的增大呈非线性增加,在吸力为 0~25kPa 时基本没有变化,但此后总凝聚力增长很快,从土水特征曲线结果可知,25kPa 接近该红黏土的进气值点。按照 Fredlund 观点,在进气值前属于准饱和状态与饱和状态差别不大,在进气值和残余含水量之间属于过渡区,吸力对强度的贡献非常显著。

（2）净法向应力摩擦角随着基质吸力不同而发生变化,而 Fredlund 的非饱和强度公式则假设该内摩擦角为恒定值。净法向应力摩擦角的变化而引起的强度增量通过基质吸力摩擦角来反映。表 4.16 中吸力为零时的(饱和)内摩擦角比吸力为 25kPa 时的内摩擦角稍大,出现此情况的原因可能是该三轴试验在饱和三轴仪上用 $\phi31.8mm\times80mm$ 的小尺寸试样进行而造成的偏差。

（3）基质吸力摩擦角在进气值之后是随着基质吸力增大逐渐减小,表明基质吸力对强度的贡献逐渐衰减。理论上基质吸力对强度的贡献在残余含水量之前一直都在增长,但增长的幅度逐渐变小。受仪器测量范围限制,更大基质吸力的剪切试验未能开展,所以更高基质吸力对强度的贡献规律无法验证。

4.4.3　黏聚力增大机制分析

黏性土的强度由黏聚力和内摩阻力构成,且黏聚力占有重要地位。黏聚力又可分为原始黏聚力和固化黏聚力。原始黏聚力通过土粒之间的相互作用形成,而固化黏聚力则通过土中天然胶结物质的作用而产生。

黏土的矿物颗粒多为扁平颗粒,且通常被薄层强结合水和较厚的弱结合水所包围。这些双电层中水的结构与普通水不同,它强烈地与黏土颗粒相结合,阻碍了颗粒之间的真正接触,起着传递与影响黏粒晶体之间电化学力的作用。电化学力构成土的原始黏聚力,主要有范德华力和库仑力。而库仑力又分为两类:①颗粒边缘的正电荷与另一颗粒表面负电荷之间的静电引力;②相邻颗粒之间的静电斥力。总内力的大小取决于黏土矿物类型、颗粒尺寸及相应的比表面、晶体所吸附的离子种类、水中的离子种类与浓度以及温度等。范德华力与距离的 6 次方成反比,库仑力与距离的 2 次方成反比,所以电化学力由各颗粒之间距离最短的点所控制。

吸力对强度的贡献实际是土颗粒与水的相互作用结果,带有相反电荷的颗粒,它们之间的静电引力在引起原始黏聚力方面也起着一定的作用。带负电的颗粒通过带正电的阳离子也可相互连接在一起。然而,围绕着颗粒的结合水膜妨碍了分子间力的作用,使颗粒间相互吸引力减弱。在有水存在的情况下,极性的水分子直接定向于土粒表面,或定向于反离子层的周围形成水化薄膜。这些水即构成土中的结合水,同时受到相邻土粒的共同作用,加之这部分水的黏滞度较高,有效地把土粒黏聚在一起。所以,实际上土粒之间的原始黏聚力是通过结合水膜的作用而构成的。当土粒彼此靠近,其距离小于分子力作用半径的两倍时,土粒之间的吸引力由土粒表面与结合水膜之间的分子吸引力来决定。此时,水分子对两土粒的引力处于平衡状态。因此,对于黏性土,含水量对原始黏聚力起决定性作用。黏性土由湿变干开始释放出松弛结合水后,各颗粒间开始可能有分子引力,也就是说其原始黏聚力开始出现。随着结合水含量的减少,分布在土粒表面很近的结合水层相互接触,再加上离土粒较近的结合水层具有较大的黏滞性,使黏聚力进一步增大。相反,当含水量增加时,由于水膜增厚而产生解离作用和分子力的减弱,致使原始黏聚力降低。

固化黏聚力除了有引起原始黏聚力的分子间力和阳离子键以外,还存在着分子内力和氢键的作用。固化黏聚力来源于土中原先存在的天然胶结物,包括凝胶和非水溶性盐类,如有机胶体、硅酸、碳酸钙、氧化铁和氧化铝的水化物及石膏等。它们以薄膜的方式包裹土粒,并渗入其孔隙中,将土粒胶结起来。固化黏聚力的强度与稳定性取决于胶结物的性质及其陈化作用的程度。所以,黏聚力增大的本质是由于水分与黏土颗粒之间的物理化学作用引起的。

4.5　压实红黏土的压缩性特征

高液限红黏土因其天然含水量高、压实困难,特别是路基压实度控制标准提高以后,例如,由原来的90%提高到93%,使得高液限土用于路基填筑时面临压实度达不到规范要求的困境。路基施工技术规范规定特殊路基填料在保证强度要求的前提下可以适当降低压实度,但没有给出降低的依据和标准;同时规范也指出高液限土用于路基填筑时其压缩系数不能超过 0.5MPa^{-1}。压实度降低肯定增大了高液限土的压缩性,因此需要在满足压缩性要求的前提下确定其压实度降低标准。换言之,可以通过压缩性反推压实度的降低标准和幅度。高液限土不能用于路床填筑,如果要利用则需要作相应的改良处理,故也对改良高液限土的压缩性进行探讨。

4.5.1　试验概况

土样取于长韶娄高速18标K104和19标K114两处,其最大干密度、天然含水量、最优含水量情况见表4.17。

表 4.17　制样控制参数

土样	天然含水量/%	最优含水量/%	最大干密度/(g/cm³)
18标	11.2	16.6	1.72
19标	21.8	29.8	1.42

土样的初始含水量控制为大于最优含水量3个百分点,即 $w_{\text{opt}}+3\%$,在这个含水量上取其最大干密度的96%、93%、90%。在三种不同的压实度下,需要对每种压实度下该土样的素土、掺5%水泥改良(水泥初凝前压样)、掺5%水泥改良(水泥初凝后压样)三种情况做快速压缩实验,每种情况分别做浸水与不浸水进行对比。其中,做水泥改良初凝前和初凝后制样的试验目的是探索水泥改良超过初凝

期以后的压缩特征变异情况。

4.5.2　试验备样

1) 备样过筛

依据《公路土工试验规程》(JTG E40—2007),将每个标段的取土过 2mm 筛,筛取粒径不大于 2mm 的风干土样 2100g,分成 3 份,每份 700g,分别做配制素土试样、5%水泥改良(水泥初凝前压样)试样、5%水泥改良(水泥初凝后压样)试样的湿土土样。

2) 加水及掺水泥

采用控制干密度的方法制样,利用千斤顶和制样模具压制而成。根据不同压实度对应的干密度与试样体积计算所需的湿土质量,干密度按照不同压实度96%、93%、90%控制,然后倒入制样模具内静压而成。经计算,加水及掺水泥的情况见表 4.18。

表 4.18　试验方案

标段	土样说明	初始含水量/%	所需含水量/%	风干土样质量/g	掺水泥质量/g	加水质量/g	备注
18 标	素土	11.2	19.6	700	0	52.74	润湿一昼夜
	5%水泥改良			700	31.47	55.12	初凝前,立即压样
	5%水泥改良			700	31.47	55.12	初凝后,静置 6h
19 标	素土	21.8	32.8	700	0	63.70	润湿一昼夜
	5%水泥改良			700	26.35	66.01	初凝前,立即压样
	5%水泥改良			700	26.35	66.01	初凝后,静置 6h

配制素土试样时,本试验使用量程 1000g、精度 0.1g 的天平称取风干土样 700g,将风干土样平铺于不锈钢盘内。使用喷壶和量程 500g、精度 0.01g 的天平喷洒预计的加水量,并充分拌和,然后装入塑料袋封口,润湿一昼夜备用。

配制水泥改良(初凝前)土样时,为了防止水泥在充分湿润的条件下在拌和之前就出现成团现象,导致无法拌和均匀,使用量程 500g、精度 0.01g 的天平称量水泥,先向风干土样内掺入预计的水泥量,拌和均匀,然后加入预计的加水量,加水的方法和向素土内加水的方法相同。拌和均匀后,装入塑料袋封口,立即进行压样。

配制水泥改良(初凝后)土样时,采取掺水泥以及加水的方法及与上述相同的顺序,在土样拌和均匀后装入塑料袋封口,静置 6h,待其初凝完毕后进行压样。

3) 制环刀试样

根据干密度和环刀的体积计算出湿土质量,具体情况见表 4.19。

表 4.19　控制干密度法计算所需湿土质量计算表

土样	含水量/%	ρ_{dmax} /(g/cm³)	压实度/%	干密度 /(g/cm³)	湿密度 /(g/cm³)	环刀体积 /cm³	一个试样所需土样质量/g
18标	19.6	1.72	96	1.65	1.97	60.00	118.49
			93	1.60	1.91	60.00	114.79
			90	1.55	1.85	60.00	111.08
19标	32.8	1.42	96	1.36	1.81	60.00	108.62
			93	1.32	1.75	60.00	105.23
			90	1.28	1.70	60.00	101.83

采用精度 0.01g 的天平称取预计质量的湿土样,然后将称量好的湿土土样倒入压模内,抚平土样表面,盖上硬质塑料膜,放在液压式千斤顶上进行压样,压紧后,为防止试样回弹变形,等待 30s 左右后再卸下环刀试样,取出试样,使用土工刀清除附着在环刀边缘上的残余土,然后将试样装入塑料袋,并作相应标记。

4) 养生

把 5%水泥改良环刀试样放入培养箱养生 96h,每隔 24h 定期喷水养生一次,总共喷水 4 次,养生完毕后进行压缩试验。

4.5.3　试验过程

1) 安装试样前准备

采用快速试验法,只对试样进行压缩,允许试样非饱和,所以试验前未对试样进行饱和。由于为非饱和试样,其从外部吸水会产生膨胀现象。对于不浸水的非饱和试样,会对测得的试样变形量产生影响,使读数偏小;对于浸水的非饱和试样,在百分表安装完毕之前,试样就会出现从外部吸水膨胀的现象。将透水石在试验前 5h 放入烘箱内烘烤,温度控制在 50℃,使透水石干燥,滤纸也保持干燥。

2) 安装试样

依据《公路土工试验规程》(JTG E40—2007),按照顺序放置试样完毕后,将压缩容器置于压力框架的中间位置,密合传压活塞及横梁,预加 1kPa 荷载,使固结仪各部分紧密接触,装好百分表,并调整读数为零。对于不浸水的非饱和试样,用湿棉纱围住透水面四周,避免水分蒸发;对于浸水的非饱和试样,则在百分表调零后,向容器内注水至满,静置 1h,读取百分表读数,记下膨胀量 ΔH,此时试样高度增加了 ΔH,试样压缩前高度 $H=20mm+\Delta H$。

3) 施加荷载

记录膨胀量后,依据《公路土工试验规程》(JTG E40—2007)去掉预加荷载,立即加第一级荷载,加上砝码的同时开动秒表,荷载等级按照 50kPa、100kPa、

200kPa、400kPa、800kPa 的大小顺序来加压。

4) 读数记录

按照快速试验法的要求，每级荷载下压缩 1h 后读数，第一级荷载在加压 1min、5min、15min、30min、60min 后分别读数，最后一级荷载压缩 24h 后加读一次。

4.5.4　试验结果及分析

进行了一种含水量（大于最优含水量 3 个百分点）、三种压实度（96%、93%、90%）、浸水与不浸水的压缩试验。以孔隙比 e 为纵坐标、压力 P 为横坐标绘制孔隙比与压力关系曲线。

1. 第 18 标段

1) 浸水和不浸水的对比

图 4.32～图 4.34 分别为 18 标素土、水泥改良初凝前制样土、水泥改良初凝后制样土在浸水和不浸水条件下的压缩对比曲线。浸水和不浸水主要是模拟路基填料在遇到洪涝等自然灾害条件下因雨水浸泡引起的附加压缩沉降。

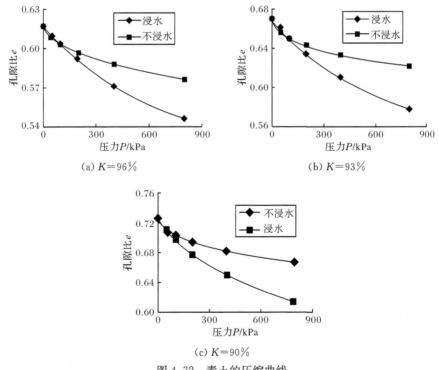

(a) K=96%　　　　　　(b) K=93%

(c) K=90%

图 4.32　素土的压缩曲线

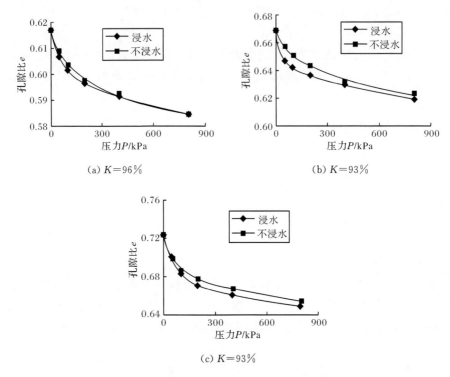

图 4.33　水泥改良初凝前制样土的压缩曲线

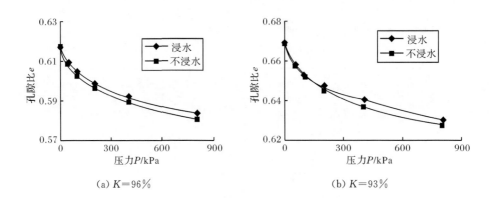

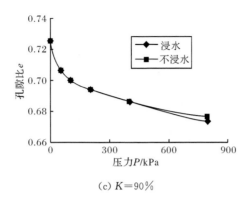

(c) $K=90\%$

图 4.34　水泥改良初凝后制样土的压缩曲线

通过分析上述压缩性曲线可知,素土在浸水和不浸水条件下表现的压缩性具有明显的差异,特别是在上覆压力大于 100kPa 的情况下浸水压缩量远远大于不浸水的压缩量,三种压实度的试样均出现同样的变化规律。但经过水泥改良后即使过了初凝期制样,其压缩性对水分不再敏感,浸水和不浸水条件下的压缩曲线在整个压力过程中的差异不大。

2) 改良与不改良的对比

利用水泥改良土体的主要目的是为了提高土体的强度与稳定性,按照路基施工技术规范的要求,高液限土不能用于路床的填筑,如果要用则需要进行改良处理。图 4.35～图 4.37 列出了同一初始压实度下不同填料的压缩性。

经过改良后红黏土的压缩性得到明显的抑制,素土的压缩性最大,水泥改良红黏土无论是初凝前还是初凝后制样,其压缩性均要小于素土。可以看出,水泥改良对该桩号土有显著的效果。

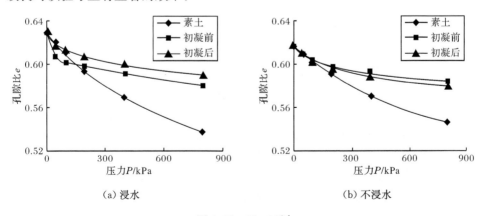

(a) 浸水　　　　　　　　　　　　　　　　(b) 不浸水

图 4.35　$K=96\%$

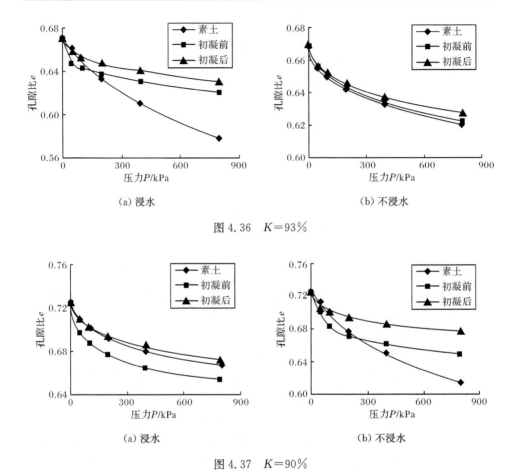

（a）浸水　　　　　　　　　　　（b）不浸水

图 4.36　K＝93％

（a）浸水　　　　　　　　　　　（b）不浸水

图 4.37　K＝90％

2. 第 19 标段

1）浸水和不浸水的对比

图 4.38～图 4.40 分别为 19 标素土、水泥改良初凝前制样土、水泥改良初凝后制样土在浸水和不浸水条件下的压缩对比曲线。

该桩号素土、水泥改良初凝前及水泥改良初凝后制样的土样在浸水和不浸水条件下压缩曲线差异性没有 18 标试样明显。素土在压实度为 93％和 90％的初始状态下浸水和不浸水的压缩量在整个压力范围内都基本相同。但素土压实度为 96％时的浸水和不浸水压缩曲线差异较大，这主要与 19 标试样具有强膨胀性有关，试样先浸水膨胀后再压缩，实际上初始孔隙比增大了，在相同压力作用下压缩量明显增大，故膨胀量越大压缩量也就越大。

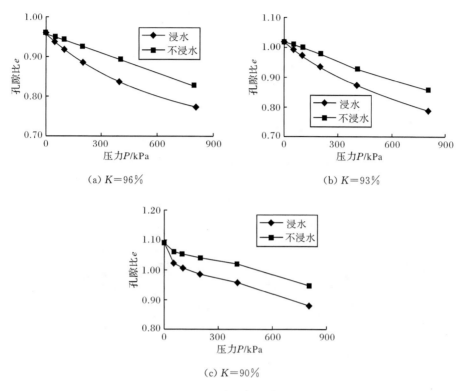

(a) $K=96\%$

(b) $K=93\%$

(c) $K=90\%$

图 4.38 素土压缩曲线

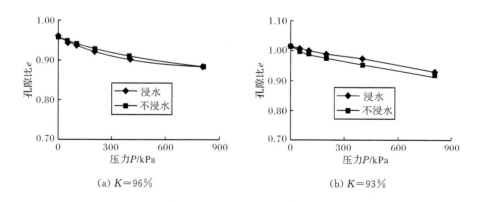

(a) $K=96\%$

(b) $K=93\%$

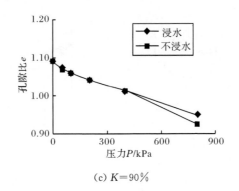

(c) $K=90\%$

图 4.39　水泥改良初凝前制样土的压缩曲线

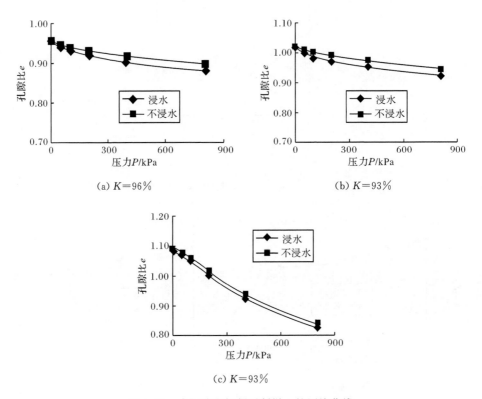

(a) $K=96\%$　　　　　　　　　　　　(b) $K=93\%$

(c) $K=93\%$

图 4.40　水泥改良初凝后制样土的压缩曲线

2) 改良与不改良的对比

图 4.41～图 4.43 为不同试样在同一初始压实度下的压缩性对比曲线。

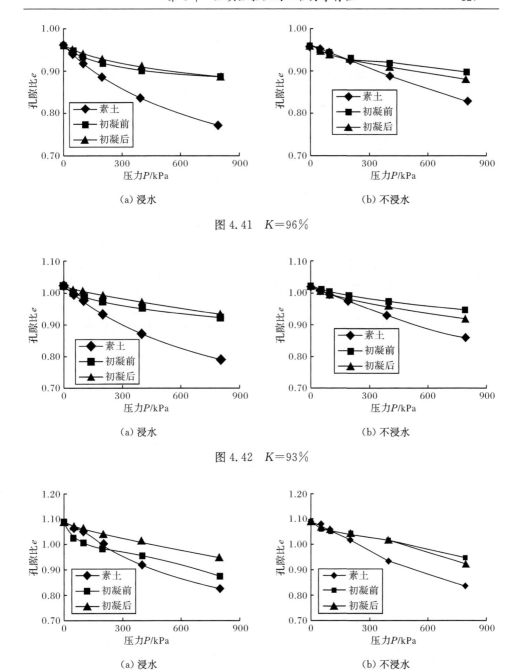

图 4.41 $K=96\%$

图 4.42 $K=93\%$

图 4.43 $K=90\%$

总体说来,改良后的红黏土压缩性要低于素土,但初凝前制样和初凝后制样的差异性不大,浸水对初凝前制样的试样影响要大,初凝前制样的试样在浸水条件下压缩性要大于初凝后制样的试样。这主要是由于初凝前制样的试样在水泥的胶结作用下虽然形成了结构强度,但这种结构强度遇到水分的作用就丧失了。

　　土的压缩系数指土体在侧限条件下孔隙比减小量与有效压应力增量的比值(MPa^{-1}),即 e-P 曲线中某一压力段的割线斜率。地基中压力段应取土的自重应力至土的自重应力与附加应力之和的范围。曲线越陡,说明在同一压力段内,土孔隙比的减小越显著,因而土的压缩性越高。

　　为了便于比较,通常采用压力段由 $P_1 = 100$kPa 增加到 $P_2 = 200$kPa 时的压缩系数 a_{1-2} 来评定土的压缩性:$a_{1-2} < 0.1$MPa^{-1} 时,为低压缩性土;0.1MPa$^{-1} \leqslant a_{1-2} < 0.5$MPa^{-1} 时,为中压缩性土;$a_{1-2} \geqslant 0.5$MPa^{-1} 时,为高压缩性土。依据《公路土工试验规程》(JTG E40—2007)计算出校正系数 K、单位沉降量 S_i、孔隙比 e 和压缩系数 a 等,其中,浸水的非饱和试样压缩前的试样高度 $H = 20$mm$ + \Delta H$,$\Delta H$ 为试样吸水后的膨胀量。

　　表4.20和表4.21为不同填料在浸水和不浸水条件下的压缩系数。

表 4.20　18 标试验结果汇总

标段	含水量/%	土样说明		压实度/%	压缩系数 a_{1-2}/MPa^{-1}	备注
18 标	16.9	素土	浸水	96	0.117	中压缩性土
				93	0.173	中压缩性土
				90	0.238	中压缩性土
			不浸水	96	0.066	低压缩性土
				93	0.069	低压缩性土
				90	0.172	中压缩性土
		5%水泥改良 初凝前压样	浸水	96	0.050	低压缩性土
				93	0.055	低压缩性土
				90	0.095	低压缩性土
			不浸水	96	0.058	低压缩性土
				93	0.075	低压缩性土
				90	0.122	中压缩性土
		初凝后压样	浸水	96	0.052	低压缩性土
				93	0.054	低压缩性土
				90	0.064	低压缩性土
			不浸水	96	0.061	低压缩性土
				93	0.064	低压缩性土
				90	0.066	低压缩性土

表 4.21　19 标试验结果汇总

标段	含水量/%	土样说明			压实度/%	压缩系数 $a_{1-2}/\mathrm{MPa}^{-1}$	备注
19 标	32.8	素土		浸水	96	0.332	中压缩性土
					93	0.399	中压缩性土
					90	0.515	高压缩性土
				不浸水	96	0.192	中压缩性土
					93	0.222	中压缩性土
					90	0.413	中压缩性土
		5%水泥改良	初凝前压样	浸水	96	0.139	中压缩性土
					93	0.143	中压缩性土
					90	0.233	中压缩性土
				不浸水	96	0.095	低压缩性土
					93	0.105	中压缩性土
					90	0.124	中压缩性土
			初凝后压样	浸水	96	0.129	中压缩性土
					93	0.148	中压缩性土
					90	0.169	中压缩性土
				不浸水	96	0.124	中压缩性土
					93	0.147	中压缩性土
					90	0.160	中压缩性土

　　从表 4.20 和表 4.21 可以看出,除 19 标的素土在压实度为 90% 时压缩系数大于 $0.5\mathrm{MPa}^{-1}$ 外,其余均小于 $0.5\mathrm{MPa}^{-1}$。按照《公路路基施工技术规范》(JTG F10—2006)中的规定,高液限土用于路基填筑,其压缩性系数应小于 $0.5\mathrm{MPa}^{-1}$,即应为低中压缩性填料。18 标的土样压缩性比 19 标的压缩性要小,18 标素土样为中压缩性土,改良后基本为低压缩性土;而 19 标的素土为中高压缩性土,改良后为中压缩性土。由于水的浸泡作用,试样浸水后的压缩性明显要大于不浸水试样。

4.6　小　　结

　　(1)击实试验是确定现场碾压控制标准的主要方法,同时也是了解土体压实特征的手段。高液限土成团现象比较普遍,具有一定的结构性,而且这种结构性破坏后不可恢复。因此,进行了不同制样方式的土击实试验,长韶娄标段的试样获得的最优含水量差别不明显,干法备样获得的最大干密度要大于湿法获得的干密度;但郴宁高速的干湿法备样试验结果表明二者之间具有明显的差别,总体来说,对于具有结构性的高液限土应以湿法为主,对于现场试验来说一般也都是降水过程。因此,以湿法为主符合工程实际情况。

　　(2)通过开展长韶娄高速等高液限土的承载比试验,发现红黏土的强度受水的影响十分显著。除了 17 标桩号填料的浸水 CBR 小于 3% 以外,其余桩号的 CBR 均大于 3%,其中,18 标填料的 CBR 最大值超过了 20%。但 18 标填料的浸水膨胀量较大,即使在大于最优含水量 6 个百分点的条件下制样,其膨胀率达到 5% 左右。17 标浸水 CBR 小于 3%,但不浸水 CBR 大于 3%,故 17 标桩号的填料应采取包边等工程措施用于路基 93 区非浸水地段。对于膨胀量较大的路基填料,为达到长期整体稳定性宜控制在大于最优含水量的偏湿状态下碾压,同时也要填筑在非浸水地段。通过结合郴宁高速的试验结果分析,不难发现红黏土的 CBR 并不都是在最优含水量处,而是略大于最优含水量 3 个百分点处,这从强度角度再次证明高液限红黏土宜控制在偏湿状态下碾压。

　　(3)压缩性是预测和评价路基工后沉降的关键性指标,特别是对压实度达不到规范要求的高液限土更要关注其压缩性特征。开展压实度为 90% 的试样压缩性试验,主要是为了模拟在实际路基填筑过程中压实度达不到规范要求的 93% 而只能达到 90% 的情况下其压缩性到底如何。如果压实度降低到 90%,则要求其压缩性必须处在中等压缩性范围内,否则压实度不能降低到 90%。可见,从压缩性的角度确定压实度降低的标准具有一定的合理性。根据不同轴载作用下沿路基深度的应力分布特征可知,应力主要在路面下 2m 的范围内影响较为显著,最大的应力约为 120kPa,所以选择 100~200kPa 的压缩量来评价也符合实际情况。试验结果表明,18 标的填料如果压实度达不到 93% 时,其压实度可以降低到 90%,但 19 标的填料则不能降低 3 个百分点。

参 考 文 献

[1] Means R E, Parcher J V. Physical Properties of Soils[M]. London: Constable, 1963.

[2] Ackroyd L W. Engineering classification of some Western Nigerian soils and their qualities in road building[J]. British Road Research Laboratory, Oversea Bulletin, 1959, 10:32.

[3] Nixon I K, Skipp B O. Airfield construction on overseas soils[C]//Laterite Proceedings British Institution of Civil Engineers, London, 1957.

[4] Vallerga B A, Schuster J A, Love A L, et al. Engineering study of laterite and lateritic soils in connection with construction of roads, highways and airfields[R]. Contract Report AID/CSD-1810, Washington, 1969.

[5] de Graft-Johnson J W S, Bhatia H S, Yeboa S L. Influence of geology and physical properties

on strength characteristics of lateritic gravels for road pavements[J]. Highway Research Board,1972,405:87-104.

[6] Lambe W T. Compacted clay[J]. American Society Civil Engineering Transpprt Papper, 1960,125(1):681-756.

[7] Willis E A. Discussion on:A study of lateritic soils[J]. Highway Research Board,1946,26: 589-590.

[8] Tateishi H. Basic engineering characteristics of high-moisture tropical soils[C]//Proceedings Washington Associate. State Highway Office Conference,Washington,1967.

[9] Quinones P J. Compaction characteristics of tropically weathered soils[D]. Urbana:University of Illinois,1963.

[10] Gidigasu M D,Yeboa S L. Significance of pretesting preparations in evaluating index properties of laterite materials[J]. Highway Research Board Record,1972,405:105-116.

[11] Brand E W, Hongsnoi M. Effects of methods of preparation on compaction and strength characteristics of lateritic soils[C]//7th Proceedings Special Sessions International Conference Soil Mechanics Foundation Engineering,Mexico,1969.

[12] 中华人民共和国交通运输部. JTG E40—2007 公路土工试验规程[S]. 北京:人民交通出版社,2007.

[13] 中华人民共和国交通运输部. JTG F10—2006 公路路基施工技术规范[S]. 北京:人民交通出版社,2006.

[14] Lamb D W. Decomposed granite as fill material with particular reference to earth dam construction[C]//Proceedings Symposium Hong Kong Soils,Hong Kong Group,Institution of Civil Mechanics and Electrical Engineering,Hong Kong,1962.

[15] 杨和平,赵鹏程,郑健龙. 膨胀土填料改进 CBR 试验方法的提出与验证[J]. 岩土工程学报, 2007,29(12):1751-1757.

第5章 红黏土水分传输的湿热耦合效应

5.1 概 述

修筑在地表的路基受地下水的作用是一个长期反复的过程,特别是在地势低洼或地下水比较丰富的地段,对于具有水敏性的红黏土,地下水位的涨落对其影响更加剧烈,而红黏土大多分布在炎热多雨地区。因此,地下水对红黏土路基的作用问题需要得到关注[1~4]。地下水对路基的影响,本质上是非平衡基质势与毛细效应引起水分迁移后土体强度发生了弱化。了解红黏土路基中地下水分毛细上升的规律是有效分析和治理路基病害的依据。等温水分扩散系数可以评价地下水在路基中的毛细上升性状。直接利用该系数的物理定义求解存在很多难以测量的物理量,而通过试验方法确定成为一种有效手段。对此研究人员做了大量的工作,Bruce 等[5]利用水平吸渗试验测试了该系数;Cassel 等[6]利用 γ 射线连续3 个月测试了水平封闭土柱含水量随时间的变化规律,计算了其等温水分扩散系数。

对于建成运行的高速公路路基,其底部除了受地下水的毛细作用外,路基边坡部位还直接受大气的降雨和蒸发蒸腾作用,但这两种引起水分变化的因素都有一个相对稳定的影响范围。因沥青等路面材料的覆盖作用,路基上表面相当于一个绝湿而不绝热层,故在路基断面内部还存在一个含水量主要只受大气温度影响的区域。这部分含水量的变化幅度没有地下水的大,从短期看其影响不明显,但对路基的长期性能影响却不容忽视。因此,不仅要注意路基填筑时的土体湿度,更要注意在使用时期内路基土壤中含水量的变动情况。

大气温度对这部分土体的作用模式抽象出来实则是一个封闭状态下的温度驱动水分迁移的模型。路基土体受到太阳的辐射,从路面到路基内部形成了温度梯度,水分在温度梯度势的作用下从高温端向低温端迁移,这种水分的不平衡分布形成了一种基质势,基质势的存在促使水分从低温端又向高温端传输,两种势相互博弈使得路基这部分土体水分始终处于动态平衡状态。Cahill 等[7]在现场开展了这种耦合过程的试验研究,由于现场试验比较复杂,有必要开展一些易于控制边界条件的室内试验作为补充。

5.2　红黏土水分传输的毛细效应

5.2.1　试验概况

在水平吸渗试验与饱和渗透试验方法基础上略加改进,制作了一套原理简明、操作简单的毛细上升试验装置。在此基础上历时四个月,进行了三种不同干密度试样的毛细上升试验。由于缺乏测量瞬态含水量的仪器,拟采用 Bruce 推荐的计算方法和试验结束时的含水量分布规律推求等温水分扩散系数,并通过数值模拟的手段再现水分随时间变化的瞬态分布规律。

1. 试验仪器改装

通过毛细上升试验可以获得求解非饱和土的等温水分扩散系数数据,根据试验需要设置了一套原理简单、操作方便的试验装置。装置的基本组成如图5.1所示。

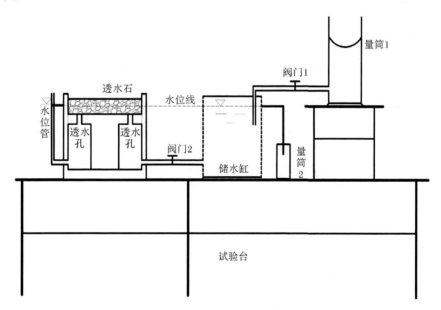

图 5.1　毛细上升试验装置

该试验装置主要包括两大部分:水源部分和承土部分。量筒 1(500mL)是保证出水缸始终保持恒定的水头,而量筒 2(500mL)是测量未被土壤吸收的水量,二者的差值则视为在某一个时间段内水分的毛细上升量,开始计数前需要用水充满所有管路。量筒 1 与储水缸之间用注射滴管进行连接,通过滴管的开关动态地调整供水速度。左侧的承土部分(内径 5cm)下方有过水通道与透水石充分接触,水分可以不间断地供给。透水石主要有两个作用:①通过透水石可以让水分很均匀地传输给试样;②试样底部长时间受水分的浸泡容易变得很松散,透水石可以防止土颗粒堵塞过水通道。

2. 试验方案

毛细上升试验历时较长,试验仪器周转比较慢。暂未开展考虑不同初始含水量对不同压实度土体的毛细上升影响试验。因为路基土料一般在最优含水量点附近填筑,故选择最优含水量点作为试验试样的初始含水量,击实试验确定的最优含水量为 24.1%。选取某高速公路 K27 桩号的重塑红黏土从天然含水量风干至最优含水量,利用手提击样器制作了三种干密度(1.58g/cm³、1.48g/cm³、1.38g/cm³)试样,土样的基本物性指标参考文献[4]。为了体现不同压实度对毛细上升作用的影响,试样的干密度没有按照路基要求的 96、94、93 区对应的干密度制作,而是拉开了一定的幅度。在实际应用中可以根据插值法获取相应压实度对应的参数。

3. 制样方法

供毛细上升试验用的试样土柱直径为 5cm、长 100cm,按照控制干密度的方法击实制样。在击实过程中通过测量击实后的土样高度来确定是否达到预定的压实度,为保证试样的均匀性每层压实后厚度预设为 2cm。成型试样的模具为高强度透明雅克利有机玻璃管,管内直径 5cm、壁厚 0.5cm、长 100cm。因试样较高,在击实成型过程中需要分两部分进行,先用一根带顶帽、长 50cm 的不锈钢撑杆套在玻璃管内,使得击实平面从玻璃管中部开始,然后利用等内径面积的击样器按照预定的厚度击实成型,每层击完后要拉毛后进行下一层的击实,当击好这一半后倒立玻璃管,把不锈钢撑子拿出,逐层击实另一半,成型后的试样如图 5.2 所示。

不锈钢撑子顶部的顶帽与有机玻璃管的接触是一个非常关键的部位,不能太松否则土颗粒容易从夹缝中漏掉,也不能太紧否则因玻璃管内径的不均匀性而卡住,但在顶帽的四周加了一个"O"形环氧树脂橡皮圈可以同时解决上面两个问题,如图 5.3 所示。试验结束后需要了解玻璃管内不同部位的含水量,配套制作了一根长 100cm、直径 2cm 的薄壁不锈钢管用做取样器,然后利用烘干称重法测量含水量。

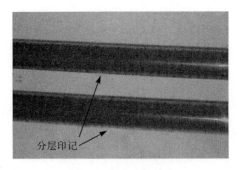

图 5.2　成型后的试样

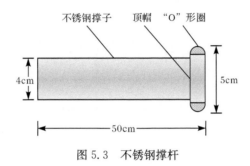

图 5.3　不锈钢撑杆

4. 试验步骤

（1）试验开始前，充分饱和好透水石，并且使得储水缸内水面和透水石的中部位置处于同一水平面上，可以通过观察透水石旁边的水位管来判断。关闭阀门 1 后记下量筒 1 和量筒 2 的刻度。

（2）把制备好土柱放置在试验装置的透水石上，同时记下试验开始时间。为了防止水分从接触处（试样玻璃管与承土台连接处）挥发或不慎溢出，需利用硅胶进行密封处理。同时，为防止气体不小心进入试样和承土台之间而阻止水分自由上升，在硅胶密封时埋入注射器的针头使得内外连通，供排气所用，接出来的管子用阀门进行控制开关。

（3）试验开始后，徐徐打开阀门 1，出水量的多少需要根据试样吸附量适时调整。如果量筒 2 水上升较快说明量筒 1 出水量比实际需求量大，应调小阀门 1。

（4）当量筒 1 水减少量与量筒 2 水增加量接近时，可以判断初始含水量较高的试样吸水量是否达到稳定状态，另外对于初始含水量较低的试样可以通过浸润峰面的上升位置加以判断。

5.2.2　试验结果与分析

1. 水分分布特征

试验总共进行了四个月,按照上述试验方案得到三种不同干密度试样水分沿高度的分布规律,如图 5.4 所示。毛细上升高度与含水量的关系类似与土水特征曲线呈反"S"形,干密度越大的试样,在相同的时间内毛细上升高度越小(图 5.4)。Jackson[8]指出扩散系数随着孔隙比的减小而减小。这是因为干密度越大其孔隙越小,虽然毛管力比较大,但是缺乏畅通的过水通道,使得水分上升的速度比较慢。所以,路基填筑时对土体进行压实有效地改变了水分上升的通道,从而抑制毛细上升的高度。

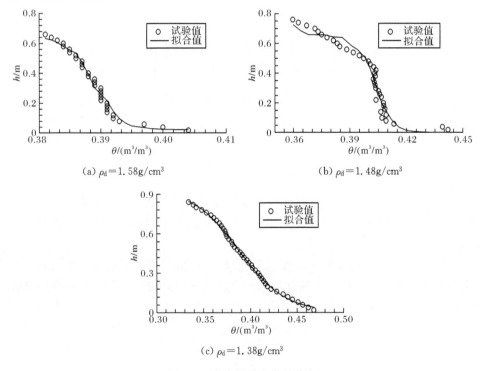

(a) $\rho_d = 1.58 \text{g/cm}^3$　　　　　　(b) $\rho_d = 1.48 \text{g/cm}^3$

(c) $\rho_d = 1.38 \text{g/cm}^3$

图 5.4　含水量沿高度的分布

2. 等温水分扩散系数确定

等温水分扩散系数为

$$D(\theta') = -\frac{1}{2t_0}\left[\frac{\mathrm{d}z}{\mathrm{d}\theta}\bigg|_{\theta=\theta'} + K(\theta')\right]\int_{\theta_i}^{\theta'} z(\theta, t_0)\,\mathrm{d}\theta \tag{5.1}$$

　　详细的推导过程见参考文献[4]，按照式(5.1)计算扩散系数 $D(\theta)$ 的方法，对图 5.4 中含水量沿高度的分布曲线先拟合，然后对拟合后的数据分别进行微分和积分。通过计算得到水分扩散系数与含水量的关系，如图 5.5 所示。

　　可以看出，扩散系数随含水量的变化呈单峰形状，故拟采用式(5.2)对其试验数据进行拟合：

$$D(\theta) = D_0 + \frac{A}{w\sqrt{\pi/2}}e^{-2\frac{(\theta-\kappa)^2}{w^2}} \tag{5.2}$$

式中，D_0、A、w、κ 为拟合参数值。

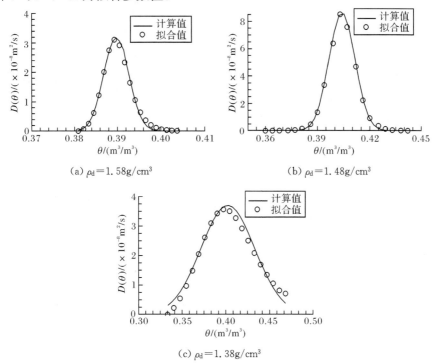

(a) $\rho_d = 1.58\text{g}/\text{cm}^3$　　　　　　　(b) $\rho_d = 1.48\text{g}/\text{cm}^3$

(c) $\rho_d = 1.38\text{g}/\text{cm}^3$

图 5.5　扩散系数与体积含水量的关系

　　扩散系数公式参数的拟合结果，见表 5.1。

表 5.1　拟合参数

干密度/(g/cm³)	D_0	κ	w	A	相关系数
1.58	0	0.3897	0.0059	1.2×10^{-10}	0.992
1.48	0	0.4041	0.0148	8.0×10^{-10}	0.999
1.38	0	0.4024	0.0617	1.4×10^{-9}	0.977

　　从图 5.5 可知，水分因毛细效应扩散的能力随含水量的变化存在一个最优的

含水量点,孔隙中的水分太多或太少都不利于水分的扩散,这与不同干密度土体的孔隙分布模式及其水分存在状态紧密相关。

5.2.3　压实红黏土水分毛细上升数值模拟

为了解土体因毛细作用后水分的分布规律,需要实时动态地监测试样中水分的变化性状,传统的烘干称重法测含水量显然在该试验中不具有可操作性。随着测试技术的革新,先后出现了 γ 射线和时域反射仪(TDR)等无损或接触式测量方法。例如,李锐[9]利用 TDR 研究了路基膨胀土及其石灰处置土在毛细作用下的水分变化情况,取得比较理想的试验结果,但试验仪器比较昂贵。另外,试样的初始含水量比较高(24.2%),故不能通过观察浸润峰面的推进位置来判断水分往上迁移的高度。可见,利用试验方法了解水分瞬态分布具有局限性,数值方法成为新的解决途径。可以通过对比分析试验结束时刻的含水量与计算值之间的吻合程度来验证模拟结果的可靠性。

数值模拟时,数学模型采用:

$$\frac{\partial \theta}{\partial t} = \frac{\partial}{\partial z}\left(D(\theta)\,\frac{\partial \theta}{\partial z}\right) + \frac{\partial K(\theta)}{\partial z} \tag{5.3}$$

式中,$D(\theta)$ 为等温扩散系数,$\mathrm{m^2/s}$;$K(\theta)$ 为非饱和导水系数,$\mathrm{cm/s}$。

试样底部边界含水量取饱和体积含水量 θ_s($\mathrm{m^3/m^3}$);试样圆柱其他边界绝湿;非饱和导水系数由文献[4]的结果插值后得到,不同干密度对应下的非饱和导水系数分别为

$$K(\theta) = 8.07 \times 10^{-7}\left(\frac{\theta}{0.406}\right)^{14} \qquad (1.58\mathrm{g/cm^3}) \tag{5.4}$$

$$K(\theta) = 2.14 \times 10^{-6}\left(\frac{\theta}{0.44}\right)^{9.11} \qquad (1.48\mathrm{g/cm^3}) \tag{5.5}$$

$$K(\theta) = 2.66 \times 10^{-5}\left(\frac{\theta}{0.485}\right)^{5.1} \qquad (1.38\mathrm{g/cm^3}) \tag{5.6}$$

计算时间全部为试验实际时间 120d。利用多场物理模型耦合有限元软件,对不同时刻含水量沿着试样高度分布的规律进行模拟,模拟结果如图 5.6 所示。

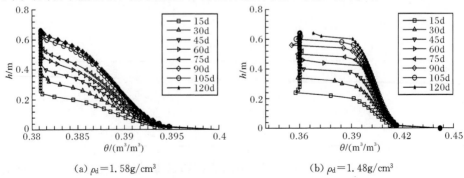

(a) $\rho_d = 1.58\mathrm{g/cm^3}$　　　　　　　　　　　(b) $\rho_d = 1.48\mathrm{g/cm^3}$

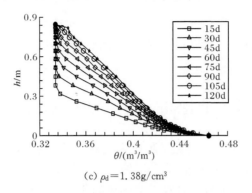

(c) $\rho_d = 1.38\mathrm{g/cm^3}$

图 5.6　体积含水量沿高度的瞬态分布

　　数值模拟结果再现了水分因毛细效应而不断向上迁移的过程。三种密度试样在试验阶段的前期上升比较快,30d 内的上升速度最快,相同的时间内密度小的试样上升高度最大。经毛细水作用后,试样底部土体再经过长时间的水分迁移,其含水量变化不大,但对于上部含水量比较低的土体,因为水势的作用水分不断往上再次迁移,所以湿润峰面不断上移。

　　试验结束时,把试样取出,采用烘干称重法确定不同高度处试样的含水量。数值模拟结果与实测数据的对比如图 5.7 所示。

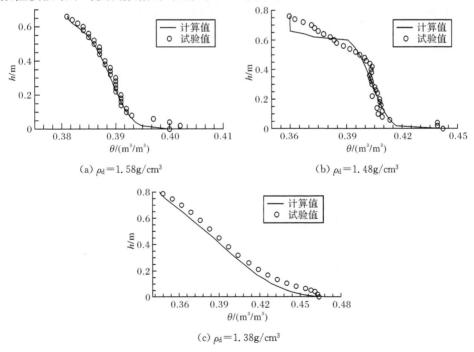

(a) $\rho_d = 1.58\mathrm{g/cm^3}$　　　　(b) $\rho_d = 1.48\mathrm{g/cm^3}$

(c) $\rho_d = 1.38\mathrm{g/cm^3}$

图 5.7　含水量实测值与计算值对比

　　实测数据与模拟结果在试样的边界位置有一定的出入,但试样的中间部位数据二者之间吻合得较好。所以,利用数值方法模拟水分毛细上升的瞬态过程是一种可靠的分析手段。

5.3　非饱和土的热导率预估模型

　　岩土体的热导率是进行岩土工程中有关热现象分析的最基本参数之一。例如,大气作用下路基水分传输规律研究、地下电缆的铺设工程设计等,均需要获得土体的热导率方能进行准确的计算。热导率的获得主要有如下几种方法:①通过试验仪器直接量测。例如,Tang 等[10]对美国 MX80 膨润土的热导率进行测试,提出热导率与孔隙气体体积之间具有线性关系;刘月妙等[11]、叶为民等[12]、Ould-Lahoucine 等[13]研究了不同干密度和含水量的膨润土及砂-膨润土的热导率;肖衡林等[14]以线热源法为基础,利用分布式光纤传感技术测量岩土体的热导率;王铁行等[15]通过试验方法确定黄土的热导率。显然,这些试验方法可以直接获得岩土的热导率,但岩土体复杂多变,要确定热导率需要大量的重复性测试工作。为此,很多学者以试验数据为基础,提出了许多经验模型进行估算。②经验模型法,通过数据拟合获得经验模型。例如,原喜忠等[16]以大量试验数据为基础,利用归一化方法建立了非饱和土热导率的预估模型;Gangadhara 等[17]认为细粒土等的热导率与干密度之间符合幂函数关系,而热导率与含水量之间则符合对数关系;Sass 等[18]建议如果土体组成成分的热导率之间的差别不超过一个数量级时,可采用最简单的几何平均的方法计算热导率;常斌[19]采用多元回归和神经网络等方法建立土体的非饱和热导率预测模型;Tong[20]研究了多孔介质中固液气并联和串联形式下的热导率模型,在模型中用一个修正系数来考虑孔隙和流体等因素的影响,但该修正系数不易获得。可以看出,上述经验模型是针对某类具体的岩土体饱和状态或完全干燥状态而建立的模型,且只从唯像的角度描述如干密度、含水量等中间变量与热导率之间的关系。而干密度、含水量只是岩土体孔隙率、饱和度的表现形式而已。同时,不同矿物成分之间的热导率差异较大,如石英的热导率比其他矿物要高 3 倍多。因此,拟应从决定岩土体材料热导率大小的最根本因素出发(矿物的热导率、孔隙率、饱和度),建立具有明确物理机制的非饱和岩土体热导率预估模型,并通过试验数据进行验证。

5.3.1　预估模型

1. 模型概化

　　岩土体是一种典型的多孔介质,一般说来包括三相:固体颗粒、水分和气体,但主要是由固体颗粒构建的骨架。典型的土体结构模型如图 5.8(a)所示。如果土体完全没有孔隙,则在温度梯度作用下热量将沿图 5.8(a)中间虚线箭头方向传导;但由于孔隙的存在且空气的热导率小于水分和固体颗粒,实际上热量优先从固体颗粒传播,其次是水分,最后为空气,所以热量的传导将绕过空气,主要从固体颗粒传导,如图 5.8(a)中实线箭头方向所示。

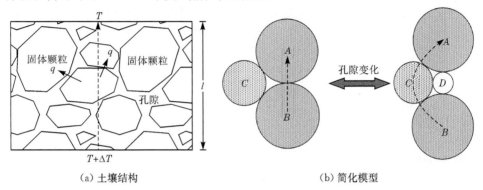

(a) 土壤结构　　　　　　　　　　　　　(b) 简化模型

图 5.8　几何模型

从空间上看,岩土体的三相体系中每一相都可视为独自连续的体系,因此,它们之间属于并联在一起的复合导热体,但它们的传热路径则呈现曲线迂回状。由此可以概化出岩土体的热传播模型,如图 5.8(b)所示。

2. 模型假设

(1)岩土体三相体系中每一相在空间上视为连续,属于各向同性介质。

(2)假设水分依固体颗粒表面均匀分布。

(3)热量的传递遵循“优势流”原则,即热量优先从易导热的介质组分中传播。

3. 模型推导

热导率是反映材料导热性能的基本参数,是指温度梯度作用下单位时间内通过单位面积和单位厚度的热量。

$$k_{s} = \frac{q}{A\Delta T/l} \tag{5.7}$$

式中,q 为热量,W;A 为试样传热面积,m^2;ΔT 为温度梯度,℃;l 为传热路径长度,m。

土壤颗粒完全没有孔隙时的热导率为 k_s,当有孔隙以后,其有效导热面积 A 减少了,而热量的传导路径 l 却增加了,从热导率计算公式可知,多孔介质与致密介质相比热导率减少了。

材料的孔隙率是 n,则多孔材料的实际传热面积 A_p 为

$$A_p = A(1-n) \tag{5.8}$$

热量的传递遵循"优势流"原则,即热量优先从易导热的介质组分中传播,土壤介质三相体系中热导率的大小依次为固体颗粒、水、空气,因此,热量优先从固体颗粒中传播,其次是水分,然后是空气。

由于孔隙的存在,热量在固体颗粒中的传播不再是直线,而是依照颗粒接触点的中心线迂回前进,同理孔隙也是弯曲相连,故热量的传播路径远大于其表观几何厚度 l。迂曲度(tortuosity)可以用来描述多孔介质这种结构性特征:

$$\tau = \left(\frac{l_e}{l}\right)^2 \tag{5.9}$$

式中, l_e 为实际传播路径长度,m。

根据三相体系处于并联状态的假设,干土的热导率为

$$k = \frac{k_s}{\tau}(1-n) + \frac{k_a}{\tau}n \tag{5.10}$$

饱和土的热导率为

$$k = \frac{k_s}{\tau}(1-n) + \frac{k_w}{\tau}n \tag{5.11}$$

非饱和土的热导率为

$$k = \frac{k_s}{\tau}(1-n) + \frac{k_w}{\tau}nS_r + \frac{k_a}{\tau}n(1-S_r) \tag{5.12}$$

假设某微单元体的总体积为 V,孔隙率为 n,孔隙和固体颗粒理想为圆体,其当量半径为 r_0,则

$$r_0 = \sqrt[3]{\frac{3nV}{4\pi}} \tag{5.13}$$

同理,固体颗粒的当量半径为

$$R = \sqrt[3]{\frac{3(1-n)V}{4\pi}} \tag{5.14}$$

如果没有孔隙,则两个固体颗粒之间的热量传导路径长度 $l=2R$,由于孔隙的存在,传播路径绕过孔隙,如图 5.8(b)所示,则传播路径变为

$$l_e = 2\sqrt[2]{(R+r_0)^2 + r_0{}^2} \tag{5.15}$$

把式(5.15)代入式(5.9),得

$$\tau = \left(1 + \frac{r_0}{R}\right)^2 + \left(\frac{r_0}{R}\right)^2 \tag{5.16}$$

如果有水分存在,空气所占的孔隙相对减少。设土体的饱和度为 S_r,则空气所占的孔隙为

$$V_a = nV(1-S_r) \tag{5.17}$$

假设空气所占孔隙的当量半径为 r_a,则

$$r_a = \sqrt[3]{\frac{3V_a}{4\pi}} \tag{5.18}$$

所以水的附着厚度为

$$\Delta r = r_0 - r_a \tag{5.19}$$

把式(5.13)和式(5.18)代入式(5.19),得

$$\Delta r = r_0(1 - \sqrt[3]{1 - S_r}) \tag{5.20}$$

　　为简化计算,可将水和土视为一个复合体,由于固体颗粒的热导率比水的热导率大 5 倍,其对热量的传导路径影响可根据热通量进行等效处理,换言之,把水分的厚度按一定比例等效为固体颗粒,则等效后的固体颗粒所占比例增大。

$$\Delta r = \frac{k_w}{k_s} r_0(1 - \sqrt[3]{1 - S_r}) \tag{5.21}$$

等效后的孔隙半径为

$$r'_0 = r_0 - \Delta r \tag{5.22}$$

把式(5.21)代入式(5.22),得

$$r'_0 = r_0 \left[1 - \frac{k_w}{k_s}(1 - \sqrt[3]{1 - S_r}) \right] \tag{5.23}$$

对应的迂曲度为

$$\tau' = \left(1 + \frac{r'_0}{R}\right)^2 + \left(\frac{r'_0}{R}\right)^2 \tag{5.24}$$

把式(5.14)、式(5.23)代入式(5.24)后,整理得

$$\tau' = \left\{ 1 + \sqrt[3]{\frac{n}{1-n}} \left[1 - \frac{k_w}{k_s}(1 - \sqrt[3]{1 - S_r}) \right] \right\}^2 + \left\{ \sqrt[3]{\frac{n}{1-n}} \left[1 - \frac{k_w}{k_s}(1 - \sqrt[3]{1 - S_r}) \right] \right\}^2 \tag{5.25}$$

把式(5.25)代入式(5.12)即得土体的非饱和热导率预估模型。

4. 参数分析

　　式(5.12)中的参数 k_s、k_w、k_a 是土体三相体系的特性,其中,k_s 代表固体颗粒在没有孔隙状态下的热导率。在物理方法上缺少确定手段,但可以通过组成矿物的热导率按照比例加权得到;也可将不同干密度条件下的热导率随干密度变化曲线向左延伸,与纵坐标相交,取得干密度数值等于颗粒比重时的热导率。孔隙率参数 n 代表土体的密实程度;饱和度 S_r 代表水分的赋存状态。

　　依据表 5.2 中的热导率参数,假设试验时的温度为 30℃,则水的热导率为 0.61W/(m·K)、空气的热导率为 0.0261W/(m·K)。假设土体矿物的热导率为 2.5W/(m·K),则可以获得热导率随孔隙比、饱和度变化的关系曲线,如图 5.9 和图 5.10 所示。

　　由图 5.9 和图 5.10 可以看出,热导率首先取决于固体颗粒的热导率,这是决定岩土体材料热导率大小的根本性因素。其次,孔隙率的大小对热导率的影响呈

现强烈的非线性特征,随着孔隙率的增大,热导率急剧下降。相对而言,孔隙率一定的情况下,饱和度对热导率的影响不是很显著。

表 5.2　热导率参数[21]

材料	密度/(g/cm³)	热导率/[W/(m·K)]
土矿物	2.65	2.5
石英	2.66	8.8
水	1.0	$0.56+0.0018T$
空气(101kPa)	$1.29-0.0041×T×10^{-3}$	$0.024+0.00007T$

注:T 代表温度。

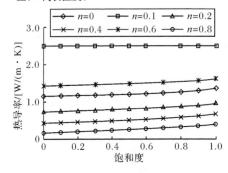

图 5.9　热导率与饱和度的关系

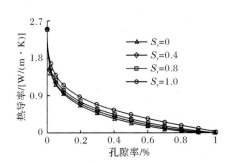

图 5.10　热导率与孔隙率关系

5.3.2　模型验证

对某红黏土试样进行三种击实功(98、50、30 击)、三种含水量(17.7%、21.0%、24.0%)的重型击实试验,然后利用 KD₂ 探针式热导率测试仪对击实试样进行浸水前的热导率测试,如图 5.11 所示。试验时环境温度为 30℃,则水的热导率为 0.61W/(m·K)、空气的热导率为 0.0261W/(m·K),红黏土矿物的热导率 k_s 取 3.0W/(m·K),试验结果与预测值见表 5.3。

图 5.11　试验试样

表 5.3　热导率试验结果

编号	含水量/%	密度/(g/cm³)	孔隙率	饱和度	k_s预测值/[W/(m·K)]	k_s实测值/[W/(m·K)]
1	17.7	1.98	0.38	0.79	0.55	0.57
2	17.7	1.86	0.41	0.68	0.48	0.52
3	17.7	1.74	0.45	0.58	0.42	0.48
4	21.0	2.04	0.37	0.95	0.59	0.64
5	21.0	1.96	0.40	0.85	0.53	0.59
6	21.0	1.82	0.44	0.71	0.44	0.53
7	24.0	2.03	0.39	1.00	0.64	0.68
8	24.0	2.01	0.40	0.98	0.57	0.65
9	24.0	1.90	0.43	0.85	0.48	0.59

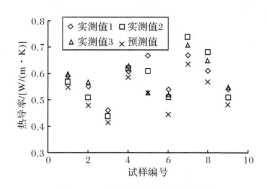

图 5.12　实测值与预测值对比

随着干密度的增大,单位体积土中固体颗粒数量增多,热导率会逐渐增大;干密度相同时,随着含水量的增大,热导率会逐渐增大。红黏土的热导率受孔隙率和饱和度的双重控制,但由于试验数据有限不能定量分析孔隙率和饱和度对其热导率的影响幅度。试验结果表明,预测值均小于实测值,误差范围最大值小于20%(图 5.12),热导率预估模型能有效预测岩土体的热导率。

5.4　温度驱动水分传输

水分是影响路基强度的主要因素,而环境因素是促使水分变化的动力源泉。为了解路基在大气温度作用下内部水分的迁移特征,在总结前人研究湿热耦合室内试验的基础上自制了一套可供研究温度驱动水分迁移的试验仪器,并开展了三种初始含水量、三种干密度试样的试验,主要用来模拟路基内部土体的水分和温度对大气作用的响应规律。利用任奋芝在 Philip 和 de Vries 模型基础上推导的热湿扩散系数公式[22]，计算不同压实度红黏土的热湿扩散系数。

5.4.1　试验装置

试验装置由加热恒温控制系统、试样成型隔热系统和试验数据采集系统三部分组成。试验装置的总体概貌如图 5.13 所示。

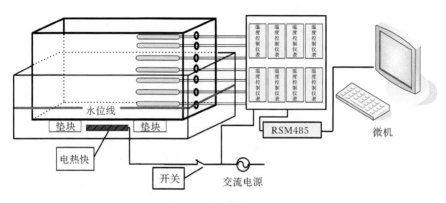

图 5.13　试验装置概图

1. 加热恒温控制系统

在整个试验过程中，温度边界控制是一个关键的环节。采用电阻丝直接加热可导致土壤加热不均匀且不容易控制温度。试验中拟采用常温边界条件，故采用水浴加热。温度采用温控开关进行控制，如图 5.14 所示。通过智能温度控制器（XMT808）设定预期目标温度。当水温达到预定目标值时温度传感器将信号传至智能温度控制器，此时开关跳闸即停止加热；当水温低于预定目标值时则开关重新闭合开始加热。水浴箱周围利用泡沫等隔热材料保温，避免温控开关频繁地跳动。另外，为防止因加热导致水浴箱内水分的蒸发过快，水浴箱上方用防水布密封遮盖。

温度传感器为铂电阻（Pt 100）传感器，工作温度为 $-20 \sim 600^{\circ}\text{C}$，分辨率为 0.01°C，在 $0^{\circ}\text{C} \leqslant t \leqslant 850^{\circ}\text{C}$ 时铂电阻 Pt 100 的阻值与温度的关系为[23]

$$R_t = R_0 \left[1 + At + Bt^2 + Ct^3 (t-100) \right] \qquad (5.26)$$

式中，$R_0 = 100$；$A = 3.96847 \times 10^{-3}$；$B = -5.847 \times 10^{-7}$；$C = -4.22 \times 10^{-12}$。

将 $t = 25$ 代入式(5.26)，可得 $R_t = 109.9\Omega$。

2. 试样成型与隔热系统

试样箱由 0.4cm 厚白色不锈钢焊接而成，箱体尺寸为 41cm×21cm×31cm。

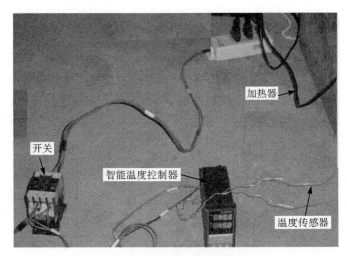

图 5.14　温度控制实物图

在箱体的右端侧壁钻 7 个直径为 0.5cm 的孔作为温度传感器的通道,详见图 5.15(a)。试样箱放置在水浴箱内底部时用四个铁块垫起,试样箱浸入水中约 1cm。在试验进行过程中要及时补充因加热蒸发损失的水分,保持试样箱浸入水中的深度不变。

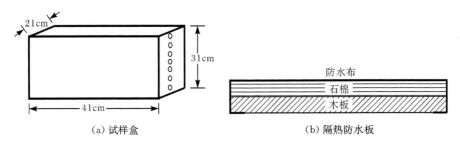

(a) 试样盒　　　　　　　　　　　(b) 隔热防水板

图 5.15　试样箱

　　隔热材料由武汉市江岸区金旗保温材料厂提供的石棉隔热保温布,该布的密度为 103kg/m³,当温度不超过 70℃ 时其热导率为 0.0298W/(m·K)。绝湿材料由武汉市横林鑫人涂塑篷布厂生产,该布主要起防水作用。

　　利用木板和上述隔热防水材料制作五块活动隔热衬砌,衬砌尺寸与试验箱六面的尺寸相匹配,如图 5.15(b) 所示。衬砌的制作方法如下:用木板做底板,上面铺三层石棉,然后用防水布包住。隔热防水板作为衬砌放至不锈钢试样箱的内部起隔热保湿作用。其底部不放隔热防水板,没有预留温度传感器孔的隔热防水板可以自由活动,试样切片后可以往前移动贴近土壤供隔热隔湿之用。

3. 试验数据采集

1) 温度

智能温度控制仪表(XMT 808)由浙江省余姚市长江温度仪表厂开发生产。采用模糊理论和传统 PID 控制相结合的控制方式进行控制,使控制过程具有响应快(≤0.5s)、超调小、稳态精度高等优点。另外,该仪表采用 AIBUS 通信协议,支持 RS485 通信模式。

为了实时监测温度随时间的变化规律,采用微机采集方式。温度控制仪表和微机通过串行通信接口实现连接,如图 5.16 所示。为了在一个通信接口连接多台 XMT 808 仪表,需要给每台 XMT 808 仪表编一个互不相同的代号。XMT 808 有效的地址为 0~100,所以一条通信线路上最多可连接 101 台 XMT 808 仪表,仪表的地址代号由温度控制仪表中的参数设定。

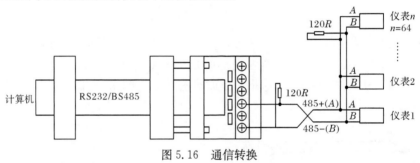

图 5.16　通信转换

2) 数据采集界面

温度控制仪参数既可以在仪表上进行设置也可在软件界面上设置,数据实时采集通过如图 5.17 所示的软件界面操作完成。

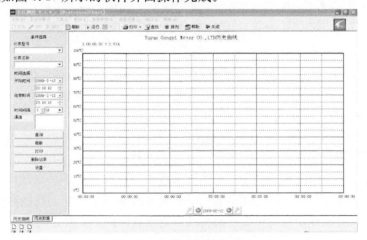

图 5.17　温度数据采集界面

3) 含水量

土壤的湿热耦合试验中含水量的确定是一个技术难题,特别是需要实时了解含水量的动态变化过程就显得更为困难。目前,测试含水量主要采用钻孔取样然后烘干称重法与时域反射仪(TDR)法。前者属于一种有损检测,不适用于瞬态条件下的含水量测试;后者是测量某一定范围土体的平均含水量,比较适用于现场含水量的测定,但价格比较昂贵。本次试验含水量采用切片后烘干称重,从试样箱的一端开始依次切片,每次切片前把最外围的土壤切除取里面一层,从上至下分层取样测量。

5.4.2 试验准备

1. 试样配置

选取 K27 桩号的重塑风干红黏土试样过 5mm 筛,根据要求达到的含水量反算需要增加的水分质量,然后利用喷壶小心均匀地把水分喷洒到土样上。在配置试样的过程中需要反复搅拌让水分充分均匀地湿润土样。最后,封装进密闭的塑料袋中静置 6~7d,在袋中选择 5 个不同部位的土样利用烘干法平行测其含水量,当各点含水量之间的差值在 0.3% 范围内表示静置充分;否则,把土样倒出重新搅拌然后再静置,直到符合上述误差标准为止。

2. 试样成型

利用千斤顶(或压力机)采用控制干密度的方法分层压实到预定的密度。分 7 层压实,每层 4cm,试样箱的底面积为常数,每层厚度不变。所以,每次压实后的土样体积也不变。在已知干密度的情况下,便可计算出每次需要的土样质量。为了使压实的试样密度均匀,可采取如下措施。

(1) 试样倒入试样箱后要用直尺来回刮动达到初步均匀分布。

(2) 加工一块与试样箱净空面积大小一样的厚钢板(2.5cm),保证千斤顶作用在传力杆的力均匀地施加在试样上。

(3) 每层压实时,试样箱的每个角落放一个小铁圆柱(直径 2cm、高 4cm),当钢板被挤压接触到小铁圆柱时说明达到了预定的体积。这可以有效防止因偏心受压导致试样密度不均。每层压实完成后需要在表面拉毛,以便层间结合紧密。

3. 温度传感器安置

试样拉毛后和倒入下层松散土样前把温度传感器穿过试样箱预留的孔通道,并固定在两者之间,压实过程中要防止传感器错动同时保护好传感器的外接屏蔽线。安装传感器前要验证传感器性能是否良好。

4. 试验设计

（1）总共开展了三种干密度、三种初始含水量试样的试验。试样干密度1.42g/cm³、1.47g/cm³、1.52g/cm³对应的压实度为90％、93％、96％；初始含水量24.6％、27.7％、30.9％。

（2）试验中的边界温度一次性加温到预期设定值48℃。

（3）试验室环境温度为23～25℃。

5.4.3　试验结果分析

1. 含水量分布规律

1）初始含水量 $w=24.6$％

不同压实度下的含水量分布与净迁移量有明显的差别。水分迁移是一个缓慢的过程，经过 1d、5d、10d、20d、30d 的持续常温作用下，水分在试样中的分布情况如图5.18所示。分析图5.18可知：经历1d的加热，没有发生明显的水分迁移现象；经历5d的作用，水分迁移现象主要发生在试样的热端，热端的水分迁移后聚集在试样的中部，冷端的含水量没有出现变化；经历10～30d水分出现明显地迁移，主要表现在试样的冷端含水量出现明显的增大而试样的热端出现明显地减少。经过30d，压实度90％、93％、96％对应的净迁移量分别是1.84％、1.67％、1.4％。试样中间部分的含水量只在初期出现了变化，而在后期基本与初始含水量持平。在温度作用下，热端试样的水分经迁移后聚集在试样的冷端。理论上热端含水量的减少量应该与冷端含水量的增加量相等，但实际操作过程中由于误差导致试验数据有一些出入。

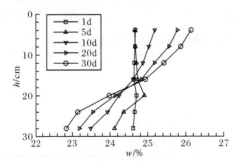

（a）含水量沿高度分布规律（$K=90$％）

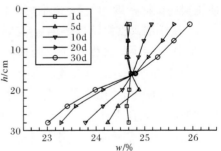

（b）含水量沿高度分布规律（$K=93$％）

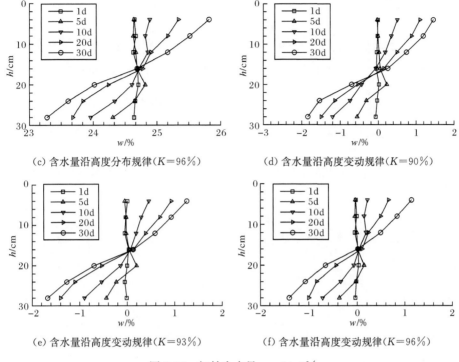

（c）含水量沿高度分布规律（$K=96\%$）　　（d）含水量沿高度变动规律（$K=90\%$）

（e）含水量沿高度变动规律（$K=93\%$）　　（f）含水量沿高度变动规律（$K=96\%$）

图 5.18　初始含水量 $w=24.6\%$

2）初始含水量 $w=27.7\%$

该试样的含水量变化幅度随压实度的变化规律与初始含水量为 26.6% 的情况一样，压实度越高净迁移量越小。如图 5.19 所示，经过 30d 的加热，该含水量条件下压实度为 90% 的试样其最大水分净迁移量达到 4%。随着压实度的增加，水分净迁移量有所减少。但与初始含水量为 26.6% 的试样相比，相同压实度对应的水分净迁移量要大。压实度 90% 的试样热端经过 30d 的迁移，含水量减少了 3.5% 左右，但在冷端（0~12cm）含水量增大的幅度差别不大，这是由于试验过程中土样顶部的密封性不够好而导致水分部分蒸发损失。

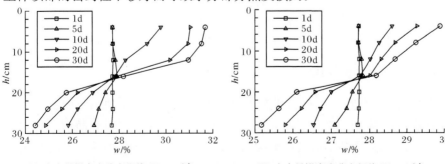

（a）含水量沿高度分布规律（$K=90\%$）　　（b）含水量沿高度分布规律（$K=93\%$）

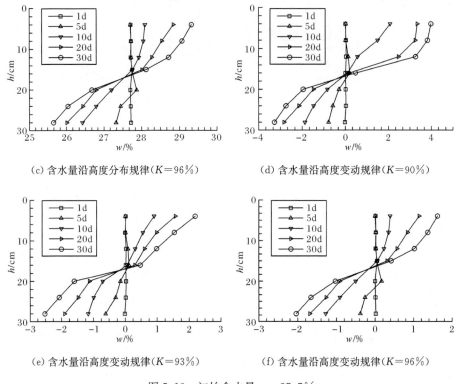

(c) 含水量沿高度分布规律($K=96\%$)　　　(d) 含水量沿高度变动规律($K=90\%$)

(e) 含水量沿高度变动规律($K=93\%$)　　　(f) 含水量沿高度变动规律($K=96\%$)

图 5.19　初始含水量 $w=27.7\%$

3) 初始含水量 $w=30.9\%$

如图 5.20 所示,初始含水量为 30.9%时,即使经历 30d 的温度作用后含水量沿土样高度的分布与初始状态十分相似,无论是热端还是冷端含水量基本没有变化。说明初始含水量越高并不代表其迁移量就越大。理论上压实度为 90%时的试样饱和含水量应为 32.6%,初始压实含水量 30.9%比较接近饱和含水量。在封闭的土样中水分发生迁移需要有为移动的水分提供存储的空间。当初始含水量接近饱和含水量时其孔隙空间大部分被水分占据。虽然温度提供了驱动势,但冷端没有足够的存储空间,所以水分的迁移量很少。在温度作用下,水分不断地从热端向冷端迁移,最后的净迁移量受干密度和初始含水量的双重影响。

2. 水分传输机制分析

水分在土体孔隙中赋存的状态决定了水分与土体颗粒的作用模式。土体孔隙中含水量比较小时,液态水主要附着在土体颗粒上,在颗粒表面形成的薄膜只有几个水分子厚,不能形成自由流动的连续态。水分子与土颗粒表面之间吸附力非常强,该状态下的水分相当于一个具有高黏度的非牛顿流体,水分子不能自由移

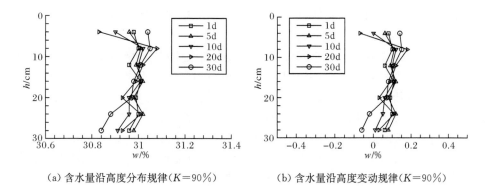

（a）含水量沿高度分布规律（K＝90%）　　　（b）含水量沿高度变动规律（K＝90%）

图 5.20　初始含水量 w＝30.9%

动。随着含水量的增加，附着在土体颗粒表面的薄膜水逐渐增厚，以致水分能自由流动，此状态对应的含水量称之为临界含水量。当水分大于临界含水量时，水分能在自身重力的作用下流动，按照非饱和土观点该状态属于水相连通状态。在上述两种含水量情况之间，水分主要依靠毛细力的作用维持在土体颗粒表面，属于气连通状态。

温度作用下，试样的水分处于薄膜状态时，薄膜水分子在土水势的作用下不能移动，水分的迁移主要是因蒸发效应引起水分的气化，然后遇到低温而液化。当处于水相连通时，水分子可以自由移动但孔隙空间不能为迁移的水分提供存储空间。而处于这两种饱和度之间的土体，最容易发生水分迁移。因为此状态下的液态水主要填满了细小的孔隙或者在土体颗粒之间形成连接的弯曲面，如图 5.21所示。

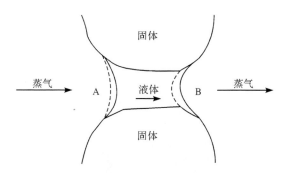

图 5.21　液体的传输示意图[24]

当土体局部达到热平衡，液体弯曲面（图 5.21 中实线）曲率半径相等。当土体左右两侧存在温度梯度时将产生表面张力梯度，而水蒸气在液态水"桥"的 A 侧冷凝、B 侧蒸发。继而 A 侧弯液面的曲率下降，B 侧弯液面增大。使得水分在基质势的作用下从左侧流向右侧,形成新的弯液面。达到新的平衡时间主要受弯液面半径和温度梯度控制。

　　路基填筑完成后路基中心部位的填料被周围土体包围,相当于处于一个封闭的环境中。在大气温度的循环作用下,路基填料的演化过程类似于上述封闭试验条件下的水分传输试验。通过分析封闭条件下土样的水分传输规律可知:压实度越高对保持路基水分的稳定性越有利;初始填筑含水量大于临界含水量后,含水量越高,水分的净迁移量越小。所以,偏湿状态下碾压红黏土对于保持路基的长期水稳定性十分有利。由于受大气的蒸发和降雨反复作用,对于路基边缘土体的含水量长期处于动态的调整中,只能通过提高压实度来减少外部营力的不利影响。

　　3. 温度分布规律

　　1) 初始含水量 $w=24.6\%$

　　不同压实度的试样,在常温作用下其内部温度演化规律,如图 5.22 所示。分析图 5.22(a)～(c)可知,该含水量试样内处于冷端的监测点(4cm)处,其达到温度平衡的时间需 40h 左右;热端监测点(28cm)处,其达到温度平衡的时间约 28h。从热端到冷端各监测点达到温度平衡的时间逐渐增加。不同高度点之间的温度梯度比较明显,不过压实度越大温度梯度越小。因为压实度越大,试样的孔隙越小,而土体颗粒的导热性能比空气要好。所以,压实度越大温度梯度越小。

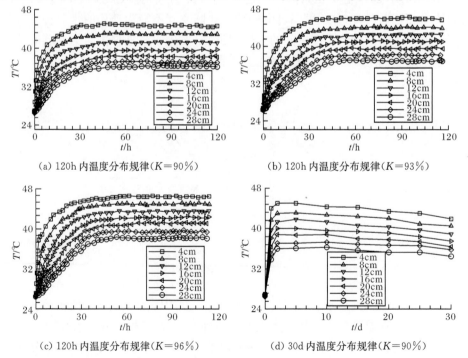

(a) 120h 内温度分布规律($K=90\%$)　　　　(b) 120h 内温度分布规律($K=93\%$)

(c) 120h 内温度分布规律($K=96\%$)　　　　(d) 30d 内温度分布规律($K=90\%$)

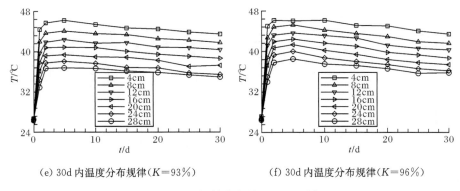

(e) 30d 内温度分布规律($K=93\%$)　　　　(f) 30d 内温度分布规律($K=96\%$)

图 5.22　初始含水量 $w=24.6\%$

在试验的前期（$0\sim5\mathrm{d}$），温度处于稳定阶段，随着水分的迁移不断增多，对温度的分布影响增大。从图 5.22(d)～(f)可以看出，温度在时间段 $5\sim30\mathrm{d}$ 内有不同程度的下降，越靠近热端的土体温度下降越明显。这是由于经过水分迁移后热端土体的含水量减少导致热阻增大的缘故。而靠近冷端的土体虽然含水量增大热阻降低，但传递至该段的温度降低了，使得其温度梯度同样增大，只是没有前者明显。

2) 初始含水量 $w=27.7\%$

初始含水量 $w=27.7\%$试样的温度分布规律如图 5.23 所示。

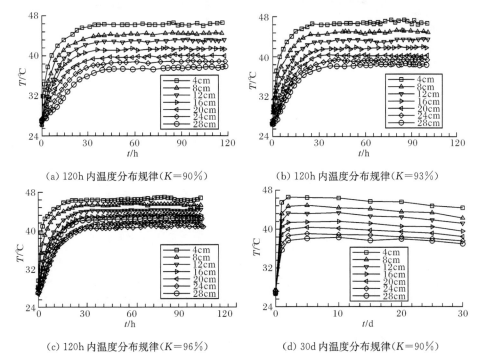

(a) 120h 内温度分布规律($K=90\%$)　　　　(b) 120h 内温度分布规律($K=93\%$)

(c) 120h 内温度分布规律($K=96\%$)　　　　(d) 30d 内温度分布规律($K=90\%$)

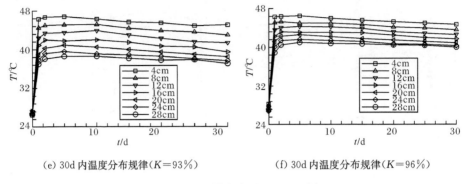

(e) 30d 内温度分布规律（$K=93\%$）　　　　　(f) 30d 内温度分布规律（$K=96\%$）

图 5.23　初始含水量 $w=27.7\%$

3) 初始含水量 $w=30.9\%$

该含水量下的试样,达到温度平衡的时间约为 20h,如图 5.24 所示。整个试验过程中,因为没有发生明显的水分迁移,所以温度随时间的变化过程很稳定。相同含水量下,不同压实度试样达到温度平衡的时间基本相同。但不同含水量的试样达到温度平衡的时间却十分明显,因为水分的热导率比土体颗粒和空气的热导率都要大很多,故含水量越大,达到温度平衡的时间越短。

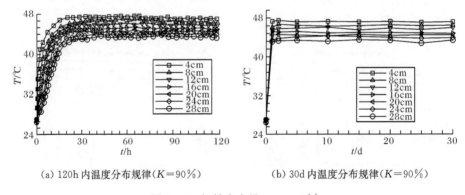

(a) 120h 内温度分布规律（$K=90\%$）　　　　　(b) 30d 内温度分布规律（$K=90\%$）

图 5.24　初始含水量 $w=30.9\%$

4. 热量传输机制分析

热量在土体中主要传输途径,如图 5.25 所示。可以归纳为如下三种方式:

(1) 热传导。在温度梯度下,土体颗粒、液态水、水蒸气与空气都会以热传导的方式传递热量。

(2) 对流换热。因液态水、水蒸气等在土壤孔隙中流动会和土体颗粒产生对流换热。

(3) 相变换热。在大气温度循环作用下,土壤内部和表面都会发生蒸发和冷凝现象,从而产生相变换热。

　　上列途径传热的大小与土体的矿物成分、孔隙大小、含水量等因素有关。当土体含水量较低时,主要通过土体固体颗粒导热;增大土体含水量,使得水分充满小孔隙或在土体颗粒之间形成弯液面后,实际增大了固体颗粒之间的接触面积,为热量传输提供更宽的通道。含水量接近饱和时,由于液态水的导热性能比气体的导热性能要好,所以在土体孔隙相同的情况下含水量越高热量传输越快。由温度梯度产生的对流换热,只有固体颗粒较大时才显得比较显著[25]。通过蒸气对流或者扩散引起的传热,因其体积热容较低可以忽略不计。另外,水蒸气的热导率要比纯空气的热导率大很多[26],因此,非饱和土中的传热主要通过土体颗粒骨架的传导及水分的蒸发与冷凝完成。

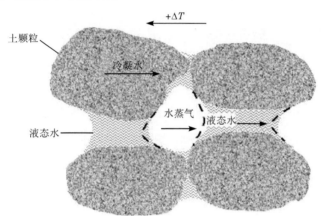

图 5.25　土体温度主要传输路径示意图

　　从土样内部的水分和温度分布规律不难发现:温度和含水量之间的变化具有紧密的联系,温度的变化会引起含水量的变化;含水量的变化又促使温度重新分布,土体中水分和热量的迁移具有很强的耦合性。

5.4.4　非饱和土热湿扩散系数

1. 热湿扩散系数计算方法

　　试样的初始含水量和密度均匀分布,且只在试样底部加热、周围绝热,此试验属于一维热湿传输试验,可利用 Philip-de Vries 的数学模型描述该土体含水量和温度的演化规律[22]。

$$\frac{\partial \theta}{\partial t}=\frac{\partial}{\partial z}\left(D_\theta\,\frac{\partial \theta}{\partial z}+D_T\,\frac{\partial T}{\partial z}+K(\theta,T)\right) \tag{5.27}$$

$$C\frac{\partial T}{\partial t}=\frac{\partial}{\partial z}\left(\lambda\,\frac{\partial T}{\partial z}\right)-L\,\frac{\partial}{\partial z}\left(D_{\theta vap}\,\frac{\partial\theta}{\partial z}\right) \tag{5.28}$$

在温度场和水分场反复地耦合多次以后，两者将达到相对稳定的分布。土体中的湿度场处于动态平衡过程，即土体中的温度和水分在时间上和空间上几乎不变化。所以

$$\frac{\partial\theta}{\partial t}\bigg|z=z_i=0,\quad 0\leqslant z_i\leqslant l \tag{5.29}$$

$$\frac{\partial T}{\partial t}\bigg|z=z_i=0,\quad 0\leqslant z_i\leqslant l \tag{5.30}$$

在封闭的试验条件下，土体不与周围环境交换水分。联合式(5.27)～式(5.30)，有

$$D_\theta\,\frac{\partial\theta}{\partial z}+D_T\,\frac{\partial T}{\partial z}+K(\theta,T)=0,\quad 0\leqslant z_i\leqslant l \tag{5.31}$$

所以

$$D_T=-\left[K(\theta,T)+D_\theta\,\frac{\partial\theta}{\partial z}\right]\bigg/\frac{\partial T}{\partial z},\quad 0\leqslant z_i\leqslant l \tag{5.32}$$

通过上述水分传输试验可知，达到动态平衡后的温度和含水量沿高度分布的规律，即$\frac{\partial\theta}{\partial z}$和$\frac{\partial T}{\partial z}$可求。$D_\theta$可根据毛细上升试验确定，$K(\theta,T)$可依据土水特征曲线预测。

2. 终态温度与含水量分布规律

利用温度作用下的水分传输试验结果求热湿扩散系数，首先需要获得在某一时刻温度与含水量沿着试样高度的分布情况。图 5.26～图 5.28 给出了试验结束时不同初始含水量与压实度的试样的温度和含水量沿试样高度的分布规律，其分布规律在 5.4.3 节中进行了比较详细的探讨和分析。

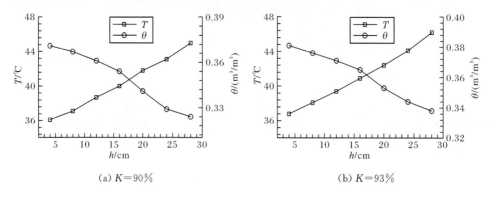

(a) $K=90\%$　　　　　　　　　　　　(b) $K=93\%$

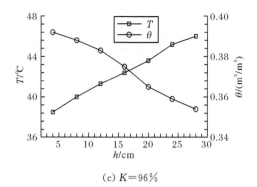

(c) $K=96\%$

图 5.26　终态温度与含水量沿高度的分布($w=24.6\%$)

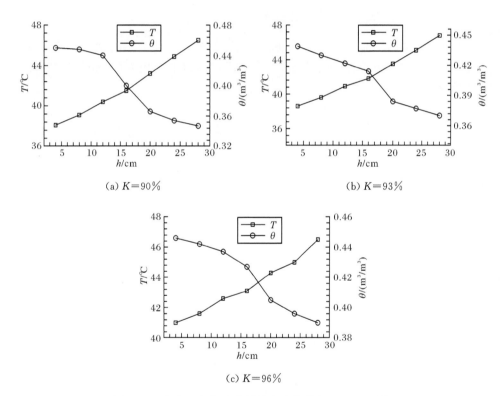

(a) $K=90\%$　　　　　　　　　　(b) $K=93\%$

(c) $K=96\%$

图 5.27　终态温度与含水量沿高度的分布($w=27.7\%$)

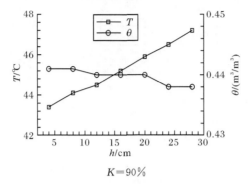

$$K=90\%$$

图 5.28　终态温度与含水量沿高度的分布($w=30.9\%$)

3. 热湿扩散系数与体积含水量关系

以试验结束时的温度与体积含水量沿高度的分布规律为基础,按照上述计算方法得到温度作用下液态水的扩散系数随体积含水量的变化关系,如图 5.29～图 5.31 所示。

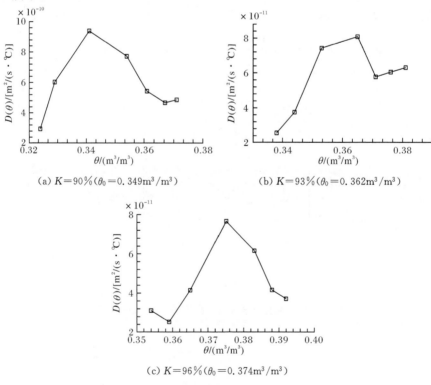

(a) $K=90\%$($\theta_0=0.349\text{m}^3/\text{m}^3$)　　　　(b) $K=93\%$($\theta_0=0.362\text{m}^3/\text{m}^3$)

(c) $K=96\%$($\theta_0=0.374\text{m}^3/\text{m}^3$)

图 5.29　热湿扩散系数与含水量的关系($w=24.6\%$)

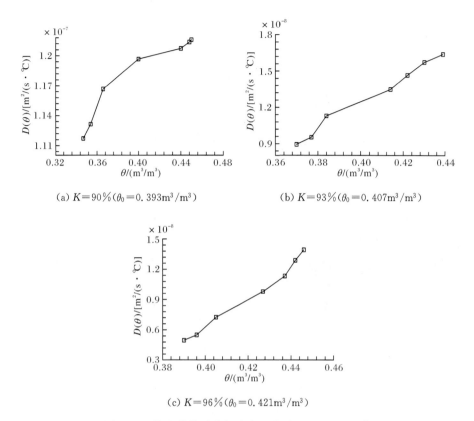

(a) $K=90\%(\theta_0=0.393\mathrm{m}^3/\mathrm{m}^3)$　　　　　(b) $K=93\%(\theta_0=0.407\mathrm{m}^3/\mathrm{m}^3)$

(c) $K=96\%(\theta_0=0.421\mathrm{m}^3/\mathrm{m}^3)$

图 5.30　热湿扩散系数与含水量的关系($w=27.7\%$)

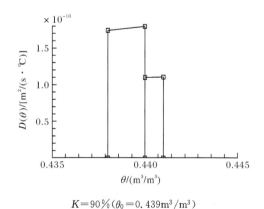

$K=90\%(\theta_0=0.439\mathrm{m}^3/\mathrm{m}^3)$

图 5.31　热湿扩散系数与含水量的关系($w=30.9\%$)

比较三种不同初始体积含水量的试样热湿扩散系数可知,初始体积含水量对热湿扩散系数的影响要比压实度对热湿扩散系数的影响大。相同初始体积含水量下不同压实度的热湿扩散系数分布规律非常相似,但不同初始含水量的土体热湿扩散系数差异很大,初始含水量低的试样扩散系数随着含水量的增大会出现一个峰值,而初始含水量较大者随含水量的变化则出现单调增大的最后趋近稳定的变化模式。热湿扩散系数受初始含水量的影响十分显著,这与水分在孔隙内部的赋存模式相关。

5.5　压实红黏土的增湿变形

5.5.1　试验概况

路基土体的变形主要包括两部分:①压缩变形,土体在某一荷载作用下产生的变形称为压缩变形,主要由土体自重应力和行车荷载等产生的附加应力引起;②增湿变形,指压缩变形稳定后,由于含水量增加而发生的附加变形。路基正常营运过程中,压缩变形一般会趋向稳定状态。处于地表的路基因受季节性的气候反复作用,增湿变形将不断累积。因此,路基土体的后期沉降主要取决于由于含水量变化所产生的增湿变形。增湿变形模式与应力状态相关,当处于各向等压湿化或围压较低、湿化应力水平较低时,主要表现湿化压缩;当应力水平较高时,湿化变形主要表现为湿化沉降及侧向鼓出等现象[27]。所以,路基中间部位的土体应属于湿化压缩,靠近路基边坡部分属于湿化沉降或侧向鼓出变形。

湿化变形概念源于土石坝等水利工程,指粗粒料在一定应力状态下浸水,由于颗粒之间被水润滑以及颗粒矿物浸水软化等原因而使颗粒发生相互滑移、破碎和重新排列,从而产生变形,并使土体中的应力发生重分布的现象[28~31]。湿化变形问题在公路路基中同样存在,特别是对于一些水敏性较强的黏土更加突出。很多学者对黄土的湿陷性及膨胀土的湿化膨胀特征开展了卓有成效的研究,并都认为黄土和膨胀土在浸水湿化之后会引起相当量的湿化变形[32~42]。而红黏土也属于一种水敏性强的特殊黏土,红黏土的湿化变形与黄土的湿陷及膨胀土的膨胀变形有不同之处,但目前有关于红黏土湿化变形的成果并不丰硕。

根据试验目的和对传统湿化变形试验方法的修正,在三轴试验仪器的基础上改装了增湿变形试验装置,开展了同一初始含水量的三种干密度、三种应力水平的湿化变形试验,初步实现增湿和恒定荷载的耦合作用试验。依据非饱和理论提出增湿变形模量概念,利用试验结果确定模量的相关参数。

1. 试样基本物性

试验土样取自厦门至成都高速公路湖南省郴州段 K27 桩号,土样为红褐色黏土,土的基本物理特性如表 5.4 所示。

表5.4　红黏土的物理性质指标

天然含水率/%	天然密度/(g/cm³)	比重	液限/%	塑限/%	塑性指数	自由膨胀率/%
30.9	1.80	2.65	61.0	35.0	26.0	28.5

2. 试样制备

选取重塑风干红黏土,制备了三种压实度的三轴试样,干密度分别为1.37g/cm³、1.44g/cm³、1.51g/cm³,试样直径5cm、高度10cm。试样采用千斤顶压样成型法,先根据最优含水量(24.2%)配置土样后用塑料袋密封放置保湿缸内静置一周;然后根据干密度和初始含水量计算每个三轴样的湿土质量,再把称后的土样倒入预先定制好的钢模内进行静压。钢模的内直径与试样直径相同、高度15cm,其中多出的5cm由两个高度2.5cm、直径5cm的垫块填充,当千斤顶把两个垫块完全压平时,试样刚好达到预定的密度。静压完成后不能立刻卸掉千斤顶,要让施加的力稳定一段时间防止试样回弹。最后,用其他垫块从底部把试样慢慢顶出。压样前钢模内要涂少许凡士林以便减少脱模时试样与钢模间的摩擦力。试样成型后要用密封袋封装好后再次放入保湿缸内静置以备供试验所用。

3. 仪器与试验步骤

试验仪器的主要部分是在三轴剪切仪的基础上改装而成的(图5.32)。试验围压由氮气瓶提供;轴向荷载通过砝码加载;进入试样的水分利用带有刻度的玻璃滴管量测;试样的变形通过固定在传力杆上的百分表读取。

试验步骤如下:

(1)首先饱和透水石,同时排空滴定管与透水石之间胶管内部和三轴底座内部的空气。

(2)试样周围贴上滤纸条,套上橡胶膜后固定在压力室的底座上,盖好压力室并充满蒸馏水。

(3)对试样施加预定的围压,利用砝码平衡围压对传力杆向上的压力和传力杆与"O"形圈间的摩擦力。

(4)固定百分表使百分表接触到压力室顶部,并注意百分表的量程要有足够的范围,一般保持在85%以上的量程内。

(5)打开压力室与滴定管间的阀门让水充满橡胶膜与试样间的空隙,然后用吸球往滴定管内加水至试样顶部的高度并记下刻度值,立刻对试样施加预定的外部荷载。

试验开始后吸水比较快,滴定管的水头要尽量保持与试样顶部齐平,可通过松紧台架上的蝴蝶夹上下移动滴定管来达到保持水头不变的目的。在试验过程中读取试样变形的同时要记下滴定管内的水头刻度。

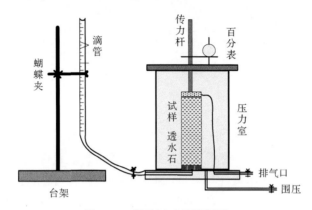

图 5.32　湿化试验仪器概图

4. 试验方案

通过增湿试验模拟路基土体在水分的湿化作用下其变形性状,路基中不同部位的土体压实度不一样,且受到的交通荷载大小也不同。利用三种不同初始干密度试样在完全浸水饱和过程中受恒载作用下的变形试验,了解荷载与水共同作用下路基土体的耦合变形特征。根据行车荷载引起的附加应力在路基中的分布规律,确定不同压实度试样的外部荷载应力,三种干密度试样 1.51g/cm^3、1.44g/cm^3、1.37g/cm^3 所对应的外部净法向应力分别为 192kPa、172kPa、160kPa,围压均为 50kPa。湿化试验时,对试样同时加水和法向应力;未湿化试验时则只施加法向应力。试样配置完成后实际含水量为 25.1%,不同干密度试样的土水特征曲线如图 5.33 所示。初始体积含水量及对应的基质吸力如表 5.5 所示。

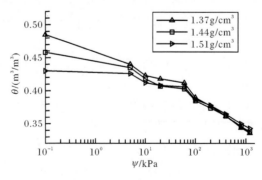

图 5.33　土水特征曲线

表 5.5　试样的含水量与基质吸力

干密度/(g/cm³)	体积含水量/(m³/m³)	基质吸力/kPa
1.51	0.344	493.9
1.44	0.361	265.6
1.37	0.379	181.4

5.5.2　湿化变形计算方法及模型

1. 湿化变形计算方法

目前土石坝中粗粒料的湿化变形计算方法主要有两类:①单线法指在干态下沿某一加载路径达到某一应力状态,然后在保持应力状态不变的条件下进行浸水湿化饱和,此过程中发生的变形即作为该应力状态下的湿化变形量,如图 5.34(a)所示;②双线法指分别进行干态和湿态下的试验,得到相应的应力-应变关系,然后用相同应力状态下湿态与干态变形的差值作为该应力状态下发生浸水湿化时的湿化变形量,如图 5.34(b)所示。

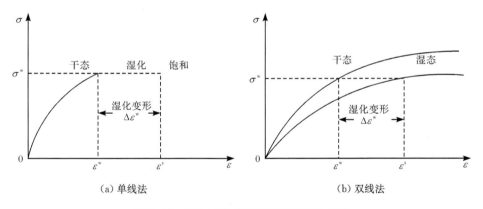

(a) 单线法　　　　　　　　　　　　(b) 双线法

图 5.34　湿化试验单线法和双线法示意图

单线法实际包含了不同初始密度试样在恒载作用下的蠕变变形,而并非纯粹为水分增大引起的湿化变形;而双线法其本质是两种不同初始含水量试样的剪切试验,没有考虑水分湿化过程中引起的湿化变形。但对于粗粒料来说,其颗粒间的浸水通道通畅,30~40min 便可完成试样的浸水饱和[43]。所以,对于粗粒料的湿化变形试验,双线法比单线法更符合实际情况。而对于黏土的湿化变形,能否忽略湿化过程中的变形采用双线法研究是个值得商榷的问题。因为黏性土的渗透系数非常小,要达到土体的饱和状态十分缓慢;而且实际工程中大部分湿化变形都是发生在荷载与湿化的相互作用过程中。所以,利用双线法研究黏土的湿化变形也有待改进。

目前,外部荷载作用下土体的变形规律已经有相当深入的认识,提出的本构关系也经历了不断的改进。湿化效应关注的是土体湿化引起的变形机理与变形大小,吸取单线法和双线法的优点,提出改进的湿化变形研究思路,共进行两组试验:①加载和湿化同时进行,并且保持外部荷载恒定,此变形包括蠕变变形和湿化变形两部分;②对干密度和初始含水量相同的试样施加相同的恒定荷载进行不湿化的试验。

两组试验进行的总时间相同,在整个变形的演化过程中,某一相同时刻(相对于试验开始时间)对应的两种应变之差则为湿化引起的变形。为了了解湿化过程中试样含水量的变化情况,开始记录试样变形的同时需要量测进入试样的含水量,以便推算试样中含水量的大小,进而确定试样中基质吸力的大小。

2. 湿化变形的数学模型

Fredlund 等[44]利用三个独立变量,即偏应力($\sigma_1 - \sigma_3$)、净法向应力($\sigma_n - u_a$)、基质吸力($u_a - u_w$)建立了非饱和土的弹性模量计算方法,后来进行了试验验证。认为描述非饱和土的剪切强度、变形、体变等特征,其数学模型中应包括两个独立变量[45],随后提出了双变量抗剪强度公式[46]。以此为基础,Vanapalli 和 Fredlund 分别提出了利用土水特征曲线来预测非饱和土强度的方法[47~49]。湿化变形的过程实际是土体增湿饱和过程,在土水特征曲线中属于吸湿路径曲线。按照非饱和土力学的观点,该湿化试验属于基质吸力减小引起的剪切试验。参照孔令伟等[50]提出的非饱和土强度表达式:

$$\tau = c' + (\sigma - u_a)\tan\varphi' + \alpha\,(u_a - u_w)^\beta \tag{5.33}$$

现假设与基质吸力有关的变形模量也可类似写为

$$E_\psi = a\,(u_a - u_w)^b \tag{5.34}$$

式中,E_ψ 为基质吸力相关的变形模量,MPa;a、b 为基质吸力对变形模量的影响参数。

湿化试验是在外部恒定荷载与湿化同时进行的耦合试验,因此,其变形 ε 包括两个部分:蠕变变形 $\varepsilon(t)$ 和湿化变形 ε_ψ,即

$$\varepsilon = \varepsilon_\psi + \varepsilon(t) \tag{5.35}$$

利用 Kelvin 模型模拟未湿化试样的蠕变变形:

$$\varepsilon(t) = \sigma_0 \left\{ \frac{1}{E}\left[1 - \exp\left(-\frac{E}{\eta}\right)t \right] \right\} \tag{5.36}$$

其中,蠕变柔量:

$$J(t) = \frac{1}{E}\left[1 - \exp\left(-\frac{E}{\eta}\right)t \right] \tag{5.37}$$

因湿化引起的丧失吸力 σ_ψ 为

$$\sigma_\psi = \psi(\theta_0) - \psi(\theta) \tag{5.38}$$

式中，$\psi(\theta_0)$ 为初始状态的基质吸力，kPa；$\psi(\theta)$ 为湿化过程中的基质吸力，kPa。

联合式(5.34)和式(5.38)可得到基质吸力丧失引起的湿化变形：

$$\varepsilon_\psi = \frac{\psi(\theta_0) - \psi(\theta)}{a\,(u_a - u_w)^b} \tag{5.39}$$

式(5.39)中的基质吸力通过土水特征曲线方程：

$$\theta(\psi) = \frac{\theta_s - \theta_r}{1 + (a\psi)^n} + \theta_r \tag{5.40}$$

由式(5.35)可得

$$\varepsilon_\psi = \varepsilon - \varepsilon(t) \tag{5.41}$$

把式(5.41)代入式(5.39)整理得

$$a\,(u_a - u_w)^b = \frac{\psi(\theta_0) - \psi(\theta)}{\varepsilon - \varepsilon(t)} \tag{5.42}$$

式(5.42)中等号的右边四个量均可通过试验确定。吸力丧失量对湿化应变量在各试验记录点进行差分，可得到对应该时间点的湿化变形模量；而该点对应的基质吸力又可根据土水特征曲线来确定。因此，参数 a、b 可通过湿化变形模量和对应的基质吸力进行回归分析得到。

5.5.3　试验结果与湿化变形分析

1. 湿化与未湿化变形特征

三种干密度试样湿化的应变都比没有湿化的应变大，如图 5.35 所示。无论是湿化应变还是未湿化的应变，干密度越小其应变值越大。不同干密度试样的应变值见表 5.6。

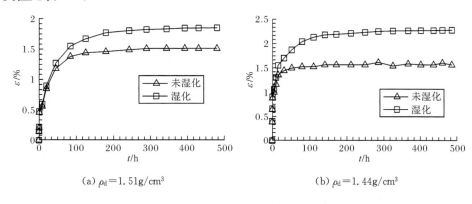

(a) $\rho_d = 1.51\,\mathrm{g/cm^3}$　　　　　　　　(b) $\rho_d = 1.44\,\mathrm{g/cm^3}$

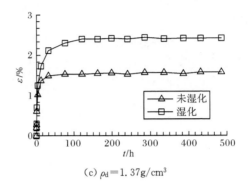

(c) $\rho_d = 1.37 \text{g/cm}^3$

图 5.35　湿化应变与时间的关系

表 5.6　应变及试验历时

干密度/(g/cm³)	湿化应变/%	未湿化应变/%	试验历时/h
1.51	1.85	1.51	500
1.44	2.27	1.55	500
1.37	2.42	1.58	500

　　未湿化试样达到变形稳定值的时间与干密度有很大的关系,干密度越小越容易达到稳定,其主要应变值都在加载的前期完成。

　　图 5.35 表明干密度(1.51g/cm³)试样其未湿化变形在前 3 天完成;而干密度(1.37g/cm³)试样的未湿化应变在 1 天内基本达到稳定。由于试样的干密度越大其湿化速率越小,所以湿化变形达到稳定的时间都相对滞后。滞后时间的长短受干密度影响,干密度越大,滞后时间越长;干密度越小,滞后时间则越短。可见,干密度和湿化速率对湿化变形达到稳定的时间及其变化幅度都有显著的影响。

　　2. 湿化变形特性及模量确定

　　湿化变形是指初始状态相同的两个试样分别进行湿化和未湿化的恒荷载变形试验,同一时间对应的湿化应变与未湿化应变的差值。湿化变形随试样的含水量增量变化而变化,如图 5.36 所示。

　　根据应变增量随含水量增量的变化规律,可以将湿化应变增量的变化过程分为三个阶段:①启动阶段。水分开始浸入试样,试样的吸力开始降低,但试样的初始固有强度(吸力强度、结构强度)依然处于主导地位;②加速阶段。随着水分的继续浸入,水分逐渐软化了土体颗粒之间的连接强度,并且随着试样的含水量不断增大,基质吸力也急剧衰减。所以,土体在该阶段内出现了加速变形;③稳定阶段。当抵抗外部荷载的强度因水分浸入而丧失以后,土体被压缩到一个稳定的值,此时水分基本达到饱和状态,变形趋于稳定。

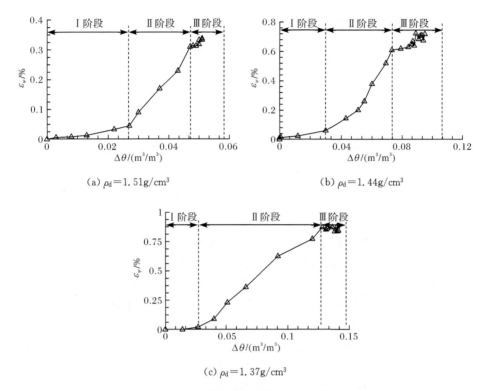

(a) $\rho_d = 1.51 \text{g/cm}^3$　　　　　　　　(b) $\rho_d = 1.44 \text{g/cm}^3$

(c) $\rho_d = 1.37 \text{g/cm}^3$

图 5.36　含水量增量与湿化应变的关系

上述三个阶段出现的时间由试样的湿化速率及外部荷载的大小共同决定。很显然,外部荷载和湿化速率越大,则启动阶段越短,很快进入加速阶段。对于红黏土路基工程,路基边坡和基底土体很容易受到水分的湿化作用,如按照现行的填筑模式压实,路基的湿化变形是一个不可忽视的致灾因子。

丧失基质吸力与湿化应变的关系如图 5.37 所示。

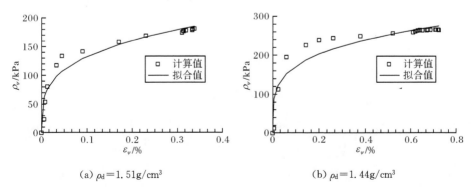

(a) $\rho_d = 1.51 \text{g/cm}^3$　　　　　　　　(b) $\rho_d = 1.44 \text{g/cm}^3$

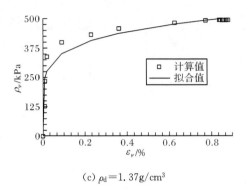

(c) $\rho_d = 1.37\text{g/cm}^3$

图 5.37　丧失基质吸力与湿化应变关系

　　湿化变形模量通过湿化变形对丧失基质吸力进行微分得到。湿化变形初始阶段,微小的基质吸力丧失引起较大的湿化变形,故其湿化变形模量极限为无穷大;而湿化变形稳定阶段,基质吸力丧失较大其湿化变形并不明显,则其湿化变形模量接近为零。可以看出,在整个湿化变形过程中,湿化变形模量随丧失基质吸力的变化呈现高度非线性变化规律。实际上土体的湿化变形主要发生在第二阶段,为使求解的湿化变形模量方便应用,只选择该段的湿化变形模量与丧失基质吸力数据,利用最小二乘法对式(5.35)进行回归分析,得到的参数见表 5.7。丧失基质吸力与湿化变形模量的计算值与拟合值如图 5.38 所示。

表 5.7　拟合参数

参数	干密度 $\rho_d/(\text{g/cm}^3)$		
	1.51	1.44	1.37
a	67.97	70.39	80.85
b	−0.73	−0.76	−0.84

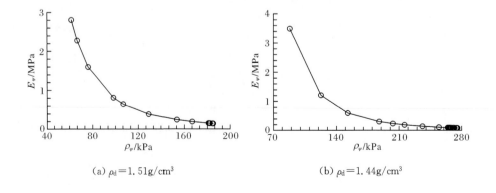

(a) $\rho_d = 1.51\text{g/cm}^3$　　　　　　　　　(b) $\rho_d = 1.44\text{g/cm}^3$

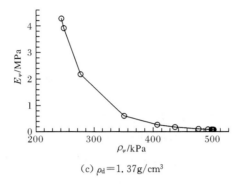

(c) $\rho_d = 1.37\text{g/cm}^3$

图 5.38　湿化变形模量与丧失基质吸力关系

5.6　红黏土路基边坡的湿热耦合效应数值分析

路基边坡部分土体的工程性质受周围环境及气候的影响比较大,反复地受大气的降雨、蒸发、蒸腾等干湿循环作用,对于失水开裂遇水泥化的红黏土其对大气的作用就显得尤为敏感。可见,大气的作用是诱发路基边坡发生浅层滑塌的关键致灾因子之一,同时也是路基水平方向发生水分运移的动力和源泉。因此,研究降雨入渗和蒸发、蒸腾双重作用所引起边坡土体水分的变动规律,对评价边坡的稳定性和灾变机理甚为关键。

土壤蒸发过程中不仅要考虑到液态水在基质势下的运移,还要考虑气态水在水分蒸发中的贡献。有关大气降雨入渗方面已开展了较多的研究[51~54],入渗和蒸发是一个复杂的过程,随着降水历时的延长,边坡表面逐渐饱和,入渗率降低;而随蒸发时间的延长,表层土体很容易变干,蒸发量急剧下降。很多在计算过程中用潜在蒸发量和实际降雨量作为边界条件,这样处理夸大了土体水分的变动幅度,然而土体的实际蒸发量和降雨量还受土体含水量的控制,本节拟通过相对导水率和蒸发强度两个系数来修正它们之间的差异。

5.6.1　数学模型

1. 控制方程

土体的热传输方程[55]:

$$C\frac{\partial T}{\partial t} = \nabla(\lambda\,\nabla T) - L\,\nabla(D_\theta\,\nabla\theta) \tag{5.43}$$

式中,T 为温度,℃;θ 为体积含水量,m^3/m^3;t 为时间,s;C 为土体单位体积热容,$\text{J}/(\text{m}^3\cdot℃)$;$\lambda$ 为热导系数,$\text{W}/(\text{m}\cdot℃)$;$L$ 为蒸发潜热,J/kg;D_θ 为等温水分扩散

系数，m^2/s。而 $D_\theta = D_{\theta l} + D_{\theta v}$，其中，$D_{\theta l}$ 为等温液态水扩散系数，m^2/s；$D_{\theta v}$ 为等温气态水扩散系数，m^2/s。

土体的湿传输方程：

$$\frac{\partial \theta}{\partial t} = \nabla(D_T \nabla T) + \nabla(D_\theta \nabla \theta) - \frac{\partial K(\theta, T)}{\partial z} \tag{5.44}$$

式中，z 为水分扩散路径长度，m；D_T 为热扩散系数，$m^2/(s \cdot {}^\circ C)$；D_θ 为水分扩散系数，m^2/s；$K(\theta, T)$ 为考虑温度效应的非饱和导水率，m/s。而 $D_T = D_{Tl} + D_{Tv}$，其中，D_{Tl} 为液态水热扩散系数，$m^2/(s \cdot {}^\circ C)$；D_{Tv} 为气态水热扩散系数，$m^2/(s \cdot {}^\circ C)$。

2. 模型参数

1) 热导率

热导率表示土体传导热量的能力，可以定义为在单位温度梯度作用下单位时间内通过单位面积和长度的土体介质的热量，土体热导率的计算公式选取 Johansen[56] 的计算方法。

当土体处于非饱和状态时，热导率与干燥状态和饱和状态的热导率及饱和度 S_r 关系为

$$\lambda_{unsat} = (\lambda_{sat} - \lambda_{dry}) \lambda_e + \lambda_{dry} \tag{5.45}$$

对于细粒土 λ_e 可按式(5.46)计算：

$$\lambda_e \approx \lg S_r + 1.0 \tag{5.46}$$

式中，S_r 为饱和度，$0.05 < S_r \leqslant 1$。

2) 体积热容

体积热容是指单位容积的土壤在温度增减 1℃ 时吸收或释放的能量，单位为 $J/(m^3 \cdot {}^\circ C)$。土壤由固相物质、液相物质和气相物质组成，其热容由所组成物质的热容及其容积比决定。

对于具体的土，固体颗粒组成不改变，空气的影响可以忽略不计。土体的热容主要随含水量的变化而改变。Abdel-Hadi 等[57]建议用式(5.47)计算：

$$C = \rho_d C_d + \theta r_w C_w \tag{5.47}$$

式中，ρ_d 为干密度，kg/m^3；C_d 为干土的比热，$J/(m^3 \cdot {}^\circ C)$；θ 为体积含水量，m^3/m^3；ρ_w 为水的密度，kg/m^3；C_w 为水的比热，$J/(m^3 \cdot {}^\circ C)$。

3) 蒸发潜热

Forsythe[58]提出水蒸气体积潜热计算方法：

$$L = 2.4946 \times 10^9 - 2.247 \times 10^6 (T + 273.16) \tag{5.48}$$

式中，T 为土体温度，℃。

4) 等温液态水扩散系数

$$D_{\theta l} = K(\theta, T)\frac{\partial \psi}{\partial \theta} \tag{5.49}$$

式中,θ 为体积含水量,$\mathrm{m^3/m^3}$;ψ 为土体的基质吸力势,m;$K(\theta, T)$ 为考虑温度效应的非饱和导水率,$\mathrm{m/s}$。

5) 等温气态水扩散系数

$$D_{\theta v} = f(\theta_1)D_a \upsilon\frac{\rho_{vs}}{\rho_l}\frac{\varphi g M_w}{R(T_s + 273.16)}\frac{\partial \psi}{\partial \theta} \tag{5.50}$$

式中,D_a 为水蒸气分子在空气中的扩散系数,$\mathrm{m^2/s}$;水蒸气分子扩散系数是温度的函数,Kimball 等[59]提出的计算方法;$f(\theta_1)$ 为扩散和弯曲度因子;υ 为质流因子,主要为考虑水蒸气流动引起控制孔隙内空气和水蒸气扩散的边界影响。

Edlefsen 和 Anderson[60]提出的计算方法:

$$\varphi = \exp\left[\frac{\psi g M_w}{R(T + 273.16)}\right] \tag{5.51}$$

式中,g 为重力加速度,$9.81\mathrm{m^2/s}$;M_w 为水蒸气分子重量,$0.018\,016(\mathrm{kg/mol})$;$R$ 为水蒸气气体常数,$8.314\,4\mathrm{J/(mol \cdot K)}$。

6) 液态水热扩散系数

$$D_{Tl} = K(\theta, T)\psi C_\psi \tag{5.52}$$

式中,C_ψ 为在常含水量 θ 条件下,土水势 ψ 的温度变量。

7) 气态水热扩散系数

$$D_{Tv} = f(\theta_1)D_a\varphi\frac{\rho_{vs}}{\rho_l}\left(\frac{1}{\rho_{vs}}\frac{\partial \rho_{vs}}{\partial T} - \frac{\psi g}{R_w T^2} + \frac{g}{R_w T}\frac{\partial \varphi}{\partial T}\bigg|_\theta\right)\frac{(\nabla T)_p}{\nabla T} \tag{5.53}$$

式(5.53)圆括号后面两项仅仅当基质势小于 $-10^4\mathrm{m}$ 时才包括在内,对于一般的基质吸力范围内没有必要考虑,则非等温水蒸气扩散系数可简化为

$$D_{Tv} = f(\theta_1)D_a\frac{\varphi}{\rho_l}\frac{\partial \rho_{vs}}{\partial T}\frac{(\nabla T)_p}{\nabla T} \tag{5.54}$$

式中,$\frac{\partial \rho_{vs}}{\partial T}$ 为饱和水蒸气密度对温度的偏导数。

5.6.2　模型与边界条件

1. 模型尺寸

路基剖面是以路基中线为对称轴的几何平面,如图 5.39 所示。以地表面 3—16 线为基准线,地下水位线 2—15 位于地表以下 3m 处;路基的下路堤(3—4—9—11)高 4.5m;上路堤(4—5—8—9)高 0.7m;路床(5—6—7—8)高 0.8m,总高

度 6m。路面半幅（6—7）宽 13m；路基底部（3—11）宽 22m；路基边坡斜率为
1：1.5。为减少边界效应将计算区域向下扩展 34m，向右扩展 28m。

2. 边界与初始条件

1）边界与初始条件设置

边界 1—6、14—16 绝热绝湿；边界 6—7—11—16 温度为土体表面温度（T_s），
因路面 6—7 被沥青等材料覆盖故为绝湿边界，而边界 7—11—16 含水量为实际水
流边界，受蒸发和降雨双重控制；地下水位边界 2—15 属于内部边界，设置为常体
积含水量（$0.485\text{m}^3/\text{m}^3$）且水位不变化；在地球外表面向内的地层中恒温层约位于
地下 20～30m，温度常年保持在 15℃ 左右，故边界 1—14 温度设置为常温边界
15℃，水分也为饱和体积含水量边界（$0.485\text{m}^3/\text{m}^3$）。

计算时间从冬季开始，地表温度平均为 6℃，可认为温度沿深度线性变化：
$T_0=15-(15-6)/43\times(y+43)$；路基填筑区（3—6—7—11）初始含水量即填筑体
积含水量（$0.376\text{m}^3/\text{m}^3$），地下水位至地表范围含水量分布沿高度线性变化：$0.485-
(0.485-0.376)/3\times(y+3)$，地下水位线以下为饱和体积含水量（$0.485\text{m}^3/\text{m}^3$）。

2）边坡边界通量确定

（1）实际蒸发量。

当土体变成非饱和状态时，土体提供的水分有限，实际蒸发率随着土体含水
量的减少而降低，把实际蒸发率（A_E）与潜在蒸发率（P_E）的比值定义为蒸发强度
（E），而 E 是体积含水量的函数。

$$A_E=f(\theta)P_E \tag{5.55}$$

Morton[61] 提出了黏土和砂土表面的蒸发率随含水量变化的曲线，并指出土
体接近饱和状态时实际蒸发率近似等于潜在蒸发率；而达到残余含水量状态时实
际蒸发率非常小，约为常数。据此，结合土水特征曲线得到了蒸发强度与土体体
积含水量的关系，如图 5.40 所示。因此，计算时利用式（5.55）和实测气象数据可
得到土体的实际蒸发率。

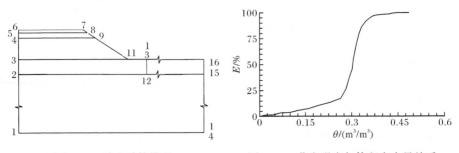

图 5.39　路基计算模型　　　　　　图 5.40　蒸发强度与体积含水量关系

（2）实际入渗量。

当土体表层接近饱和或降雨强度大于土体的饱和渗透系数时，继续降雨将引起坡面径流。这表明土体的实际入渗量（A_I）与大气的降雨量（R）和土体的相对导水率（K_r）（非饱和渗透系数与饱和渗透系数的比值）有关，相对导水率也是含水量的函数。当降雨强度小于饱和渗透系数时，实际入渗量率等于大气降雨强度与相对导水率的乘积；当降雨强度大于饱和渗透系数时，则降雨强度数值上等于饱和渗透系数，在计算过程中对降雨强度和饱和含水量之间附加判断语句即可。

$$A_I = K_r(\theta)R \qquad (5.56)$$

相对导水率由土水特征曲线确定，大气降雨强度由实际监测的气象数据提供。

（3）净辐射量 R_n。

$$R_n = R_s(1-a) + \varepsilon[R_1 - \sigma(T_s + 273.16)^4] \qquad (5.57)$$

式中，R_s 为短波辐射量，W/m^2；a 为土表面反照率；σ 为玻尔兹曼常量，5.67×10^{-8} $W/(m^2 \cdot K^4)$；ε 为土表面反射比系数；R_1 为长波的辐射量，W/m^2。

水流通量边界条件：

$$Q = A_I - A_E \qquad (5.58)$$

（4）表面温度。

Wilson[62] 给出了估算表面温度的关系式：

$$T_s = T_a + \frac{1}{\upsilon f(u)}(R_n - AE) \qquad (5.59)$$

式中，T_s 为土体表面的温度，℃；T_a 为土体表面上方空气的温度，℃；υ 为湿度常数；$f(u)$ 为风速的函数。

根据湖南省郴州市气象局提供的 2006.1.1～2007.12.31 气象数据进行分析计算。气象数据包括大气温度、降雨量、风速、潜在蒸发量、湿度。上述数据均为日平均值，各气象数据的变化规律如图 5.41 所示。

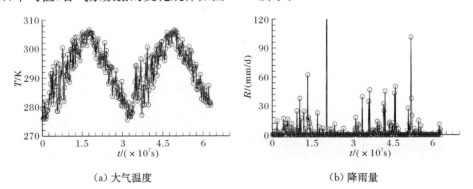

（a）大气温度　　　　　　　　　　（b）降雨量

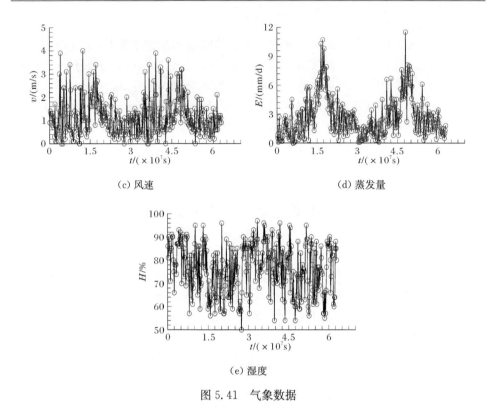

(c) 风速　　　　　　　　　　　　　　(d) 蒸发量

(e) 湿度

图 5.41　气象数据

5.6.3　试验结果与分析

1. 温度场变化规律

计算了大气连续两年对路基的作用,在上述给定的初始温度场基础上,温度在路基内部的演化规律,如图 5.42 所示,图中的温度单位为 K。所给的图片只选取了路基和地下水位线以上部分,而计算中的拓展区域限于篇幅未能全部显示,下列水分场和应变场的云图亦进行相同的处理。

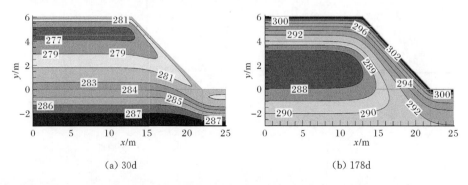

(a) 30d　　　　　　　　　　　　　　　(b) 178d

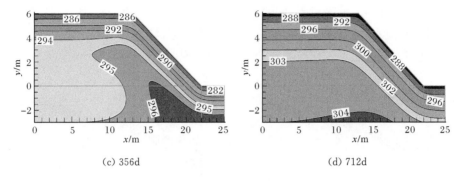

(c) 356d　　　　　　　　　　　　(d) 712d

图 5.42　温度场云图(单位:K)

温度场是随时间变化的瞬态量,图 5.42 给出了 4 个瞬态时间(30d、178d、356d、712d)的温度分布云图。计算时间开始后 30d(2006 年 1 月)属于一年中温度比较低的季节,大气作用后土体内部($0<y<3,0<x<10$)的温度基本不受外部环境的影响,只在路基表面部分(距表面约 0.7m)略有变化,与初始温度相比约增加了 3℃;经过 178d(2006 年 6 月),这是最炎热阶段,路基内部土体范围内的温度与初始值相比约增加了 8℃,路基表层部分的温度则增加了 24℃左右;经过 356d(2006 年 12 月)作用,虽然此时大气温度又降到了最低温度,但只显著影响路基表层 1.5m 范围土体的温度,而路基内部土体温度与初始值相比升高了 15℃;图 5.42(d)为路基土体经过 712d(2007 年 12 月)作用的温度分布云图,与 2006 年对应的季节相比,路基内部的温度有一定的增加而路基表层温度基本相同。

为了便于直观表示温度在大气作用过程中沿路基不同深度处的变化情况,从路基中线($x=0$)开始向右选取 4 个断面($x=1m、7m、15m、21m$);从地下水位线开始选取 6 个不同高程的位置点($y=-2.5m、-0.5m、1.5m、3.5m、5m、6m$),以地表面为参考平面($y=0$)。当观察剖面位置处于路基边坡时($13<x<22$),沿高程的位置点将会减少,分别为 8、6、5、4 个。

图 5.43 分别显示了 10 个断面的温度随时间变化的规律,分析每个位置点变化趋势可以看出:

(1)断面($x=1m、3m、5m、7m、9m$)内位置点($y=2.5m、3.5m、4.5m、5m、5.5m$)的变化规律类似于大气温度正弦变化特征,只是离路基表面越深,温度受大气温度的波动影响幅度逐渐减小,该临界深度(约 3m)即为年平均影响深度;位置点 $y=5.5m$ 的温度很灵敏地受大气的日变化温度影响,在变化曲线上表现为局部范围内温度呈锯齿形变化,这说明温度的日影响深度约为 0.5m。虽然处于降温季节,但路基土体内部的温度依然升高,可以看出大气温度在路基内部的传导过程具有明显的滞后特征。

(2)断面($x=11m、13m、15m、17m、19m、21m$)内靠近路基表面和路基边坡面

的位置点受大气的影响最显著,影响范围离表面法向深度约 3m。图 5.43 表明了表层范围土体温度受大气温度变化的典型影响特征,特别是表层 0.5m 范围内的土体温度与大气的温度变化极其吻合,即局部出现明显的锯齿状。

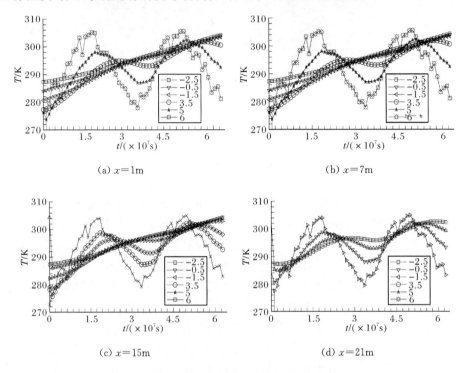

(a) $x=1$m

(b) $x=7$m

(c) $x=15$m

(d) $x=21$m

图 5.43　横向剖面温度变化规律

2. 水分场变化规律

路基计算的初始含水量为填筑含水量 $\theta(0.376\text{m}^3/\text{m}^3)$,图 5.44 中显示了该含水量的等值线。很显然,小于初始含水量的范围则受到蒸发、水分迁出等作用;大于初始含水量的范围则受到降雨渗透、地下水的毛细上升、水分迁入等影响。

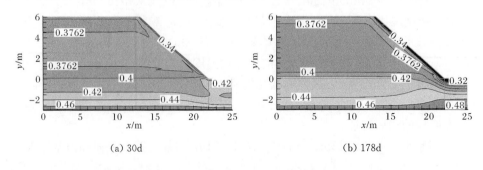

(a) 30d

(b) 178d

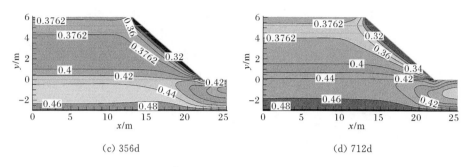

(c) 356d   (d) 712d

图 5.44　体积含水量分布云图(单位:m³/m³)

路基土体的水分变化模式与其初始状态及边界条件密切相关,大致可分为三种形式:①路基边坡部分与大气直接接触,水分变化主要受降雨和蒸发的交替循环作用影响;②路基底部范围土体与原地表连接,水分变化主要受地下水的毛细上升控制;③路基内部范围的土体则相对处于一个封闭的体系,水分变化主要受湿热耦合作用。

分析水分场随时间的演变过程可知,第一种水分变化模式影响范围实际也反映了大气的影响深度,由于大气对坡面土体的蒸发是一个长期持续的过程,而降雨则呈现间断和集中的特点,虽然有时降雨强度很大但因表面土体饱和而大部分雨水发生了坡面径流。所以,接近坡面部分的土体含水量与初始含水量相比都减小了,但最表层的土体含水量随大气的降雨和蒸发情况而变化。路基底部土体的含水量受地下水的毛细上升影响不断增大,水分的浸润峰面逐渐向上推移,经过178d 的毛细作用后浸润面由原地面 $y=0$ 上升到 $y=1.4$m;而经过 356d 则上升到 $y=2.4$m,但后续时间浸润面推进速度比较缓慢,基本稳定在 $y=3.5$m 就不再变化。浸润面推进速度变缓有两个主要原因:①毛细上升实际是一种不平衡的基质势引起的水分迁移现象,浸润面的基质吸力即初始含水量对应的基质吸力 $\psi(\theta_0)$,不平衡基质势由初始基质吸力与饱和含水量边界的基质吸力(0)之差构成。毛细上升的速度取决于基质吸力梯度 $i=[\psi(\theta_0)-0]/\Delta y$,随着浸润面不断上升,$\Delta y$ 增大而 $\psi(\theta_0)$ 不变,故 i 不断减小。当与重力势平衡时,水分就不再继续上升而保持一个稳定的高度。②路基土体受到湿热耦合作用,水分上升到一定高度后,大气的温度作用使得水分从高温端向低温端流动,可能阻止了水分的继续上升。图 5.44(c)属于一年中从低温向高温变化的季节,在路面下方出现含水量变小的区域;图 5.44(b)属于从高温向低温转变的阶段,路面下方出现了含水量增大的区域。这说明了温度与含水量的变化发生了耦合作用。

路基 4 个剖面不同位置点的含水量随时间变化的规律如图 5.45 所示。位置剖面和位置点分布与温度场的位置点布置完全相同。剖面($x=1\sim11$m)各位置点的变化基本相同,位置点($y=-0.5\text{m}$、0.5m)处于原地表附近受地下水的毛细上升影响,在整个计算时间内呈现先慢慢增大后趋近稳定的规律;剖面 $x=13\sim21\text{m}$ 内各位置点越靠近路基坡面,其含水量变化幅度越大,并且变化规律与大气的蒸发量变化规律越相似,例如,剖面 $x=21\text{m}$ 的含水量变化具有很强的代表性。

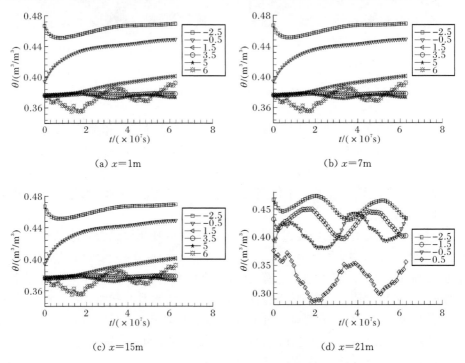

(a) $x=1\text{m}$　　　　　　　　　　　　　(b) $x=7\text{m}$

(c) $x=15\text{m}$　　　　　　　　　　　　(d) $x=21\text{m}$

图 5.45　横向剖面水分变化规律

从含水量的变化规律来看,大气的年影响深度和日影响深度与温度的影响深度基本一致。

5.7　小　　结

(1) 毛细上升高度与含水量的关系类似于土水特征曲线呈反"S"形。干密度越大的试样,在相同的时间内毛细上升高度越小。干密度越大,孔隙越小,虽然毛管力比较大但是缺乏畅通的过水通道,使得水分上升的速度比较慢。所以,路基填筑时对土体进行压实有效的改变水分上升的通道,从而抑制毛细上升的高度。

(2) 数值模拟结果表明,试样在试验的前期上升比较快,30d 内的上升速度最快,相同的时间内密度越小的试样,水分上升得越高。经毛细水作用后,试样底部土体再经过长时间的水分迁移,其含水量变化不大,但对于上部含水量比较低的土体,因为水势的作用水分不断往上再次迁移,所以湿润峰面不断上升。

(3) 以孔隙率、饱和度、固体颗粒热导率等影响岩土体热导率的基本物理参数为基础,假设岩土体三相体系在空间上独自成连续体系,推导了岩土体材料非饱和状态下的热导率预估模型,在饱和度处于 $S_r=0$ 和 $S_r=1$ 的两个极端状态下,可退化为干土和饱和土的热导率模型。模型的参数均具有物理意义,且可通过简单的试验。

(4) 对于具体的岩土体,即确定岩土体三相的热导率后,岩土体的热导率随孔隙率的增大而急剧降低,相对而言,饱和度对热导率的影响没有前者显著。红黏土击实土样的热导率预测值大部分小于实测值,但误差范围最大值小于 20%,预估模型可有效预测岩土的热导率,但需要后续增加大量的试验数据进一步验证其精确性。

(5) 封闭的土样在温度作用下其水分的迁移量受初始干密度和初始压实含水量控制。初始含水量低于临界含水量时,由于水分主要以薄膜的形式附着在土体颗粒的表面,水分的传输部分主要以蒸发与冷凝的方式在土体孔隙间迁移。因此,净迁移量相对比较小。当初始含水量比较高,在孔隙中形成水连通状态时,绝大部分孔隙被水分充满,不能为迁移的水分提供足够的存储空间,其净迁移量也比较小。但当初始含水量处于上述两种状态之间时,因既有水分可供迁移又有孔隙空间存储迁移的水分,故净迁移量相对较大。由此可见,路基中间部分的填料在偏湿状态下碾压有利于路基水分的长期稳定性。

(6) 初始体积含水量对热湿扩散系数的影响要比压实度对热湿扩散系数的影响大,相同初始体积含水量下不同压实度的热湿扩散系数分布规律非常相似;但不同初始含水量的土体热湿扩散系数差异很大,初始含水量低的试样扩散系数随着含水量的增大会出现一个峰值,而初始含水量较大者随含水量的变化则出现单调增大但最后趋近稳定的变化模式,而扩散系数这种变化规律与试样的初始水分在孔隙中的赋存状态紧密相关。

(7) 在吸取单线法和双线法的优点的基础上,改进了湿化变形的研究思路:加载和湿化同时进行,并且保持外部荷载恒定,此变形包括了土体的蠕变变形;对相同初始状态的干态试样施加相同的恒定荷载进行压缩试验。相同时间下两种应变的差值可视为湿化应变,并由此提出了描述该湿化变形的数学模型。

(8) 未湿化试样达到变形稳定值的时间与干密度有很大的关系,干密度越小越容易达到稳定,其主要应变值都在加载的前期完成。初始含水量相同的情况下,土体越密实,遇水浸泡后水分越难浸入。根据应变增量随含水量增量的变化规律,可以将湿化应变增量的变化过程分为三个阶段:启动阶段、加速阶段、稳定阶段。增湿模量是一个与试样的干密度、初始含水量、外部荷载应力、围压等有关的物理量。

（9）根据郴州地区 2006～2007 年的实际气象数据模拟了厦门至成都高速公路郴州段的某一个路基断面。结果表明：大气温度的年平均影响深度约为 3m；日影响深度约为 0.5m。路基不同部位的水分变化机制分别为：路基边坡部分受降雨和蒸发影响、路基底部受地下水毛细上升控制；路基内部受温度和湿度的耦合影响。

参 考 文 献

[1] 赵颖文,孔令伟,郭爱国,等. 广西原状红黏土力学性状与水敏性特征[J]. 岩土力学,2003, 24(4):568-572.

[2] 赵颖文,孔令伟,郭爱国,等. 广西红黏土击实样强度特性与胀缩性能[J]. 岩土力学,2004, 25(3):369-373.

[3] 谈云志. 非饱和红黏土三轴试验研究[J]. 合肥工业大学学报(自然科学版),2009,32(5): 725-729.

[4] 谈云志. 压实红黏土的工程特征与湿热耦合效应研究[D]. 武汉:中国科学院武汉岩土力学研究所,2009.

[5] Bruce R R,Klute A. The measurement of soil moisture diffusivity[J]. Soil Science Society of American Journal,1956,20:458-462.

[6] Cassel D K, Warrick A W, Nielsen D R. Soil-water diffusivity values based upon time dependent soil-wate content distributions[J]. Soil Science Society of American Journal,1968, 32:774-777.

[7] Cahill A T, Parlange M B. On water vapor transport in field soils[J]. Water Resources Research,1998,34:731-739.

[8] Jackson R D. Porosity and soil-water diffusivity relations[J]. Soil Science Society of American Journal,1965,27:123-126.

[9] 李锐. 毛细水对膨胀土路基的影响研究及其处置对策[D]. 武汉:华中科技大学,2006.

[10] Tang A M,Cui Y J,Le T-T, A study on the thermal conductivity of compacted bentonites [J]. Applied Clay Science,2007,(11):1-9.

[11] 刘月妙,蔡美峰,王驹. 高放废物处置库缓冲材料导热性能研究[J]. 岩石力学与工程学报, 2007,26(S2):3891-3896.

[12] 叶为民,王琼,潘虹,等. 高压实高庙子膨润土的热传导性能[J]. 岩土工程学报,2010, 32(6):821-826.

[13] Ould-Lahoucine C,Sakashita H,Kumata T. Measurement of thermal conductivity of buffer materials and evaluation of existing correlations predicting it [J]. Nuclear Engineering and Design,2002,216(1/2/3):1-11.

[14] 肖衡林,蔡德所,何俊. 基于分布式光纤传感技术的岩土体热导率测定方法 [J]. 岩石力学与工程学报,2009,26(4):819-826.

[15] 王铁行,刘自成,卢靖. 黄土热导率和比热容的实验研究[J]. 岩土力学,2007,28(4):

655-658.

[16] 原喜忠,李宁,赵秀云,等. 非饱和(冻)土热导率预估模型研究[J]. 岩土力学,2010,31(9):
2689-2674.

[17] Gangadhara R M V B B,Singh D N. A generalized relationship to estimate thermal resistivi-
ty of soils [J]. Canadian Geotechnical Journal,1999,36:767-773.

[18] Sass J H,Lachenbruch A H,Munroe R J. Thermal conductivity of rocks from measure-
ments on fragments and its application to heat-flow determinations[J]. Journal of Geophysi-
cal Research,1971,76(14):3391-3401.

[19] 常斌. 基于数值仿真试验的岩土工程智能化方法及应用研究[D]. 西安:西安理工大
学,2005.

[20] Tong F G. Numerical modeling of coupled thermo-hydro-mechanical processes of geological
porous media[D]. Sweden:Royal Institute of Technology,2010.

[21] Campbell G S,Norman J M. An Introduction to Environmental Biophysics(2nd Ed.)[M].
New York:Springer-Verlag,1998.

[22] 任奋芝. 温度梯度作用下非饱和土壤水分运动试验研究[D]. 武汉:中国科学院武汉岩土力
学研究所,1991.

[23] 刘元扬. 自动检测和过程控制[M]. 北京:冶金工业出版社,2005.

[24] 刘伟,范爱武,黄晓明. 多孔介质传热传质理论与应用[M]. 北京:科学出版社,2007.

[25] de Vries D A. Simultaneous transfer of heat and moisture in porous media[J]. Transactions
American Geophysical Union,1958,39:909-916.

[26] Farouki O T. Thermal Properties of Soils[M]. Hanover:Transaction Technology Publica-
tions,1981.

[27] 罗云华. 砂土路基湿化变形研究[D]. 武汉:武汉大学,2004.

[28] 屈智炯,刘昌贵. 论粗粒土的湿化变形特性[C]//第六届全国土力学及基础工程学术会议,
上海,1991.

[29] 王辉. 小浪底堆石料湿化特性及初次蓄水时坝体湿化计算研究[D]. 北京:清华大学,1992.

[30] 张智. 粗粒料在湿化及等应力比下的特性研究[D]. 成都:成都科技大学,1989.

[31] 魏松. 粗粒料浸水湿化变形特性试验及其数值模型研究[D]. 南京:河海大学,2006.

[32] 李雄威. 膨胀土湿热耦合性状与路堑边坡防护机理研究[D]. 武汉:中国科学院武汉岩土力
学研究所,2008.

[33] 路凯冀. 黄土湿陷的大变形有限元分析[D]. 西安:长安大学,2001.

[34] 胡再强. 黄土结构性模型及黄土渠道的浸水变形试验与数值分析[D]. 西安:西安理工大
学,2000.

[35] 刘祖德,王园. 膨胀土浸水三向变形研究[J]. 武汉水利电力大学学报,1994,27:616-621.

[36] 李振,邢义川,张爱军. 膨胀土的浸水变形特性[J]. 水利学报,2005,36(11):1385-1391.

[37] 丁振洲,李利晨,郑颖人. 膨胀土增湿变形规律及计算公式[J]. 工程勘察,2006,7:13-16.

[38] 李翠华,詹长久,张路. 膨胀土湿化变形试验研究[J]. 武汉大学学报(工学版),2001,
34(4):101-103.

[39] 许瑛. 膨胀土的加水变形、强度特性及结构变化的细观分析[D]. 西安:长安大学,2003.

[40] 李康全,周志刚. 基于湿度应力场理论的膨胀土增湿变形分析[J]. 长沙理工大学学报(自然科学版),2005,2(4):1-6.

[41] 鲁洁. 膨胀土增湿变形特性研究[D]. 西安:西安建筑科技大学,2008.

[42] 司韦. 非饱和土的增湿试验及模型研究[D]. 北京:清华大学,2006.

[43] 左永振. 粗粒料的蠕变和湿化试验研究[D]. 武汉:长江科学院,2008.

[44] Fredlund D G,Bergan A T,Sauer E K. The deformation charcteristics of subgrade soils for highways and runways in northern enviroments[J]. Canadian Geotechnical Journal,1975, 12(2):213-223.

[45] Fredlund D G,Morgenstern N R. Stress state variables for unsaturated soils[J]. Journal of Geotechnical Engineering ASCE,1977,103(GT5):447-466.

[46] Fredlund D G,Morgernstern N R,Widger R A. The shear strength of unsaturated soils[J]. Canadian Geotechnical Journal,1978,15(3):316-321.

[47] Fredlund D G,Xing A,Fredlund M D,et al. The relationship of the unsaturated soil shear strength to the soil-Water characteristic curve[J]. Canadian Geotechnical Journal, 1996, 33(3):440-448.

[48] Vanapalli S K,Fredlund D G,Pufahl D E,et al. Model for the prediction of shear strength with respect to soil suction[J]. Canadian Geotechnical Journal,1996,33(3):379-392.

[49] Vanapalli S K,Fredlund D G,Pufahl D E. The relationship between the soil-water characteristic curve and the unsaturated shear strength of a compacted glacial till[J]. Geotechnical Testing Journal,1996,19(3):259-268.

[50] Kong L W,Guo A G,Chen J B. On strength property of gassy fine sand and model tests of pile foundation[C]//Proceeding of the 16th International Conference on Soil Mechanics and Geotechnical Engineering,Osaka,2005,4:2009-2012.

[51] Gasmo J,Hrizuk K J,Rahardjoand H,et al. Instrumentation of an unsaturated residual soil slope[J]. Geotechnical Testing Journal,1999,22(2):134-143.

[52] Rahardjo H,Lee T T,Leong E C,et al. Response of a residual soil slope to rainfall[J]. Canadian Geotechnica Journal,2005,42:340-351.

[53] 詹良通,吴宏伟,包承纲,等. 降雨入渗条件下非饱和膨胀土边坡原位监测[J]. 岩土力学,2003,24(2):151-158.

[54] 姚海林,郑少河,李文斌,等. 降雨入渗对非饱和膨胀土边坡稳定性影响的参数研究[J]. 岩石力学与工程学报,2002,21(7):1034-1039.

[55] 张华. 非饱和渗流研究及其在工程中的应用[D]. 武汉:中国科学院武汉岩土力学研究所,2002.

[56] Johansen O. Thermal conductivity of soils[D]. Trondheim:University of Trondheim,1975.

[57] Abdel-Hadi O N,Mitchell J K. Coupled heat and water flows around buried cables[J]. Journal Geotechnical Engineering,1981,107:1461-1487.

[58] Forsythe W E. Smithsonian Physical Tables[M]. Washington:Smith Institution Publica-

tion,1964.

[59] Kimball B A, Jackson R D, Nakayama F S, et al. Soil heat flux determination temperature gradient method with computed thermal conductivities[J]. Soil Science Society Amercain Journal,1976,40:25-28.

[60] Edlefsen N E, Anderson A B C. The thermodynamic of soil moisture[J]. Hilgardia,1943, 16:31-299.

[61] Morton F I. Estimating evaporation and transpiration from climatological observations[J]. Journal of Applied Meteorology,1975,14(4):488-497.

[62] Wilson G W. Soil evaporation fluxes for geotechnical engineering problems[D]. Saskatoon: University of Saskatoo,1990.

第6章　改良红黏土的力学性能演化特征

6.1　概　　述

红黏土因其具有高天然含水量,作为路基填料时很难达到规范要求的压实度。因此,用于路基填筑时都要降低压实标准后利用[1]。但如用做路床填料,则需要掺稳定剂处理后方可利用,石灰是常用的稳定材料之一。石灰增强黏性土强度的机理主要包括四个方面[2]:①离子交换作用;②碳化作用;③吸水膨胀发热作用;④灰结作用。普遍认为,碳化效应是氢氧化钙与空气中的二氧化碳发生反应生成固体的碳酸钙晶体,在土颗粒之间起到胶结作用。实际工程中二氧化碳很难进入密实的土体内部与熟石灰发生化学反应,仅在表层出现碳化作用。Glenn[3,4]的研究结果表明,石灰稳定膨润土中仅有表层2.5%的碳酸钙生成量可归因于碳酸化作用。但随着公路交通流量的增长,汽车尾气的排放量也急剧增加,公路周边极易形成酸雨环境[5]。二氧化碳溶于雨水后可通过水分迁移、渗透等方式进入路床等石灰稳定土体。杨志强等[6]指出"碳化作用对石灰与土的进一步反应可能会产生不良的效果",但他没有进一步开展试验验证。

另外,红黏土成团现象十分突出,都是由大小不一的土团构成。在改良的拌和过程中很难将土团打散[7],故稳定材料实际上只附着在土团的外表面;但室内试验研究中严格控制了土体颗粒的粒径大小,如《公路土工试验规程》(JTG E40—2007)中规定击实试验用土的颗粒粒径不大于40mm[8]。红黏土"易成团、难打散"的特征影响了石灰等稳定剂改良的效果,致使工程界质疑改良处置的技术方案。因此,红黏土经过石灰改良后其力学性能也会发生不同程度的衰减,早期利用石灰土处治的工程将面临重建、改造等问题。谈云志等[9]对重塑石灰土的力学特征与性能劣化机制开展了相关研究,发现重塑过程中破坏了石灰土的胶结强度,致使黏聚力部分丧失,从而降低了其力学性能。然而,石灰稳定土呈碱性,如果随地弃置将严重污染周边土壤;另外,需寻找其他填筑材料进行置换,显然既不环保又不经济。那么,如何恢复石灰土的强度,选择何种外添剂能有效提高重塑石灰土的力学强度呢? 由于石灰稳定土工程还未进入重建、翻修的鼎盛时期,故有关石灰稳定土再利用的研究成果鲜有报道。为此,开展改良红黏土的力学性能演化规律研究对指导工程实践具有十分重要的现实意义。

6.2　改良红黏土的击实与承载比特性

6.2.1　试验材料

试验用土取自郴宁高速三个标段的取土场,其物理性质见表 6.1。

表 6.1　红黏土的基本物性指标

桩号	天然含水量/%	天然湿密度/(g/cm³)	比重	液限/%	塑限/%	塑性指数	自由膨胀率/%
K27	30.9	1.80	2.65	61	35	26	28.5
K8	39.9	1.61	2.56	59.5	41.2	18.3	32.5
K20	29.5	1.87	2.68	51.7	30	21.7	54

试验所用石灰取自同一生石灰窑,在试验开始前将石灰消解使用,石灰的化学成分见表 6.2。

表 6.2　石灰化学成分

成分	CaO	MgO	烧失量
含量/%	92.51	1.18	2.64

一般石灰的质量根据有效氧化钙和氧化镁的含量分为三级,试验用石灰的质量应符合规定的三级以上的标准。表 6.2 中的石灰 CaO 与 MgO 总含量为 93.7%,按《公路路面基层施工技术规范》(JT J034—2000)划分标准,属一级钙质石灰,符合公路规程和规范对石灰质量的要求。

6.2.2　试验步骤

三个桩号的土料持水性强,天然含水量高,填筑时一般采用晾晒的方法来达到降低土料含水量的目的。现场施工条件与击实试验的湿法更为接近。因此,在确定路基填筑控制标准时采用湿法备样的压实度指标应更符合施工的实际情况。但由于击实试验的湿法备样耗时较长,进行大批量室内试验时,完全按湿法备样受天气和室内试验条件的限制,无法实施。因此,本次试验采取干法击实。

击实试验的试样采用规范中的干法制备,具体步骤如下:取天然含水量的代表性土样 50kg,风干碾碎,过 20mm 筛,将筛下土样拌匀,并测定土样的风干含水量。根据土样的塑限预估最佳含水量,制备至少 5 个含水量的土样,分别将风干土样加入不同水分(按 2%～3% 含水量递增),制备好的土样闷料一夜使水分尽量均匀分布。将击实仪平稳置于刚性基础上,击实筒与底座连接好,安装好护筒,在击实筒内壁均匀涂一薄层润滑油。称取一定量试样,倒入击实筒内,分3层击实,每层98击。每层试样高度宜相等,两层交界处的土面应刨毛。击实完成时超出击实筒顶的试样高度应小于6mm。卸下护筒,用直刮刀修平击实筒顶部的试样,拆除底板,试样底部若超出筒外,也应修平,擦净筒外壁,称筒与试样的总质量精确至1.0g,并计算试样的湿密度。用推土器将试样从击实筒中推出,取两个代表性试样测定含水量。

6.2.3　击实试验结果与分析

1. 掺灰击实试验结果

1) K8桩号

采用重型标准击实方法(98击)对该桩号的土样进行4种掺灰比(3％、6％、9％、12％)的击实试验。掺灰红黏土的干密度与含水量的关系曲线如图6.1所示。

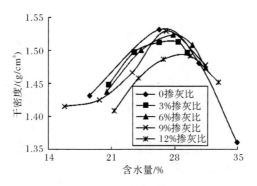

图 6.1　干密度与含水量的关系

取曲线峰值点相应的纵坐标为击实试样的最大干密度,相应的横坐标为击实试样的最佳含水量。不同掺灰比下的最优含水量 w_{opt} 与最大干密度 ρ_{max} 列于表6.3。

表 6.3　压实参数

掺灰比/％	0	3	6	9	12
最优含水量/％	26.2	27.1	27.9	28.3	29.5
最大干密度/(g/cm³)	1.53	1.53	1.52	1.51	1.49

最优含水量和最大干密度与掺灰比的变化规律如图6.2和图6.3所示。

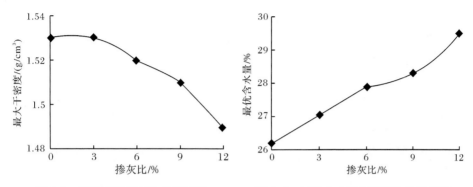

图 6.2　干密度与掺灰比的关系图　　　图 6.3　最优含水量与掺灰比的关系图

结果表明,红黏土掺石灰后干密度随掺灰比增大而减小,而最优含水量则随掺灰比增大而增大。

2) K20 桩号

采用重型标准击实方法(98 击)对该桩号的土样进行 4 种掺灰比(3%、6%、9%、12%)的击实试验。掺灰红黏土的干密度与含水量的关系曲线如图 6.4 所示。

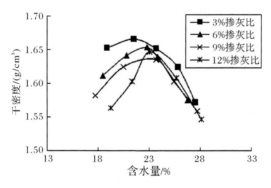

图 6.4　干密度与含水量的关系

取曲线峰值点相应的纵坐标为击实试样的最大干密度,相应的横坐标为击实试样的最佳含水量。从击实曲线上求出最大干密度和最优含水量,列于表 6.4。

表 6.4　压实参数

掺灰比/%	0	3	6	9	12
最优含水量/%	18.61	21.5	22.7	23.1	23.6
最大干密度/(g/cm³)	1.69	1.66	1.65	1.647	1.64

最优含水量和最大干密度与掺灰比的变化规律如图 6.5 和图 6.6 所示。

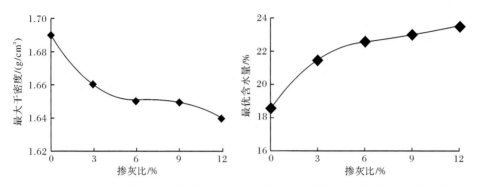

图 6.5　最大干密度与掺灰比的关系　　　图 6.6　最优含水量与掺灰比的关系

结果表明,红黏土掺石灰后干密度随掺灰比增大而减小,而最优含水量则随掺灰比增大而增大。

3) K27 桩号

采用重型标准击实方法(98 击)对该桩号的土样进行 4 种掺灰比(3％、6％、9％、12％)的击实试验。掺灰红黏土的干密度与含水量的关系曲线如图 6.7 所示。

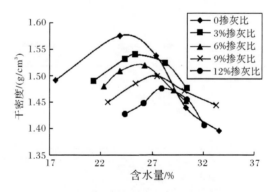

图 6.7　干密度与含水量的关系

取曲线峰值点相应的纵坐标为击实试样的最大干密度,相应的横坐标为击实试样的最佳含水量。从击实曲线上求出最大干密度和最优含水量,列于表 6.5。

表 6.5　压实参数

掺灰比/％	0	3	6	9	12
最优含水量/％	24.1	25.5	26.5	27.6	27.9
最大干密度/(g/cm³)	1.58	1.54	1.52	1.50	1.48

最优含水量和最大干密度与掺灰比的变化规律如图 6.8 和图 6.9 所示。

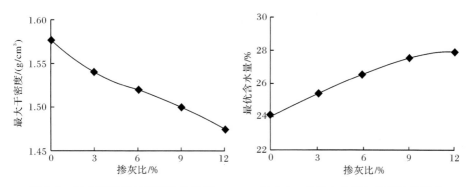

图 6.8　最大干密度与掺灰比的关系　　　图 6.9　最优含水量与掺灰比的关系

结果表明,红黏土掺石灰后干密度随掺灰比增大而减小,而最优含水量则随掺灰比增大而增大。

2. 掺砂击实试验结果

1) K8 桩号

采用重型标准击实方法(98 击)对该桩号的红黏土进行 4 种掺砂比(15%、25%、35%、45%)的击实试验,试验结果如图 6.10 所示。

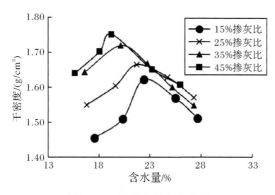

图 6.10　掺砂土的击实曲线

取曲线峰值点相应的纵坐标为击实试样的最大干密度,相应的横坐标为击实试样的最佳含水量。不同掺灰砂下的最优含水量 w_{opt} 与最大干密度 ρ_{max} 列于表 6.6。

表 6.6　压实参数

掺砂比/%	15	25	35	45
最优含水量/%	22.3	21.8	20.1	19.2
最大干密度/(g/cm³)	1.62	1.66	1.73	1.75

最优含水量和最大干密度与掺砂比的变化规律如图 6.11 和图 6.12 所示。

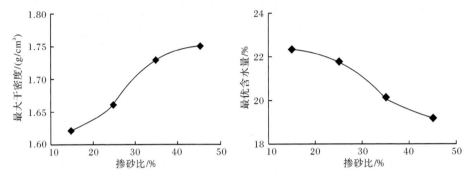

图 6.11　最大干密度与掺砂比的关系　　　图 6.12　最优含水量与掺砂比的关系

结果表明,红黏土掺砂后干密度随掺砂比增大而增大,而最优含水量则随掺砂比增大而减小。

2) K20 桩号

采用重型标准击实方法(98 击)对该桩号的红黏土进行 4 种掺砂比(15%、25%、35%、45%)的击实试验,试验结果如图 6.13 所示。

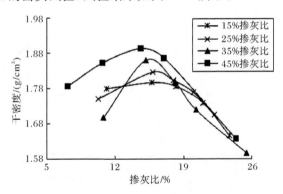

图 6.13　干密度与含水量的关系

取曲线峰值点相应的纵坐标为击实试样的最大干密度,相应的横坐标为击实试样的最佳含水量。不同掺灰比下的最优含水量 w_{opt} 与最大干密度 ρ_{max} 列于表6.7。

表 6.7　压实参数

掺砂比/%	15	25	35	45
最优含水量/%	15.8	15.6	15.1	14.4
最大干密度/(g/cm³)	1.80	1.83	1.86	1.89

最优含水量和最大干密度与掺砂比的变化规律如图 6.14 和图 6.15 所示。

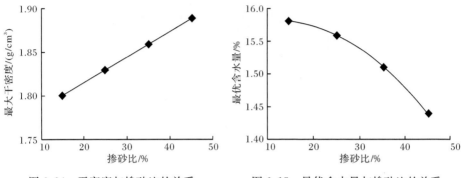

图 6.14　干密度与掺砂比的关系　　　　图 6.15　最优含水量与掺砂比的关系

结果表明,红黏土掺砂后干密度随掺砂比增大而增大,而最优含水量则随掺砂比增大而减小。

普通干净砂也能减少红黏土的塑性,对其液限和塑性指数的影响程度取决于砂粒的尺寸。砂对提高塑性红黏土的最大干密度非常有用,如图 6.16 所示。

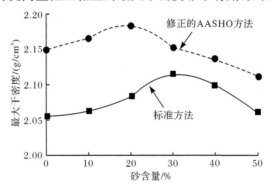

图 6.16　砂含量对最大干密度的影响[10]

3. 掺砂和灰击实试验结果

1) K8 桩号

分别掺石灰和掺砂对该桩号红黏土进行改良处理的结果表明,不同掺和料对压实特征参数(最优含水量和最大干密度)的影响规律刚好相反,鉴于此,利用石灰和砂粒进行联合改良处置。采用重型标准击实方法(98 击)对该桩号的土样进行 4 种掺和比(15%砂+3%灰、25%砂+6%灰、35%砂+9%灰、45%砂+12%灰)的击实试验,试验结果如图 6.17 所示。

取曲线峰值点相应的纵坐标为击实试样的最大干密度,相应的横坐标为击实试样的最佳含水量。不同掺和比下的最优含水量 w_{opt} 与最大干密度 ρ_{max} 列于表 6.8。

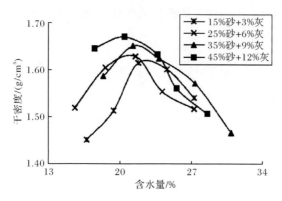

图 6.17　干密度与含水量的关系

表 6.8　压实参数

掺和比	15%砂+3%灰	25%砂+6%灰	35%砂+9%灰	45%砂+12%灰
最优含水量/%	21.7	21.6	21.4	20.4
最大干密度/(g/cm³)	1.61	1.63	1.65	1.67

最优含水量和最大干密度与掺和比的变化规律如图 6.18 和图 6.19 所示。

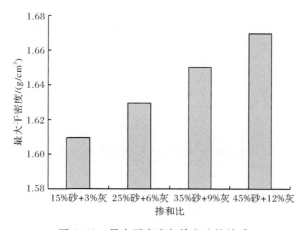

图 6.18　最大干密度与掺和比的关系

结果表明,红黏土掺石灰后和砂粒以后的干密度随掺和比增大而增大,而最优含水量则随掺和比增大而减小。

2) K20 桩号

采用重型标准击实方法(98 击)对该桩号的土样进行 4 种掺和比(15%砂+3%灰、25%砂+6%灰、35%砂+9%灰、45%砂+12%灰)的击实试验,试验结果如图 6.20 所示。

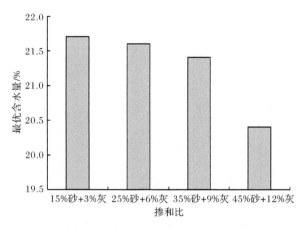

图 6.19　最优含水量与掺和比的关系

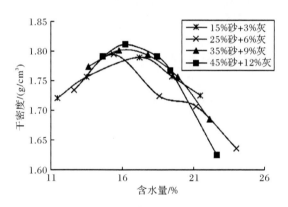

图 6.20　干密度与含水量的关系

取曲线峰值点相应的纵坐标为击实试样的最大干密度,相应的横坐标为击实试样的最优含水量。不同掺和比下的最优含水量 w_{opt} 与最大干密度 ρ_{max},如于表 6.9。

表 6.9　压实参数

掺和比	15%砂+3%灰	25%砂+6%灰	35%砂+9%灰	45%砂+12%灰
最优含水量/%	17.2	15.5	15.8	16.1
最大干密度/(g/cm³)	1.79	1.80	1.80	1.82

最优含水量和最大干密度与掺和比的变化规律如图 6.21 和图 6.22 所示。

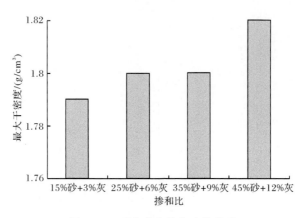

图 6.21　干密度与掺和比的关系

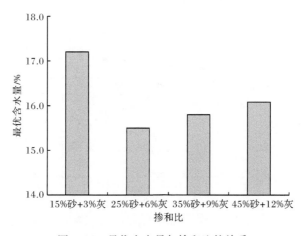

图 6.22　最优含水量与掺和比的关系

结果表明,红黏土掺石灰后干密度随掺灰比增大而增大,而最优含水量则随掺灰比增大而减小。

6.2.4　承载比试验结果分析

1. 掺灰改良土承载比特征

1) K8 试验结果

对该桩号土样进行 4 种掺灰比(3%、6%、9%、12%)的改良处置,且针对每种掺灰比开展 3 种击实功(98 击、50 击、30 击)和 4 种含水量的室内 CBR 试验,试验结果见表 6.10。

表 6.10　重型击实红黏土的 CBR 与压实度和干密度

掺灰比/%	含水量/%	98 击			50 击			30 击		
		干密度/(g/cm³)	压实度/%	CBR/%	干密度/(g/cm³)	压实度/%	CBR/%	干密度/(g/cm³)	压实度/%	CBR/%
3	27.5	1.53	99.9	58.7	1.46	95.6	38.3	1.45	94.6	15.6
	30.4	1.50	97.8	63.7	1.49	97.1	49.8	1.46	95.1	26.4
	33.6	1.45	94.8	56.4	1.45	94.5	43.0	1.43	93.6	22.1
	36.7	1.43	93.2	45.8	1.42	92.5	32.6	1.40	91.7	17.3
	40.0	1.41	92.3	36.4	1.40	91.2	19.4	1.38	90.5	9.6
6	28.6	1.52	99.7	71.2	1.45	95.0	46.7	1.41	92.6	20.9
	31.5	1.48	97.2	76.4	1.47	96.1	57.4	1.45	95.3	35.5
	34.3	1.44	94.7	61.5	1.43	93.9	48.1	1.41	92.8	27.8
	37.2	1.42	93.4	53.7	1.41	92.6	38.9	1.39	91.5	18.4
	40.5	1.41	92.5	35.4	1.41	92.3	25.2	1.38	90.7	14.8
9	28.5	1.51	99.9	73.8	1.44	94.8	53.3	1.41	92.9	24.6
	32.1	1.48	97.5	83.1	1.45	96.0	63.3	1.43	94.6	43.7
	35.6	1.44	94.8	70.3	1.42	93.9	55.7	1.41	93.0	33.2
	38.4	1.41	93.2	61.8	1.40	92.2	48.8	1.39	91.5	23.6
	41.3	1.39	92.1	45.4	1.38	90.8	29.5	1.37	90.8	18.1
12	29.4	1.49	99.9	85.6	1.43	96.0	56.4	1.41	94.7	30.3
	31.8	1.47	98.1	95.2	1.46	97.9	68.1	1.44	96.1	50.4
	34.7	1.44	96.3	87.9	1.43	95.5	57.0	1.41	94.6	38.9
	37.5	1.41	94.2	75.8	1.40	93.4	47.9	1.39	92.8	31.6
	40.5	1.39	92.8	61.2	1.38	92.5	39.8	1.38	92.6	22.6

CBR 和压实度与含水量的变化规律如图 6.23 所示。

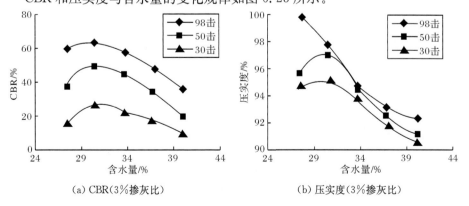

(a) CBR(3%掺灰比)　　　　　　(b) 压实度(3%掺灰比)

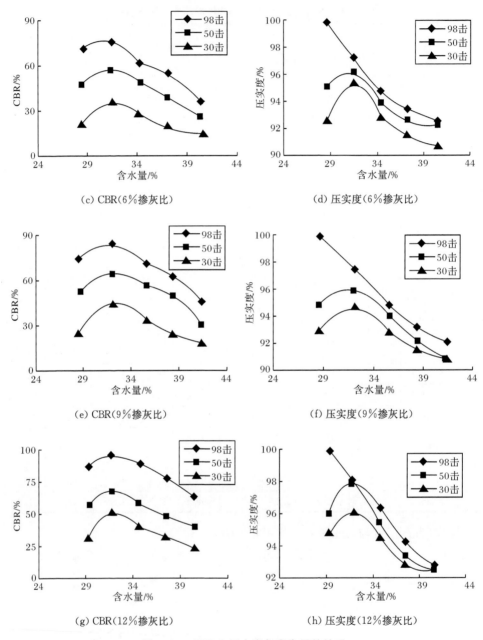

图 6.23　CBR 和压实度与含水量的关系

分析图 6.23 可以看出：

(1) CBR 随含水量的变化规律与未改良的红黏土变化趋势是相似的。但最为显著的特点是，经过掺灰改良后，红黏土的 CBR 对水分的敏感性明显得到了抑制,在图中主要表现为曲线下降的趋势比较缓慢;而击实功对强度的影响则在整个含水量区间都十分明显。

(2)改良前后,CBR 得到了极大的提高,3%的掺灰比在最大含水量、最小击实功时都能达到 9.6%。这说明经过改良后强度不再是制约红黏土利用的因素,但经过改良后满足压实度 96 区所对应的含水量没有得到明显的提高。以击实功(98 击)为例,4 种掺灰比下压实度能达到 96 区所对应的含水量分别为 32%、33%、34%、34%,而 94 和 93 区所对应的含水量则提高相对比较明显,一般在天然含水量基础上减少 33%就能满足压实度要求。这表明,如果压实度要达到 96 区标准,即使掺灰改良的红黏土也需要翻晒减水。所以,在保证 CBR 满足要求的前提下能否对压实度标准进行降低值得进一步探讨。

2) K20 试验结果

对该桩号土样进行 4 种掺灰比(3%、6%、9%、12%)的改良处置,且针对每种掺灰比开展 3 种击实功(98 击、50 击、30 击)和 4 种含水量的室内 CBR 试验,试验结果见表 6.11。

表 6.11　重型击实红黏土的 CBR 与压实度和干密度

掺灰比/%	含水量/%	98 击			50 击			30 击		
		干密度/(g/cm³)	压实度/%	CBR/%	干密度/(g/cm³)	压实度/%	CBR/%	干密度/(g/cm³)	压实度/%	CBR/%
3	22.1	1.66	99.9	42.3	1.58	94.7	35.2	1.51	91.0	30.4
	25.7	1.62	97.5	51.5	1.58	95.2	44.4	1.54	92.4	37.2
	28.5	1.55	93.3	35.6	1.53	92.1	29.5	1.51	90.6	18.6
	31.2	1.51	90.6	12.6	1.49	89.3	10.4	1.47	88.4	8.5
6	22.9	1.65	99.9	47.1	1.54	93.3	39.8	1.51	91.4	33.6
	25.7	1.61	97.5	60.3	1.58	95.3	52.7	1.52	92.1	40.5
	28.8	1.54	93.0	37.6	1.54	92.4	30.5	1.50	90.8	22.4
	32.0	1.49	89.4	18.4	1.47	89.1	16.9	1.47	88.8	12.3
9	23.3	1.65	99.9	60.8	1.53	92.7	51.5	1.51	91.6	40.8
	26.7	1.58	95.6	79.3	1.54	93.7	63.1	1.52	92.4	48.3
	29.4	1.53	93.0	42.5	1.48	90.0	37.3	1.47	89.0	29.2
	32.4	1.45	87.9	19.7	1.43	87.0	17.5	1.43	86.6	17.4
12	23.5	1.64	99.9	66.3	1.53	93.3	51.5	1.51	92.1	40.8
	26.4	1.57	96.2	86.4	1.54	94.0	63.1	1.52	93.0	48.3
	29.0	1.53	93.3	54.2	1.48	90.5	37.3	1.47	89.6	29.2
	31.6	1.44	88.2	25.2	1.45	88.3	24.9	1.45	88.4	23.6

CBR 和压实度与含水量的变化规律如图 6.24 所示。

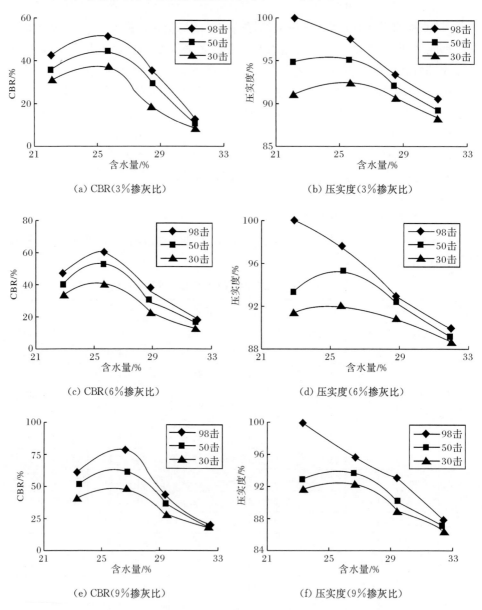

（a）CBR（3%掺灰比）　　　　　　（b）压实度（3%掺灰比）

（c）CBR（6%掺灰比）　　　　　　（d）压实度（6%掺灰比）

（e）CBR（9%掺灰比）　　　　　　（f）压实度（9%掺灰比）

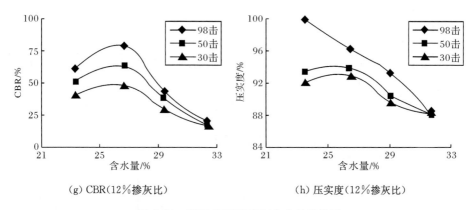

(g) CBR(12%掺灰比)   (h) 压实度(12%掺灰比)

图 6.24   CBR 和压实度与含水量的关系

分析图 6.24 可以看出：

（1）经过石灰改良后，红黏土强度无论是重型击实还是轻型击实都能满足要求，只是随着含水量的增大压实度有所降低。

（2）6%的掺灰比含水量为 26%时压实度达到 97%、CBR 达到 60%，可以满足下路床和上路床的填筑标准。

3）K27 试验结果

对该桩号土样进行 4 种掺灰比(3%、6%、9%、12%)的改良处置，且针对每种掺灰比开展 3 种击实功(98 击、50 击、30 击)和 4 种含水量的室内 CBR 试验，试验结果见表 6.12。

表 6.12   重型击实红黏土的 CBR 与压实度和干密度

掺灰比/%	含水量/%	98 击			50 击			30 击		
		干密度/(g/cm³)	压实度/%	CBR/%	干密度/(g/cm³)	压实度/%	CBR/%	干密度/(g/cm³)	压实度/%	CBR/%
3	25.9	1.54	99.9	45.3	1.45	94.1	30.4	1.42	92.1	14.6
	28.0	1.53	99.2	47.8	1.47	95.5	37.4	1.43	92.6	22.8
	30.1	1.47	95.5	40.9	1.43	92.9	29.5	1.40	91.1	17.8
	33.2	1.43	92.9	30.0	1.41	91.7	21.6	1.38	89.3	13.6
6	26.3	1.51	99.5	53.6	1.44	94.4	35.0	1.38	91.0	16.7
	28.9	1.50	98.4	57.1	1.45	95.3	43.0	1.42	93.6	28.3
	30.8	1.45	95.1	46.1	1.43	93.8	37.4	1.39	91.2	21.2
	33.1	1.40	92.3	40.3	1.39	91.3	25.0	1.37	89.9	12.5

掺灰比/%	含水量/%	98 击			50 击			30 击		
		干密度/(g/cm³)	压实度/%	CBR/%	干密度/(g/cm³)	压实度/%	CBR/%	干密度/(g/cm³)	压实度/%	CBR/%
9	27.5	1.49	99.3	55.4	1.42	94.7	40.0	1.38	91.9	20.6
	29.7	1.47	97.7	62.3	1.44	95.9	47.5	1.40	93.6	35.0
	31.9	1.45	96.5	52.7	1.42	94.5	41.8	1.38	92.0	26.6
	34.8	1.42	94.9	46.4	1.39	92.7	36.6	1.36	90.5	18.9
12	27.7	1.47	99.8	57.2	1.42	96.3	42.3	1.39	93.9	24.2
	30.2	1.46	98.8	67.0	1.45	98.1	51.1	1.41	95.3	40.3
	32.7	1.40	95.0	60.0	1.39	94.3	42.8	1.39	93.9	31.1
	35.0	1.39	94.3	44.0	1.37	92.6	36.0	1.36	92.1	25.3

CBR 和压实度与含水量的变化规律如图 6.25 所示。

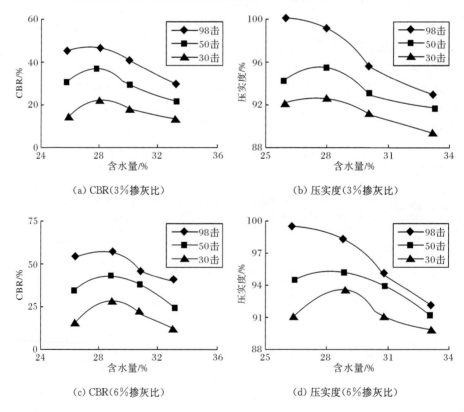

(a) CBR(3%掺灰比)　　(b) 压实度(3%掺灰比)
(c) CBR(6%掺灰比)　　(d) 压实度(6%掺灰比)

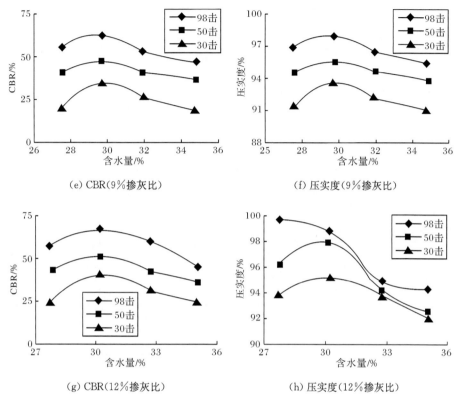

（e）CBR（9%掺灰比）　　　　　　　　　　（f）压实度（9%掺灰比）

（g）CBR（12%掺灰比）　　　　　　　　　　（h）压实度（12%掺灰比）

图 6.25　CBR 和压实度与含水量的关系

从图 6.25 可以看出：

（1）经过石灰改良后，红黏土的水敏性得到了有效的抑制。4 种掺灰比下的改良红黏土随着含水量的增大其强度降低的幅度明显减小。重型击实下，CBR 的绝对值都在 30% 以上，压实度最小也达到了 92%。

（2）经过改良处理以后，6% 的掺灰比下含水量为 29% 时压实度达到 98%、CBR 达到 57%，可以满足下路床和上路床的填筑标准。

2. 掺砂改良土承载比特征

对该 K8 桩号土样进行 4 种掺砂比（15%、25%、35%、45%）的处置，并针对每种掺砂比开展 3 种击实功（98 击、50 击、30 击）和 4 种含水量的室内 CBR 试验，试验结果见表 6.13。

表 6.13　重型击实红黏土的 CBR 与压实度和干密度

掺灰比/%	含水量/%	98 击			50 击			30 击		
		干密度/(g/cm³)	压实度/%	CBR/%	干密度/(g/cm³)	压实度/%	CBR/%	干密度/(g/cm³)	压实度/%	CBR/%
15	22.5	1.62	99.9	18.5	1.48	91.4	9	1.41	87.2	5
	25.6	1.61	99.3	25.6	1.59	97.8	22.7	1.51	93.2	20.1
	27.7	1.57	96.7	12.5	1.55	95.6	11.8	1.53	94.0	9.5
	29.8	1.54	94.6	10.7	1.53	94.2	9.6	1.52	93.5	6.3
25	22.1	1.66	99.9	20	1.57	94.1	12.5	1.51	90.6	9.4
	25.3	1.62	97.1	27	1.58	95.0	15	1.52	91.2	10.5
	28.4	1.55	93.1	16.8	1.52	91.4	9.5	1.48	88.7	6.2
	30.9	1.46	87.7	5.5	1.44	86.3	4.9	1.41	84.7	2.4
35	20.9	1.72	99.9	28	1.69	97.8	25	1.59	92.3	19.5
	23.8	1.70	98.8	31.3	1.68	97.3	28.2	1.62	93.8	21.4
	27.2	1.53	89.0	5.2	1.53	88.5	4	1.52	88.3	4.5
	30.2	1.51	87.5	4.1	1.50	86.8	3.8	1.49	86.4	3.2
45	19.9	1.74	99.1	15.5	1.68	95.9	11.8	1.59	90.5	6.6
	23.1	1.66	94.7	28.1	1.63	92.8	21.5	1.62	92.5	9.5
	25.4	1.62	92.5	8	1.60	91.1	6.4	1.59	90.7	6.2
	27.9	1.59	90.9	7.4	1.57	89.8	5.9	1.57	89.4	5.6

CBR 和压实度与含水量的变化规律如图 6.26 所示。

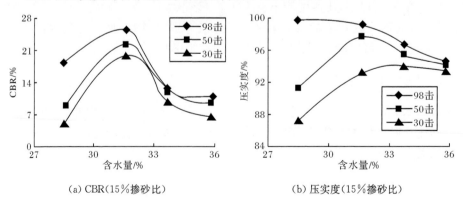

(a) CBR(15%掺砂比)　　　　　　　　(b) 压实度(15%掺砂比)

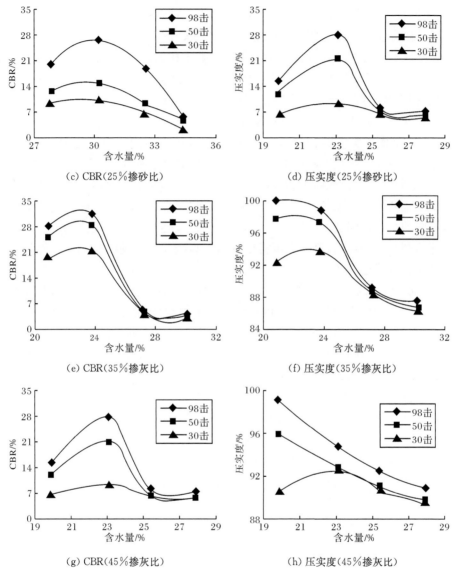

(c) CBR(25％掺砂比) (d) 压实度(25％掺砂比)

(e) CBR(35％掺灰比) (f) 压实度(35％掺灰比)

(g) CBR(45％掺灰比) (h) 压实度(45％掺灰比)

图 6.26 CBR 和压实度与含水量的关系

分析图 6.26 可以看出：

（1）掺砂改良红黏土的 CBR 与未改良的 CBR 相比，都得到了提高。特别是在最优含水量点附近，CBR 提高的幅度最为明显。随着掺砂比的增加，CBR 提高越多，砂粒太少时只是分散地"浮"在土粒之间，这是砂粒的存在不足以影响土料的性质；如果增大掺砂比例，则砂粒就开始形成一种骨架效应，抵抗剪切变形的能力得到加强。不同掺砂比改良红黏土的干密度与未掺砂改良红黏土的干密度相比,其干密度变化的幅度就说明了何种掺砂比下骨架效应比较明显。例如,25%的掺砂比红黏土在含水量为25.3%时,98击的CBR达到27%,即使是轻型击实(30击)的CBR也达到10.5。与未改良的红黏土相比,在同等击实功和含水量条件下,CBR提高了2倍左右。当然与掺石灰改良红黏土相比,没有掺灰改良的效果明显,掺灰改良红黏土的CBR在最不利情况下都达到10%,这与石灰改良红黏土和砂粒改良红黏土的机制不同密切相关。

(2)在重型击实作用下,大于最优含水量6%时的土体压实度都达到了93区的要求。虽然此含水量点对应的CBR与大于最优含水量3%点对应的CBR大大降低,但是其绝对值都能满足93区对应的最小CBR,从满足路基填筑的角度看是能达到规范的要求。但是从含水量与CBR的关系图可以看出,掺砂改良未能解决红黏土的水敏性问题,而红黏土的水敏性问题又是路基工程关注的焦点。当路基遭遇不利水分的侵入以后,强度将出现剧烈衰减。从路基的长期稳定性目标出发这种改良方式还有待商榷。

(3)砂粒掺入红黏土只是通过物理方法提高了红黏土的抗压强度,并没有改变颗粒之间的胶结作用即抗拉强度,因此,掺砂红黏土在失水时很容易开裂。另外,砂粒本身不能吸水,它的最优含水量比未改良红黏土的最优含水量还要小,对于天然含水量较高的红黏土意味着要进行大量的翻晒减水工作,这对于土方量极大的路基工程很显然有悖改良的初衷。所以,仅仅掺砂进行改良红黏土达不到预期效果,建议不予采用。

掺砂能显著提高粗粒红黏土的强度和承载能力,Castel[10]制备了初始含水量为最优含水量的试样,研究了砂对红黏土的力学特性的影响,发现掺砂可以提高级配不良的粒状红黏土的剪切强度和CBR,如图6.27所示。正好与预想的一样,随着掺砂比的增加会引起其内摩擦角的增大,如图6.28所示。

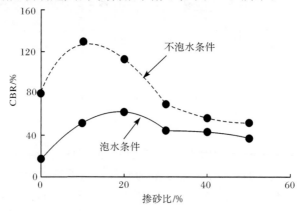

图 6.27　砂对承载比强度的影响[10]

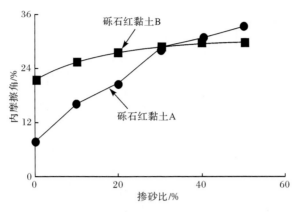

图 6.28　砂对红黏土内摩擦角的影响[10]

3. 掺砂和灰改良土承载比特征

对 K8 桩号土样进行 4 种掺和比(15％砂＋3％灰、25％砂＋6％灰、35％砂＋9％灰、45％砂＋12％灰)的改良处置,并针对每种掺和比开展 3 种击实功(98 击、50 击、30 击)和 5 种含水量的室内 CBR 试验,试验结果见表 6.14。

表 6.14　重型击实红黏土的 CBR 与压实度和干密度

掺灰比/％	含水量/％	98 击			50 击			30 击		
		干密度/(g/cm³)	压实度/％	CBR/％	干密度/(g/cm³)	压实度/％	CBR/％	干密度/(g/cm³)	压实度/％	CBR/％
15％砂＋3％灰	21.4	1.61	99.9	74.0	1.53	94.5	51.0	1.41	87.4	10.2
	23.4	1.61	99.6	78.0	1.53	94.9	57.0	1.42	88.0	12.5
	27.8	1.55	96.3	35.0	1.55	95.9	30.0	1.50	93.1	22.0
	31.0	1.50	92.9	10.8	1.50	93.1	9.0	1.48	91.5	8.0
	35.4	1.46	90.5	4.0	1.46	90.6	3.6	1.44	89.0	3.4
25％砂＋6％灰	21.3	1.63	99.9	102.0	1.46	90.3	60.0	1.39	86.0	41.5
	24.5	1.61	99.6	136.0	1.55	95.9	115.0	1.47	90.6	67.0
	28.6	1.57	97.0	52.0	1.52	93.8	39.5	1.45	89.6	36.5
	31.3	1.50	92.9	32.4	1.43	88.3	26.4	1.42	87.7	20.6
	34.3	1.48	91.2	18.5	1.40	86.5	13.4	1.39	85.9	13.4

续表

掺灰比/%	含水量/%	98击			50击			30击		
		干密度/(g/cm³)	压实度/%	CBR/%	干密度/(g/cm³)	压实度/%	CBR/%	干密度/(g/cm³)	压实度/%	CBR/%
35%砂+9%灰	21.3	1.65	99.9	170.2	1.49	90.2	123.8	1.40	84.9	43.4
	23.2	1.59	96.5	173.0	1.50	90.7	128.2	1.42	85.9	48.5
	25.8	1.58	95.6	104.5	1.56	94.5	94.5	1.47	88.8	71.0
	28.9	1.52	91.8	61.5	1.50	90.6	56.6	1.48	89.7	43.0
	32.5	1.48	89.7	58.0	1.46	88.5	45.5	1.44	87.5	33.0
45%砂+12%灰	20.8	1.67	99.9	179.5	1.53	92.0	145.6	1.49	89.0	68.5
	23.1	1.65	98.7	186.4	1.56	93.4	150.5	1.51	90.3	72.4
	27.4	1.61	96.2	110.8	1.52	91.1	101.7	1.48	88.5	65.2
	30.2	1.56	93.3	65.4	1.51	90.2	56.6	1.47	88.2	48.4
	33.3	1.49	89.5	60.3	1.49	89.3	51.5	1.44	86.6	41.5

CBR 和压实度与含水量的变化规律如图 6.29 所示。

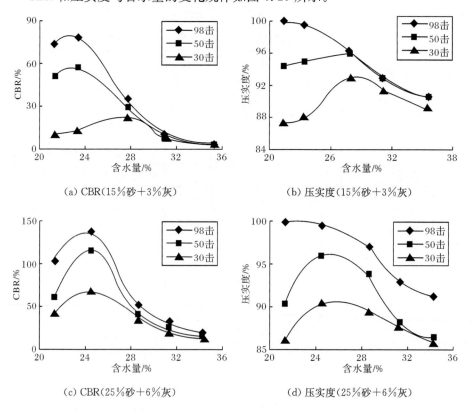

（a）CBR（15%砂+3%灰）　　　　　　（b）压实度（15%砂+3%灰）

（c）CBR（25%砂+6%灰）　　　　　　（d）压实度（25%砂+6%灰）

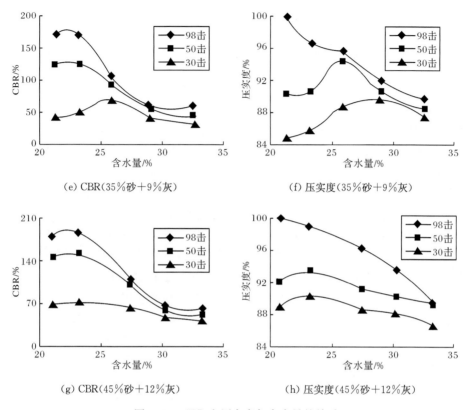

(e) CBR(35%砂+9%灰)　　　　　　(f) 压实度(35%砂+9%灰)

(g) CBR(45%砂+12%灰)　　　　　　(h) 压实度(45%砂+12%灰)

图 6.29　CBR 和压实度与含水量的关系

分析图 6.29 可以看出：

（1）通过分析掺灰改良和掺砂改良红黏土的效果来看，单独使用某种改良方式只能在某一方面得到显著的改善。例如，掺砂改良强度能得到很大的提高，但需要进行大量的减水工作；掺石灰改良，强度得到了提高，最优含水量与未改良红黏土的最优含水量相比提高了 3 个百分点。但要满足现场碾压条件还需要翻晒减水。掺石灰和砂粒进行改良红黏土，还是面临着相同的问题，即改良后红黏土的最优含水量（21%左右）比未改良红黏土的最优含水量（26%）要低。对于这种联合改良的处置方式，压实度 93%对应的最大填筑含水量为 31%左右，小于天然含水量（40%）9 个百分点。

（2）联合改良对提高红黏土的强度十分明显，重型击实作用下的 CBR 有的超过 180。然而，红黏土能否作为路基填料，强度不是关键问题。因为即使是没有改良的红黏土或稍加石灰处置的红黏土，其强度都能满足规范的要求。所以，如果掺料改良不能解决红黏土高含水量的减水问题和水稳定性等问题而只提高其强度，那么这种改良方式在工程上推广没有实际意义。

6.2.5　红黏土的水敏性与石灰处治机制分析

1. 红黏土的水敏性分析

土体的强度在很大程度上随其含水量的不同而变化,即随土中含水量的增大而强度降低,如图 6.30 所示。

土中黏土矿物都具有不同程度的亲水性,水的浸入使其与水发生强烈的相互作用,致使土粒周围的结合水膜加厚,特别是扩散层中松弛结合水的增多而引起土体膨胀。由于黏土胶粒周围出现厚的结合水膜使土粒疏远,以致脱离分子相互吸引的范围,致使原始黏聚力减弱。另外,形成固化黏聚力的某些水溶性胶结物质遇水后也会溶解,导致固化黏聚力减弱;与此同时,水还起着润滑作用;降低土粒之间的内摩阻力。大量水的浸入最终使土体离散,形成湿坍和水化现象。

黏性土遇水后的体积和强度变化通常是由于物理作用(润滑)、物理化学作用(吸附)和化学作用(溶解)造成的。物理化学作用与土粒表面的亲水性能有关;化学作用则取决于水对土中胶结物的溶解能力及其相互发生化学反应的能力。

影响土体水稳性的因素主要有土的分散度、土的成分、土中天然胶结物质的性质,以及土体的密实度等。土中黏土胶粒的含量越多,遇水后膨胀越剧烈,强度降低也越多,黏土矿物中蒙脱石类矿物的亲水性强,遇水后膨胀量大;而高岭石类矿物的亲水性较小,遇水膨胀量小;有机质的存在对土体的水稳性不利,吸附阳离子的电价越高,土体的膨胀量越小。水溶性的胶结物遇水后则丧失其胶结能力,抗水性较强的胶结物质受水的影响较小。土体的密实度越大,则孔隙率越小,水不易浸入土体,因而水稳性较好。

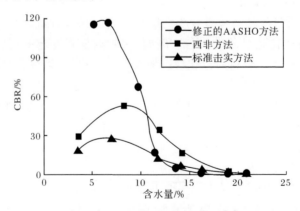

图 6.30　CBR 与含水量的关系[11]

综上所述,黏性土在较干燥的情况下具有相当高的力学强度,吸湿后强度降低甚至完全丧失。因此,为使它适应工程的需要必须对其进行加固处理。

2.石灰处治红黏土的机制分析

土中掺入石灰后,石灰与土之间发生强烈的相互作用,从而使土的性质发生根本的改变。初期表现为土的结团、塑性降低、最佳含水量的增大和最大密实度的减小等;后期变化主要表现在结晶结构的形成,从而整体性、强度及稳定性提高。

Schoefield[12]、Bhatia[13]、Santos[14] 的研究表明,砂、石灰、水泥和粉煤灰都能改变红黏土的塑性、胀缩性。其中,石灰对红黏土的塑性影响最大,图 6.31 表明了石灰对典型红黏土的塑性和膨胀特性的影响。

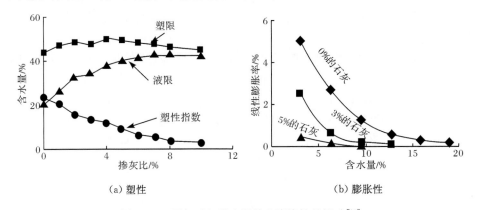

（a）塑性　　　　　　　　　（b）膨胀性

图 6.31　石灰对红黏土塑性和膨胀性的影响[13]

根据目前国内外对石灰加固土强度形成机理的研究成果[15,16],可以认为石灰加入土中后会发生一系列的化学反应和物理化学反应,主要有离子交换反应、$Ca(OH)_2$ 的结晶反应与碳酸化反应和火山灰反应。这些反应的结果,使黏土胶粒絮凝,生成晶体氢氧化钙以及碳酸钙和含水硅、铝酸钙胶结物,这些胶结物逐渐由凝胶状态向晶体状态转化,致使石灰土的刚度不断增大,强度与水稳性不断提高,具体反应过程可概括如下。

土中的黏土胶体颗粒的反离子层大多是一价的 K^+、Na^+。石灰加入土中后,在水的参与下易解离成 Ca^{2+} 和 OH^-,Ca^{2+} 可与 K^+、Na^+ 发生离子交换,其结果使得胶体吸附层减薄,ξ 电位降低,致使黏土胶体颗粒发生聚结。这种离子交换的结果导致土的分散性和黏塑性降低,土的微团粒的结构强度和稳定性得以提高。这个反应过程是随着石灰的解离和 Ca^{2+} 在土中的扩散过程逐渐地进行的,在初期进展较快,是引起土发生初期变化的主要原因。

$Ca(OH)_2$ 的结晶反应是石灰吸收水分形成含水晶格,即

$$Ca(OH)_2 + nH_2O \rightarrow Ca(OH)_2 \cdot nH_2O \qquad (6.1)$$

Ca(OH)$_2$ 胶体逐渐成为晶体的反应过程。所生成的晶体相互结合,并与土粒结合起来形成共晶体,把土粒胶结成整体。晶体的 Ca(OH)$_2$ 物与无定形(非晶体)的 Ca(OH)$_2$ 相比,溶解度几乎减小一半,因而石灰土的水稳性得到提高。

Ca(OH)$_2$ 的碳酸化反应是指 Ca(OH)$_2$ 与空气中的 CO$_2$ 起化学反应生成 CaCO$_3$ 的过程,其反应式为

$$Ca(OH)_2 + CO_2 \rightarrow CaCO_3 + H_2O \uparrow \tag{6.2}$$

CaCO$_3$ 具有较高的强度与水稳性,它对土的胶结作用使土得到了加固。由于 CO$_2$ 可能由混合料的孔隙渗入,或随雨水渗入,也可能由土本身产生,当石灰土的表层发生碳酸化后则形成一层硬壳,从而阻碍 CO$_2$ 的进一步渗入。因而,Ca(OH)$_2$ 的碳酸化是个相当长的反应过程,也是石灰土后期强度增长的主要原因之一。

火山灰反应是指土中的活性硅、铝矿物在石灰的碱性激发下解离,在水的参与下与 Ca(OH)$_2$ 反应生成含水的硅酸钙和铝酸钙的过程。反应式为

$$xCa(OH)_2 + SiO_2 + nH_2O \rightarrow xCaO \cdot SiO_2 \cdot (n+x)H_2O \tag{6.3}$$

$$yCa(OH)_2 + Al_2O_3 + mH_2O \rightarrow yCaO \cdot Al_2O_3 \cdot (m+x)H_2O \tag{6.4}$$

所生成新的化合物与水泥水解后的产物相类同,是一种水稳性良好的结合料。火山灰反应是在不断吸收水分的情况下逐渐发生的,因而具有水硬性性质。

综上所述,石灰加入土中后经过物理作用、物理化学作用和化学作用,石灰土发生团聚,随之有凝胶物生成,构成凝胶团聚结构。随着龄期的增长,棒状及纤维状结晶体生成,并不断生长,构成结晶体的网架结构。随着龄期的继续增长,胶凝结构层加厚,结晶的网架结构加密,形成胶凝-结晶的网状混合结构。离子交换反应使黏土胶体絮凝,土的湿坍性得到改善,使石灰土获得初期的水稳性;碳酸化反应与火山灰反应对提高石灰土的强度与稳定性起有决定性的作用。当它们的生成物处于凝胶状态时,石灰土结构属凝聚结构,随着结晶网架的生成,逐渐向结晶-缩合结构转化,其刚度不断增大。

6.3　红黏土承载比强度的土团尺寸效应

6.3.1　试验概况

目前,对土团尺寸效应进行定量分析的报道不多,就查阅的文献来看,只有国内学者施斌等[17,18]探讨了集聚体大小对剪切强度、无侧限抗压强度等的影响。显然,土团尺寸效应的研究还有待加强。以成团现象较为典型的红黏土作为研究对象,以承载比强度为评价指标,探讨土团尺寸大小对工程特性及改良效果的影响,为确定实际工程中黏土填料的最大土团尺寸控制范围提供参考。

1. 基本物理力学性质

试验用土取自某高速公路标段,参照《公路土工试验规程》(JTG E40—2007)对土的基本物理力学指标进行了测试,结果见表 6.15。

表 6.15　基本物理力学指标

天然含水量/%	液限/%	塑限/%	塑性指数	比重	<0.005mm 的黏粒含量/%	最优含水量/%	最大干密度/(g/cm³)
35.6	56.5	35.4	20.1	2.74	40.4	29.8	1.44

按照公路中的特殊土分类标准,该土的液限大于 55%,故定名为高液限红黏土。

为探索红黏土的土团尺寸大小对压实特性、强度特性的影响。按照试验计划,利用 7 种不同孔径的筛子把成团的红黏土按照表 6.16 中的范围进行筛选分组。

表 6.16　土团尺寸范围

编号	A	B	C	D	E	F	G
土团尺寸/mm	<0.5	0.5~2	2~5	5~10	10~20	20~40	40~60

2. 试样制备

土样制备:①将碾碎的土团分别过 60mm、40mm、20mm、10mm、5mm、2mm、0.5mm 孔径筛,每组粒径制备两份试样,分别用胶袋装好并进行编号;②测定每个试样的初始含水量;③为使改良时石灰与土团有效接触反应,按高于最优含水量 3 个百分点即 32.8% 的含水量配比各个土样,配水结束后,用胶袋密封闷料 5~6d;④石灰改良组在闷料完成后,各个土样掺 4% 的石灰,并在掺灰前,按照石灰的初始含水量为 0%、预期含水量为 32.8% 计算所需加水量,然后直接将水加入土样中拌均匀,再将石灰与土样拌和,达到土样颗粒与石灰有效接触的目的。

3. 试验过程

首先,对红黏土和石灰土两组试样进行标准重型击实(98 击);击实完成后削平称重;把削好的击实试样放入水槽中调整好百分表后缓慢加水,浸泡 4 昼夜后读取百分表读数,以便计算膨胀量所用;将试件从水槽中取出,倒出顶面的水,静置约 15min 后,卸去荷载板等附件,称量并做好记录;最后,进行标准贯入试验。

6.3.2　试验结果分析

1. 破坏模式分析

不同土团尺寸红黏土、改良土的单位压力与贯入量关系如图 6.32 所示。

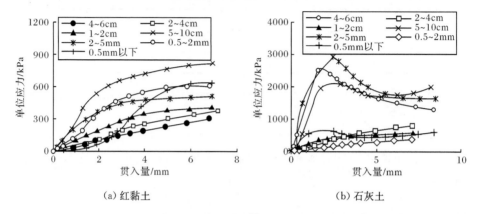

（a）红黏土　　　　　　　（b）石灰土

图 6.32　单位压力与贯入量关系

图 6.32(a)表明不同土团尺寸的红黏土单位应力与贯入量呈现应力增长型变化趋势；而图 6.32(b)中当土团尺寸为 1～6cm 时，石灰土的单位应力与贯入量关系也属于应力增长型，但当土团尺寸小于 0.5cm 时，二者呈峰值变化型关系，具有脆性破坏的特征。

对比分析石灰土与红黏土的贯入曲线，石灰土的贯入试验破坏模式可概化为应力增长型、应力峰值型、应力峰值-增长型三种模式，而红黏土则均为应力增长型模式，如图 6.33 所示。

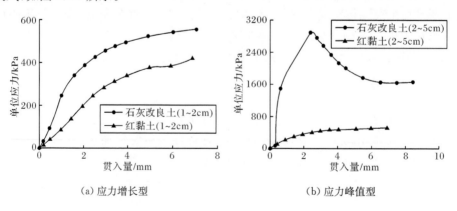

（a）应力增长型　　　　　　　（b）应力峰值型

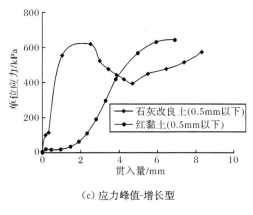

(c) 应力峰值-增长型

图 6.33　破坏模式

石灰土的破坏模式反映了土团尺寸大小对石灰改良黏土效果的影响。土团尺寸过大,石灰只在土团外表层与黏土颗粒发生系列反应,形成一层薄壳状保护结构,但土团内部依然是未改良的红黏土,在外部荷载作用下土团很容易被压缩变形,故呈现应力增长型破坏特征。土团缩小到颗粒状后,土团内部未改良的红黏土比例急剧减少,石灰稳定形成的薄壳效应占据优势,土团内部红黏土可压缩的量变小,故呈现应力峰值型破坏特征。当变成细颗粒状后,石灰包裹在颗粒周围,颗粒内部基本没有压缩空间,但被石灰稳定的颗粒之间还存在一定的孔隙,故出现先发生脆性破坏后又应力增长的现象。

2. CBR 特征分析

按照承载比的取值标准,CBR 试验结果见表 6.17。

表 6.17　CBR 试验结果

土团尺寸/mm	<0.5	0.5~2	2~5	5~10	10~20	20~40	40~60
红黏土/%	5.5	6.0	6.2	8.9	3.6	3.0	2.3
石灰土/%	8.9	33.4	40.9	29.0	6.1	5.5	2.8

为便于对比分析,将不同土团粒径的石灰土和红黏土的承载比强度绘制于图 6.34 中。

从图 6.34 可以看出,随着土团直径的减小,承载比强度逐渐增大,但增大到一定值后会出现不同程度的减小。总体说来,土团尺寸对土体承载比强度的影响规律呈现类似"驼峰状"的特征,即对承载比而言,存在一个最优的土团粒径控制范围。只是控制范围受土体的性质影响,红黏土的土团尺寸控制范围分布在 5~10mm,而石灰土分布在 2~5mm。但石灰土的承载比强度均大于红黏土的强度,

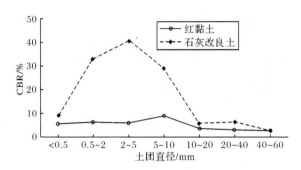

图 6.34　CBR 与土团直径的关系

特别是对于直径小于 0.5cm 的土团,石灰改良效果十分显著,提高了 3～6 倍。

6.3.3　土团尺寸的影响机制分析

红黏土的承载比强度随土团直径的大小变化,只是土团尺寸效应的表现形式之一。其实决定承载比强度的两个主要影响因素是压实状态和水稳定性特征。

1. 压实状态的影响

相同初始含水量的石灰土和红黏土,在同一击实功作用下的干密度值如图 6.35 所示。

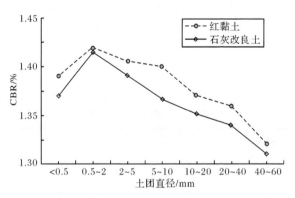

图 6.35　干密度和土团直径的关系

图 6.35 表明,石灰土和红黏土的干密度随着土团尺寸的增大呈现先增大后减小的特征;同一粒径范围,石灰土的干密度要比红黏土的干密度小。干密度的最大值约为 $1.42g/cm^3$,对应的土团直径为 0.5～2mm。直径小于0.5mm的土团,确切地说它属于土粒,因为宏观的集聚现象不明显,相对而言它更类似“级配不良”的土,故同一条件下击实的效果不佳。随着土团直径的增大,因受土团的结构强度及聚集体间和集聚体内孔隙的影响,在 2～6cm 时击实功的作用效果也不一

样,具体表现为干密度逐渐减小。可见,土团在不同尺寸范围内对击实效果的影响机制是不同的。

对比分析图 6.34 和图 6.35 可知,红黏土和石灰土的最大 CBR 对应的土团直径分别为 5～10mm 和 2～5mm,而两者的最大干密度对应的土团尺寸均为 0.5～2mm。可见,获得最佳压实状态并不能保证其承载比强度是最高的。因为 CBR 是压实土体充分泡水后获得的值,故还取决于土体的水稳定性特征。换言之,CBR 不仅与压实状态相关,还与土体赖以依存的环境有关。

2. 水稳定性的影响

为了评价压实红黏土土体在后期运营过程中和外部环境的水分交换量的大小,定义吸水率(I),即

$$I = \frac{\Delta W}{W} \times 100\% \tag{6.5}$$

式中,ΔW 为试样吸水量;W 为试样浸水前质量。

红黏土和石灰土试样充分浸泡后的吸水量和膨胀率如图 6.36 所示。

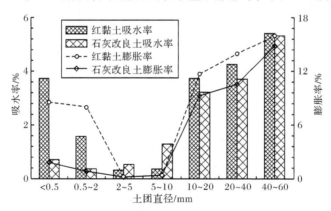

图 6.36 吸水率和膨胀率与土团尺寸的关系

从图 6.36 可以看出,石灰土和红黏土的吸水率、膨胀率均随着土团尺寸的增大,呈现先减小后增大的整体变化趋势。土团尺寸为 2～10mm 的两种土的膨胀量最小;土团尺寸为 1～6cm 的两种土的膨胀率差别不显著,最低都达到 10%;小于 2mm 的两种土的膨胀量差别比较大,石灰土的膨胀率明显要小于红黏土。石灰的稳定效果对于直径小于 0.5cm 的土团起到了明显作用。

吸水率只反映了土体孔隙吸水的多少,而膨胀率则反映了吸水后黏土孔隙的总体增加量,是评价其水稳定性特征的直观指标。黏土吸水膨胀的本质原因是:土与水相互作用,自由水渗入颗粒之间转化为结合水,随着结合水膜的增厚,颗粒

之间的"楔力"增大,使土颗粒之间的净距离增加,导致土体的体积膨胀。但当颗粒之间有结构强度时,能克服部分膨胀力的作用,膨胀趋势在一定程度上得到了抑制。石灰改良土实际上是在部分黏土颗粒之间形成了胶结,所以尺寸较小的石灰稳定土团吸水后膨胀量没有同等条件下的红黏土膨胀量大。相反,土团尺寸较大,石灰只在土团的表面形成一层比较薄的改良层,吸水以后土团内部的土颗粒发生膨胀,膨胀力大于石灰改良层的"包裹"作用。因此,石灰对直径较大的土团改良效果并不理想。

土团吸水膨胀量大,对于水敏性强的黏土其表层极易泥化[19]。与未浸泡水的情况相比,压实土体因吸水膨胀引起孔隙体积增大,而且土颗粒之间的黏结力减小,所以浸水后承载比明显减小。这也是为何获得最佳压实状态并不能保证其承载比强度也是最高的原因。

6.4　石灰稳定红黏土强度的碳化效应

6.4.1　试验概况

拟通过制备碳酸溶液对石灰稳定土进行浸泡,模拟石灰稳定土在大气中的碳化行为,探索碳化效应对石灰稳定土承载比强度和无侧限抗压强度影响规律,从细观的角度揭示影响石灰土强度的内在机制。

1. 试验材料

试验土样取某高速公路取土场,试验用土的基本物理特性,见表6.18。按照细粒土的分类方法,该土属于高液限黏土。

表 6.18　试样的物理性质指标

试样	天然含水率/%	比重	液限/%	塑限/%	最大干密度/(g/cm³)	最优含水量/%
红黏土	35.7	2.67	55.7	35.4	1.46	29.4

试验用的石灰 CaO 含量占 73.4%、MgO 含量占 1.5%,烧失量占 25.1%,属于优质石灰。

2. 试样制备

根据《公路土工试验规程》(JTG E40—2007)的建议,用橡胶锤把风干红黏土试样解小后过 4cm 筛,然后按照 5% 的掺灰比配置石灰土样。试样拌和均匀后共分 2 组,每组土样 20kg 左右。共开展 3 种工况的 CBR 试验:①击实养护后碳酸溶液浸泡;②击实养护后纯水浸泡;③散粒石灰土击实后纯水浸泡。试样的制备方法如下：

1）击实成型后养护

将第一组与第二组土样分别配制成 4 种不同初始含水量试样（28％、31％、34％、37％），拌和均匀后立即用黑色塑料袋将每一份试样密封，并做好编号记录，然后直接击实。

2）散粒养护后击实

第三组土样直接摊铺在胶垫之上，让其充分与空气中的 CO_2 接触，如图 6.37 所示。为了保证碳化效果，定期用喷水壶对散粒试样喷水使其保持湿润，并经常翻拌。

图 6.37　散粒石灰红黏土

养护三个月后，按照初始含水量 28％、31％、34％、37％配制击实试样，密封静置两天后进行击实，然后浸水 4 昼夜再进行 CBR 试验。

3. 碳酸溶液制备

开展碳酸溶液浸泡 CBR 试验时，需用到大量碳酸溶液，故需自制简易装置制备该溶液。根据 CO_2 在低温高压条件下更易溶于水的原理，将钢瓶内的 CO_2 有控释放到高压锅内，并且利用恒温恒湿箱预先把高压锅内的水冷却到预定温度，试验装置如图 6.38 所示。

制备碳酸溶液的步骤如下：

（1）将盛水桶放置恒温恒湿箱中降温至 5℃（恒温恒湿箱最低极限温度）。

（2）将降温后的水倒入高压锅内（至 4/5 刻度处），盖好高压锅锅盖。

（3）先打开连接高压锅的进气阀，然后打开供气瓶出气阀，调节出气阀至 50kPa（高压锅安全压强范围）。

（4）待高压锅内通气稳定（无响动）后静置 15～30min，先关闭连接高压锅的进气阀，然后关闭钢气瓶出气阀。松动高压锅安全阀，气压卸完后开启锅盖，制备

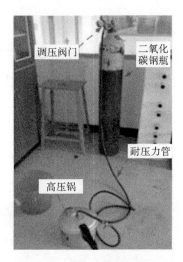

图 6.38　碳酸溶液制备装置

完成后用 pH 试纸检验溶液的酸碱度,本次试验制备的溶液 pH 约为 5.0。

6.4.2　试验方案

1. 承载比强度试验

(1) 对第一组与第二组共 8 组试样进行击实试验(98 击)。击实成型后每个试样用黑色塑料袋裹紧密封,做好编号记录,然后放置阴凉处静置养护 7d。

(2) 养护完成后,将第一组 4 个击实试样放入纯水中浸泡,同时,将第二组 4 个击实试样放入制备的碳酸溶液中浸泡,为保证碳酸溶液的作用,第二组试样浸泡后置于恒温恒湿箱中,温度控制在 10℃ 左右,并且把预先冻结的冰连同瓶子一起放入溶液中(瓶盖拧紧),以减缓溶液中的碳酸分解速度(图 6.39)。为保证碳酸的作用效果,每天制备新的碳酸溶液进行更换。第一组和第二组试样浸泡时间都为 15d。

(3) 浸泡完成后,分别对第一组和第二组试样进行 CBR 试验,试验结束后进行脱模。

2. 无侧限抗压强度试验

(1) 风干红黏土过 2mm 筛后,按照 5% 的干质量掺入石灰。然后按照最优含水量 29.4% 配水压实制样,初始干密度按照 90% 压实度计算,即 1.38g/cm³。

(2) 恒温恒湿箱内养护 7d 后放入碳酸溶液中浸泡,溶液每天更换一次。

(3) 浸泡时间设置为 7 个时间段(5d、10d、15d、20d、25d、40d、55d),当浸泡到

图 6.39　恒温恒湿箱

拟定的时间后即刻进行无侧限抗压强度试验。

为了比较碳酸溶液浸泡后,钙质结晶物析出对其强度的影响规律。制备允许试样周边自由进出水和周边封闭两种浸泡方式下的试样,如图 6.40 所示。

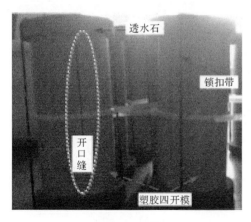

（a）塑胶四开模　　　　　　　　　　　（b）铜质饱和器

图 6.40　试样浸泡方式

3. 细观结构试验

细观试验的试样包括:①红黏土;②击实后养护的石灰土;③散粒石灰土(击实前)。为了减少试样烘干失水对其孔隙的影响,采用液氮冻干法制备试样。通过压汞和扫描电镜的试验获得击实和石灰稳定前后土体的微观结构变化特征。

6.4.3　试验结果与讨论

1. 承载比强度试验结果

按照上述 CBR 试验方案获得了三种条件下石灰稳定土的 CBR 试验曲线,限于篇幅只列出碳酸溶液浸泡和纯水浸泡下的曲线图,如图 6.41 所示。

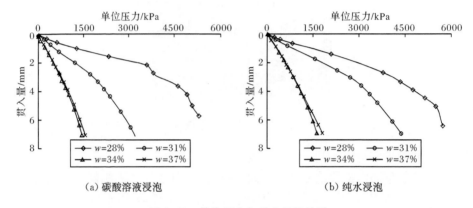

(a) 碳酸溶液浸泡　　　　　　　　(b) 纯水浸泡

图 6.41　单位压力与贯入量的关系

CBR 与初始含水量的关系如图 6.42 所示。

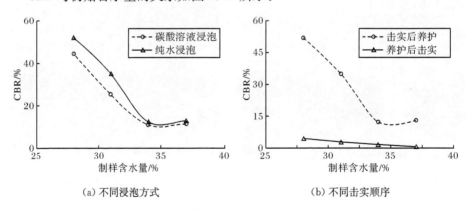

(a) 不同浸泡方式　　　　　　　　(b) 不同击实顺序

图 6.42　CBR 与含水量的关系

图 6.42(a)表明,经过 15d 的碳酸溶液浸泡后,石灰稳定土的 CBR 反而比纯水浸泡后的 CBR 小。但这种碳酸溶液的浸泡影响程度与试样的初始含水量有关。当含水量超过 34% 以后,二者的差别不明显。从图 6.42(b)中可以发现,击实后养护的石灰土 CBR 比养护后击实的土体 CBR 高,特别是在最优含水量时,前

者约是后者的 12 倍。可见,石灰土需要得到充分压实后,其颗粒之间的胶结才能充分形成,颗粒表面的碳化效应对其强度的贡献不大。

通过上述试验结果的论述,可以得到两点结论:①长期的碳酸溶液作用后,石灰稳定土的 CBR 出现了衰减;②压实作用对石灰稳定土的强度形成十分关键,颗粒之间的胶结强度对石灰稳定土的强度增长贡献最大。为了验证第①点结论,通过开展无侧限抗压强度随浸泡时间的演化规律试验,进一步揭示碳酸溶液的整个作用过程。

2. 无侧限抗压强度

石灰稳定土经过碳酸溶液浸泡后的无侧限抗压强度随浸泡时间的关系,如图 6.43 所示。

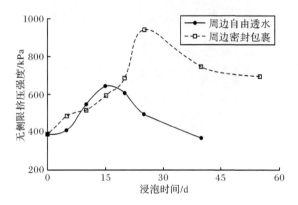

图 6.43　无侧限抗压强度与浸泡时间的关系

两种浸泡方式下的无侧限抗压强度均随浸泡时间的变化先增长,周边自由透水和周边密封包裹的试样分别在浸泡 15d 和 25d 时达到峰值,然后强度又逐渐降低。这说明碳酸对石灰稳定土在其初期强度增长中起到积极的促进作用,如式(6.6)所示生成了 $CaCO_3$。但长期酸性环境作用下其胶结物质又被部分弱化,如式(6.7)所示胶结物质 $CaCO_3$ 被溶解成 CaO。

$$Ca(OH)_2 + H_2CO_3 =\!=\!= CaCO_3 + 2H_2O \tag{6.6}$$

$$CaCO_3 + H_2CO_3 =\!=\!= CaO + H_2O + 2CO_2 \tag{6.7}$$

在溶液的浸泡过程中,由于浸泡溶液和石灰土内胶结物质存在浓度梯度,故钙质结晶物会出现部分析出,图 6.44 中的试样表面析出了白色的结晶物。特别是在试验过程中为了保证碳酸溶液的浸泡效果,每天均更换碳酸溶液,由于水流的动力作用,与溶液接触面大的试样其颗粒之间的胶结物质流失现象越明显,Ola[20]的研究也表明,淋滤作用造成了红黏土团聚体之间胶结的断裂,从而影响团聚体的结构。因此,周边自由透水条件下的试样与周边密封包裹条件下的石灰土相比,前者的强度衰减幅度比后者的衰减幅度大,前者的强度衰减后甚至比其自身的初始强度还要低。

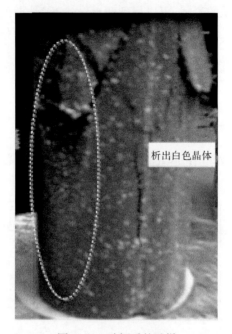

图 6.44　破坏后的试样

另外,Sunil 等[21]的研究发现,盐酸溶液下红黏土自身的游离氧化铁胶结物质出现溶解,致使其压缩强度降低。这说明碳酸溶液作用下不仅引起碳酸钙胶结物质的溶解,还会导致红黏土自身游离氧化铁胶结物质的流失。

3. 石灰土的细观结构

利用压汞方法获得了散粒石灰土、击实后养护和养护后击实的试样的孔隙尺寸分布特征曲线,如图 6.45 所示。采用 Quanta 扫描电镜获得击实后养护试样和散粒石灰土的微观形貌,如图 6.46 所示。

散粒石灰土因未受到外部机械力的击实作用,只在土团外部形成一层钙化层,其孔隙体积主要分布在孔径 $0.04\,\mu m$ 和孔径 $60\,\mu m$ 的孔隙周围。养护后击实和击实后养护的试样其孔隙体积因为受到外部荷载的作用,主要分布在孔径 $0.04\,\mu m$ 的孔隙周围,孔径 $60\,\mu m$ 周围的孔隙只有未击实前的 20%。可见,土团外部形成的钙化层对抵抗外部荷载的作用十分有限。

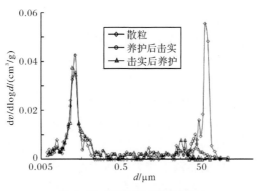

图 6.45　孔隙尺寸分布特征

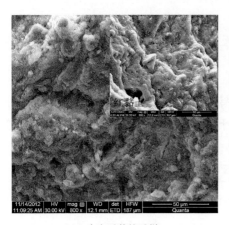

（a）击实后养护试样　　　　　　　　　　（b）散粒石灰土

图 6.46　石灰稳定土的微观形貌

　　散粒石灰土因其没有被压实破碎，整个形貌属于石灰与黏土的全面接触反应的生成物，总体呈现棉花絮凝状，黏土颗粒被钙化结晶物包裹，如图 6.46（b）所示。击实后养护的试样，由于只在黏土颗粒之间形成胶结物，其包裹现象不明显，但团粒之间的边缘十分模糊，如图 6.46（a）所示。从石灰稳定土的细观结构与宏观力学特性来看，石灰稳定土的强度增大主要是由于黏土颗粒之间的胶结能力得到加强，如果没有进行很好的压实，即使发生碳化作用也并不能有效提高土体的强度。

6.5　重塑石灰红黏土的力学性能

6.5.1　试验概况

　　随着经济的快速发展，对公路等级的需求不断提高，20 世纪 70 年代前后修筑的公路运营到现在,均需要进行不同程度的翻修。因此,如何处置原来利用石灰等稳定材料处理过的土体逐渐成为人们关注的焦点。如果废弃不用,一方面容易导致土壤、水及周边环境的污染;另一方面需要新增取土场和弃土场,从而增加了工程投资。显然,石灰土宜就地利用。当前,对石灰改良土体的内在机制及其改良后的力学特征研究比较深入和全面[2,6,22],例如,杨志强等[6]对石灰加固土的物理力学性质进行了广泛的讨论,并通过压汞试验和扫描电镜等手段从微观角度揭示了加固机制。但对重塑的石灰土力学特征研究较少,对此也鲜有文献报道。可见,如何处置改扩建工程中的石灰土成为当前亟待解决的难题。虽然重塑石灰土的强度等各方面特性与石灰土相比有所衰减,但衰减程度到底有多大,还能不能继续用于工程建设中,这些问题值得进行深入探讨。工程上对土体的压缩性、强度等基本力学指标利用较多。因此,拟从上述工程特征出发,对比研究重塑石灰土、石灰土及素土的力学特性,以便为石灰土的再利用提供参考依据。

1. 试验材料

试验土样取自某高速公路 K114 桩号,试验用石灰的 CaO 含量为 73.4%、MgO 含量为 1.5%,烧失量为 25.1%,属于优质石灰。试验用土的基本物理特性,见表 6.19。

表 6.19 试样的物理性质指标

试样	天然含水量/%	土粒相对密度	液限/%	塑限/%	最大干密度/(g/cm³)	最优含水量/%
素土	35.7	2.67	55.7	35.4	1.46	29.4
石灰土	—	2.66	49.4	38.6	1.44	32.1

表 6.19 中石灰土的最优含水量和最大干密度是指石灰拌和完成后即刻击实时的值,而土粒相对密度、液塑限值是击实试样养护 60d 重塑后的数值。

2. 试样制备

石灰土和重塑石灰土的掺灰比均为 4%(质量比),石灰土试样在保湿缸中的养护时间为 30d。重塑石灰土是在素土的基础上改良养护 60d 后,再用橡胶锤解碎后过 2mm 筛获得。

所有试样采用控制干密度的方法制备了两种干密度试样,分别对应 90% 与 93% 的压实度,制样含水量为最优含水量。其中,重塑石灰土制样参数按照石灰土取值。

制样方法如下:先根据最优含水量配置土样并用塑料袋密封放置保湿缸内静置 7d。然后,根据干密度和初始含水量计算每个试样的湿土质量,再把称后的土样倒入预先定制好的钢模内进行静压。钢模的内径与试样直径相同,两端用垫块填充(垫块的直径与钢模内径相同),当千斤顶把两个垫块完全压平时,试样即达到预定的密度。静压完成后不能立刻卸掉千斤顶,要让施加的力稳定一段时间以防止试样回弹。最后,用其他垫块从底部把试样慢慢顶出。试样成型后要用密封袋封装好后再次放入保湿缸内以供试验所用。压缩和直剪试验用试样的直径61.8mm、高20mm;无侧限抗压强度试验用试样的直径50mm、高100mm。

3. 试验内容和方法

主要从土体的压缩特征、无侧限抗压强度、抗剪强度角度研究重塑石灰土、石灰土、素土的工程力学特性,试验方法参照《公路工程无机结合料稳定材料试验规程》(JTG E51—2009)[23]、《公路土工试验规程》(JTG E40—2007)[8]等规范,均按照饱和土的试验方法进行。石灰土试样在保湿缸中的养护时间为30d。

6.5.2 试验结果及分析

1. 压缩特征

素土、石灰土、重塑石灰土的 e-P 曲线如图 6.47 所示。

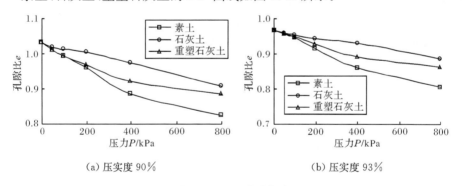

(a) 压实度 90%   (b) 压实度 93%

图 6.47   e-P 关系曲线

重塑石灰土的压缩曲线位于素土与石灰土的压缩曲线之间。应力为 0～200kPa 时,素土和重石灰土的压缩量差别不大,但超过 200kPa 以后差异性非常明显。当应力达到 800kPa 时,石灰土和重塑石灰土的压缩量差别不大,说明当应力超过石灰土的结构强度后,将导致颗粒胶结结构破碎,此时等同于把石灰土给"重塑"了。因此,评价土体的压缩性需要紧密结合土体所处的应力状态,特别是对于结构性较强的土体。

为了对比分析不同应力范围内的压缩性,计算了不同压力范围内的压缩系数,见表 6.20。表中压缩系数,如 $a_{0-0.5}$ 中的下标 0-0.5 代表 0～50kPa 的应力,其余类同。

表 6.20　压缩系数

试样类别	压实度/%	压缩系数/MPa^{-1}					
		$a_{0-0.5}$	a_{0-1}	a_{0-2}	a_{0-4}	a_{0-8}	a_{1-2}
素土		0.56	0.49	0.44	0.45	0.32	0.38
石灰土	90	0.38	0.24	0.17	0.18	0.19	0.10
重塑石灰土		0.57	0.48	0.40	0.35	0.23	0.32
素土		0.25	0.26	0.32	0.33	0.25	0.38
石灰土	93	0.18	0.15	0.14	0.11	0.12	0.12
重塑石灰土		0.25	0.13	0.06	0.03	0.02	0.25

表 6.20 的结果表明,石灰土的压缩系数整体要小于素土和重塑石灰土;同时,压实度小的试样其压缩性大。表 6.20 最后一列给出了土力学教材中推荐的压缩系数 a_{1-2} 值,重塑石灰土的压缩性比石灰土的压缩性提高了 2～3 倍。如果统一采用压缩系数 a_{1-2} 评价土体的压缩性,则素土压实度为 90% 和 93% 时的压缩性都为 0.38MPa^{-1},而压实度为 93% 的石灰土压缩系数还要大于压实度为 90% 的石灰土压缩系数,很显然与实际情况不符。这表明仅采用压缩系数 a_{1-2} 来评价土体的压缩性不够全面。因此,应根据土体所处的应力状态,计算土体从附加应力为 0 到目标应力的压缩系数。因为,评价土体的压缩性不仅要考虑土体在某一应力引起的增量值还要考虑土体所处的应力状态。例如,同为素土,压实度为 90% 试样,其压缩量主要发生在应力为 0～400kPa 时,而压实度为 93% 试样压缩量则主要发生在应力为 400～800kPa 时。

2. 无侧限抗压强度

素土、石灰土、重塑石灰土的无侧限抗压强度应力-应变曲线如图 6.48 所示。

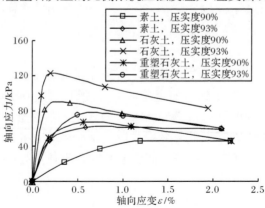

图 6.48　轴向应力-应变的关系

取各应力-应变曲线的峰值列于表 6.21。

表 6.21　无侧限抗压强度指标

试样类别	压实度/%	无侧限抗压强度/kPa
素土	90	45.9
	93	61.6
石灰土	90	89.7
	93	122.2
重塑石灰土	90	62.8
	93	75.8

经过石灰改良后,无侧限抗压强度得到了显著提高,比素土提高 2 倍左右。当石灰土的结构破坏后再压实,其无侧限抗压强度大幅度削减,但仍略高于素土。

3. 直剪强度

不同压实度的素土、石灰土、重塑石灰土直剪试验的应力-应变曲线,限于篇幅,图 6.49 只给出了压实度为 93% 的石灰土应力-应变曲线。

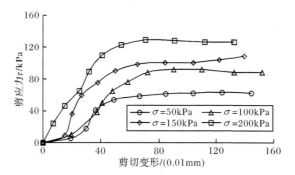

图 6.49　石灰土剪切应力与剪切位移的关系

6 种情况的抗剪强度与法向应力关系如图 6.50 所示。通过直线拟合获得的内摩擦角 φ、黏聚力 c 参数,见表 6.22。

表 6.22　剪切强度指标

试样类别	压实度/%	黏聚力 c/kPa	内摩擦角 φ/(°)
素土	90	23.5	17.7
	93	27.7	19.1
石灰土	90	38.7	19.3
	93	44.7	23.2
重塑石灰土	90	20.6	24.4
	93	26.1	25.0

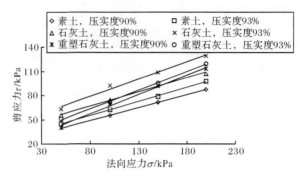

图 6.50　抗剪强度与法向应力的关系

相同压实度的素土、石灰土和重塑石灰土在同一法向应力下的应力-应变典型曲线如图 6.51 所示。

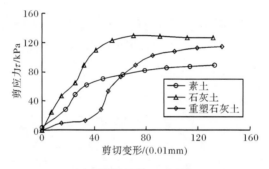

(a) 压实度 93%,σ=200kPa

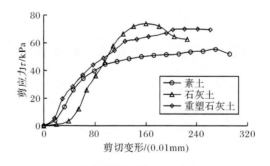

(b) 压实度 90%,σ=100kPa

图 6.51　剪切应力与剪切位移的关系

从图 6.51 可以看出,石灰土呈现脆性破坏特征,素土和重塑石灰土的变形则表现为应力硬化型。重塑石灰土的应力-应变曲线位于素土与石灰土的曲线中间。结合表 6.22 中的强度指标可知,经过石灰改良后不仅增大了土体的内摩擦角(约

1.2 倍),更显著提高了土体的黏聚力(约 1.6 倍)。当对石灰土进行重塑后,其内摩擦角有所增大,但黏聚力急剧减小,甚至比素土的黏聚力还要小。这主要是由于石灰改良后,黏土颗粒外表面部分形成"硬壳",且小颗粒集聚成团引起的团粒化效应所致[24]。

6.5.3　重塑石灰土的性能劣化分析

1. 劣化系数

劣化系数表征石灰土结构遭受破坏后的工程特征衰变程度,其本质可理解为土体颗粒之间的"胶结"断裂量。设劣化系数为 DC,即

$$DC = \frac{S_{\text{Rlime}}}{S_{\text{lime}}} \tag{6.8}$$

式中,S_{lime} 为石灰土的力学参数;S_{Rlime} 为重塑石灰土的力学参数。

重塑石灰土的各力学参数的劣化系数见表 6.23。

表 6.23　劣化系数

压实度/%	压缩系数	无侧限抗压强度	黏聚力
90	3.2	0.70	0.62
93	2.1	0.62	0.58

可以看出,与石灰土相比,重塑石灰土的力学特性出现了不同程度的劣化,主要表现在压缩性增大、强度降低,但其工程特征总体要比素土的性能优越。

2. 性能劣化机制分析

高国瑞[2]从离子交换、碳化、吸水膨胀发热和灰结等微观角度,对石灰增强土体强度的机制进行了探讨,认为土中的胶态氧化硅和氧化铝与石灰中的氧化钙形成复杂的硅酸钙和铝酸钙纤维状胶凝物质,增强了土颗粒之间的联结强度,即灰结效应;而且土中的石灰在水的作用下产生胶体状氢氧化钙,氢氧化钙与大气中的二氧化碳发生反应,在土颗粒的表面或土颗粒间形成固体的碳酸钙结晶,使得土颗粒之间产生胶结作用,即碳化效应。

重塑石灰土的性能劣化是相对石灰土的力学性能而言。性能劣化的本质是破坏了石灰土的胶结结构强度。因此,石灰土的性能劣化机制与石灰改良土体的作用机制是相逆的过程。石灰土重塑过程显然从如下两个方面影响了石灰土力学性能。

1) 胶结强度丧失

石灰改良土体形成的胶结强度大小可通过直剪试验的黏聚力强度间接反映。图 6.52 为素土、石灰土和重塑石灰土的黏聚力对比情况。

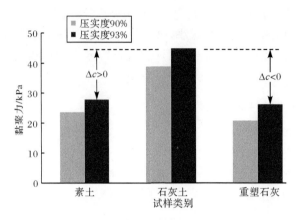

图 6.52　土样黏聚力对比

素土经过石灰改良后黏聚力得到明显提高 $\Delta c > 0$，而把石灰土重塑后 $\Delta c < 0$。如把素土改良后，压实度为 90％时，黏聚力由 23.5kPa 提高到 38.7kPa，即 $\Delta c = 15.2$kPa；而把石灰土重塑后则降低到 20.6kPa，即 $\Delta c = -18.1$kPa。可见，从黏聚力的角度看，石灰土经重塑后破坏了石灰土颗粒之间的胶结强度。

2）团粒化效应

石灰土和素土的粒径分布及其对比情况，见表 6.24 和图 6.53。

表 6.24　颗粒粒径分布　（单位：％）

试样	粒径范围/mm			
	＞0.074	0.005～0.074	0.002～0.005	＜0.002
素土	2.7	57.6	8.2	31.5
石灰土	26.3	63.2	5.4	5.1

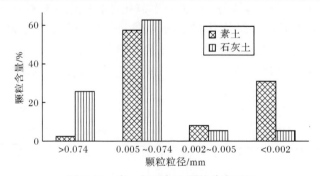

图 6.53　素土与石灰土颗粒分布对比

表 6.24 结果表明，经过石灰处理后，粒径小于 0.002mm 的黏粒含量与素土相比减少了 96％，而大于 0.074mm 的粗粒含量却增加了约 10 倍。可见，石灰处

理后黏土颗粒发生明显的团粒化效应,大颗粒含量增多,小颗粒含量减小,而且土
体颗粒外面形成了一层凸凹不平的"硬壳"。因此,石灰土和重塑石灰土的内摩擦
角要比素土的内摩擦角大。

式(6.9)为根据莫尔库仑理论得到的黏聚力和内摩擦角对强度的影响计算
公式:

$$\Delta\tau = \sigma\tan(\Delta\varphi) + \Delta c \tag{6.9}$$

根据表 6.22 的结果,石灰土重塑后内摩擦角比重塑前要大 $\Delta\varphi = 5.1°$,而黏聚
力 $\Delta c = -18.1\text{kPa}$。当法向应力 $\sigma = 100\text{kPa}$ 时,把 $\Delta\varphi = 5.1°$代入式(6.9)可得
$\Delta\tau = -9.2\text{kPa}$,说明内摩擦角增大对强度的贡献不足以抵消黏聚力的丧失效应。
只有当法向应力增大到 $\sigma = 202\text{kPa}$ 时,内摩擦角增大量刚好与黏聚力减少量
相等。

6.6　重塑石灰土强度的恢复方法与机制初探

破碎后的石灰稳定土黏粒(粒径<0.002mm)含量由改良前 31.5% 下降至改
良后 5.1%,出现了明显的"砂化"现象[9]。而"二次掺灰"施工工艺就是利用焖料
过程降低黏土的天然含水量,充分利用其"砂化"特性提高石灰土的碾压性
能[25~27]。因此,石灰稳定土再利用技术的研究可以借鉴"二次掺灰"的基本原理
进行探索,但到底是继续添加石灰还是水泥进行改良,还没有明确的结论。

为此,以破碎的石灰稳定土(简称重塑石灰土)为研究对象,分别添加石灰和
水泥进行再次改良(简称石灰再改良土和水泥再改良土),对比分析石灰再改良
土、水泥再改良土、重塑石灰土的工程特性,借助粒度分析、扫描电镜和 X 射线衍
射等试验揭示重塑石灰土的强度再生机制,为重塑石灰土的再利用提供理论参考
依据。

6.6.1　试验方案

1. 试验材料

重塑石灰土是由红黏土添加 4% 的石灰改良养护完成后经过人工破碎而成。

试验用石灰的 CaO 含量为 73.4%、MgO 含量为 1.5%,烧失量为 25.1%,属
于优质石灰;试验用水泥为普通硅酸钙水泥,试样的物理性质见表 6.25。

表 6.25　试样的物理性质[9]

试样	比重	液限/%	塑限/%	最大干密度/(g/cm³)	最优含水量/%	黏粒含量/%
石灰土	2.66	49.4	38.6	1.44	32.1	5.1

2. 试样制备

将石灰土试样用橡胶锤破碎后过 2mm 孔径的筛,分别掺 5% 石灰和 5% 水泥后制备土样放在保湿箱中养护 7d。石灰再改良和水泥再改良土的制样干密度分别为 $1.30g/cm^3$、$1.34g/cm^3$,试样含水量为最优含水量 32.1%。

具体制样步骤如下:①根据最优含水量配制土样,用塑料袋密封放置保湿箱内静置一周;②根据干密度和初始含水量计算每个试样的湿土质量后,将称好的土样倒入预先定制好的钢模内进行静压成型;③试样成型后用密封袋封装好,再次放入保湿箱内以供试验所用。

压缩和直剪试验用试样为环刀样,其尺寸为直径 61.8mm、高 20mm;无侧限抗压强度试验用试样为圆柱样,其尺寸为直径 50mm、高 100mm。

3. 试验方法

参照《公路工程无机结合料稳定材料试验规程》(JTG E51—2009)[23]、《公路土工试验规程》(JTG E40—2007)[8]等规范,从土体的压缩特征、无侧限抗压强度、直接剪切强度角度研究石灰再改良土、水泥再改良土以及重塑石灰土的工程力学特性,试验时试样保持制样时的湿度状态;宏观力学试验结束后把试样按照粒度分析、扫描电镜和 X 射线衍射试验的要求制备完成后进一步开展微观试验。

6.6.2　试验结果分析

1. 压缩特性

重塑石灰土、石灰再改良土和水泥再改良土的压缩曲线如图 6.54 所示。

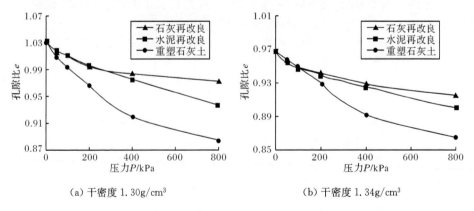

(a) 干密度 $1.30g/cm^3$　　　　　(b) 干密度 $1.34g/cm^3$

图 6.54　e-P 曲线

为进一步分析两种再改良土的压缩特性,计算了压缩系数,见表 6.26。

表 6.26　压缩系数

干密度/(g/cm³)	试样类别	压缩系数 a_{1-2}
	石灰再改良土	0.12
1.30	水泥在改良土	0.15
	重塑石灰土	0.32
	石灰再改良土	0.11
1.34	水泥再改良土	0.12
	重塑石灰土	0.25

从图 6.54 可以看出,应力为 0~200kPa 时,石灰再改良土与水泥再改良土压缩量基本相同;当应力超过 200kPa 以后至 800kPa 时,前者的压缩量明显低于后者的压缩量,后者的压缩曲线变得陡峭,这说明当应力超过 200kPa 以后,水泥再改良土的结构性趋于屈服状态。但相比重塑石灰土而言,经石灰或水泥再改良后其压缩量都下降了 50%左右。

图 6.55 为石灰再改良土与水泥再改良土放大 2000 倍后的微观形貌图。

　　　　(a) 石灰再改良土　　　　　　　　　　(b) 水泥再改良土

图 6.55　扫描电镜图

重塑石灰土加入水泥后形成硬化片状物,虽然固体片状物自身很密实,但其整体结构仍存在较大的孔隙,片状物呈现面-边或面-点接触的排列模式,没有形成很好的定向排列,所以仍存在被压实的空间。虽然石灰再改良土也存在孔隙,但团粒之间形成较稳定的联结。因此,当应力超过 200kPa 后水泥再改良土压缩性比石灰再改良土大。

2. 强度特性

石灰再改良、水泥再改良石灰土的无侧限抗压强度应力-应变曲线如图 6.56 所示。

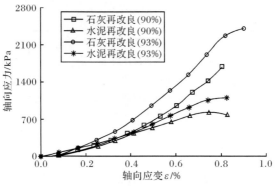

图 6.56　轴向应力-应变曲线

取应力应变峰值,得到石灰再改良、水泥再改良土的无侧限抗压强度,见表6.27。

表 6.27　无侧限抗压强度

干密度/(g/cm³)	试样类别	无侧限抗压强度/kPa
	石灰再改良土	1691
1.30	水泥再改良土	831
	重塑石灰土	62.8
	石灰再改良土	2275
1.34	水泥再改良土	1077
	重塑石灰土	75.8

石灰再改良土的无侧限抗压强度大于水泥再改良土,前者为后者的 2 倍左右,表明添加石灰再改良的效果比添加水泥再改良的效果要好;但与重塑石灰土相比,强度均呈现大幅度提高。

石灰再改良和水泥再改良土直剪试验的典型应力-位移曲线如图 6.57 所示。

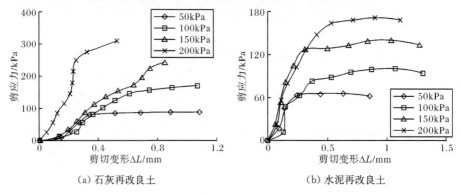

（a）石灰再改良土　　　　　　　（b）水泥再改良土

图 6.57　剪切应力-位移曲线

通过直线拟合获得的内摩擦角 φ、黏聚力 c 见表 6.28。

表 6.28　剪切强度指标

压实度/%	试样类别	黏聚力 c/kPa	内摩擦角 φ/(°)
	石灰再改良土	26.6	45.6
90	水泥再改良土	20.7	33.2
	重塑石灰土	20.6	24.4
	石灰再改良土	30.6	55.6
93	水泥再改良土	27.1	35.6
	重塑石灰土	26.1	25.0

石灰再改良土的内摩擦角较重塑石灰土提高了 1 倍左右;水泥再改良土的内摩擦角较重塑石灰土提高了 50% 左右。石灰再改良土和水泥再改良土比重塑石灰土的黏聚力都略有增加,但增加的幅度不大。

6.6.3　讨论与分析

1. 团粒化效应

为揭示掺入石灰或水泥再改良后,重塑石灰土的强度再生机理,进行了粒度分析和扫描电镜试验,试验结果分别如图 6.58 和图 6.59 所示。

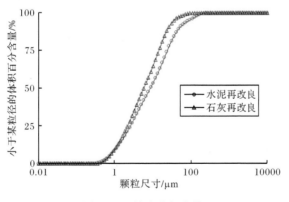

图 6.58　粒度分析曲线

粒度分析曲线表明,石灰再改良土的团粒主要分布在粒径为 0.32~120.2 μm,含量占 69.8%;水泥再改良石灰土的团粒则主要分布在粒径为 0.32~275.4 μm,含量约占 58.1%,再次说明掺水泥再改良的团粒化效果没有石灰再改良土的效果好。

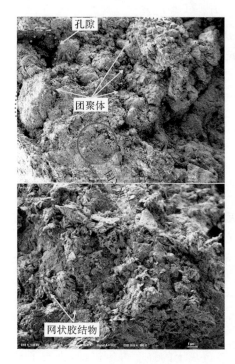 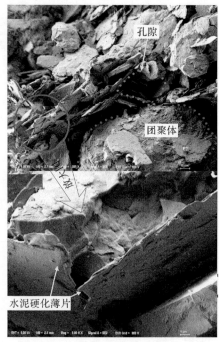

(a) 石灰再改良土　　　　　　　　　(b) 水泥再改良土

图 6.59　扫描电镜图片

图 6.59(a)为石灰再改良土的微观形貌。可以看出石灰与团粒之间发生充分反应,石灰土团粒之间以及黏土颗粒由钙化结晶物包裹,形成较为稳定的土体结构。图 6.59(b)为水泥再改良土的微观形貌图,与图 6.59(a)相比,胶结物包裹石灰土颗粒和团粒的现象不明显,存在许多类似水泥硬化薄片的物质填充在土粒周围,轮廓分明,硬化薄片未能把团粒与团粒胶结在一起形成更大的团粒,而且自身呈边-边和点-边接触状态,形成不稳定的孔隙构架。因此,石灰再改良土团粒化效果比水泥再改良土的效果好。

2. 胶结强度

依据石灰和水泥水化机理可知,起胶结作用的物质主要是水化硅酸钙、水化铝酸钙、氢氧化钙等[2~4]。借助 X 射线衍射方法(X-ray diffraction,XRD)探测石灰和水泥再改良土中的胶结成分,如图 6.60 所示。

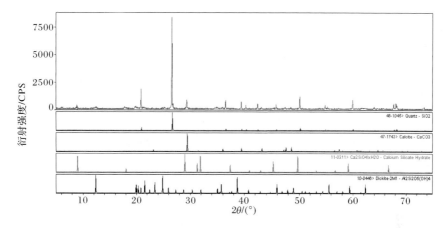

（a）石灰再改良土

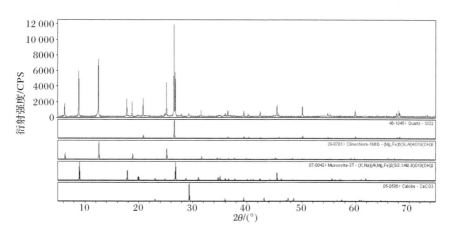

（b）水泥再改良土

图 6.60　X 射线衍射图

　　XRD 图表明,重塑石灰土经石灰、水泥再改良后均生成了 $Ca(OH)_2$ 结晶体、硅酸盐类水化物、碳酸钙、氯酸钙等胶结物。

　　结合热重分析方法(thermo gravimetric analysis,TGA)确定胶结物的含量,如图 6.61 所示。图中,TG 为热作用下重量的损失量;DTC 是对 TG 曲线求微分。

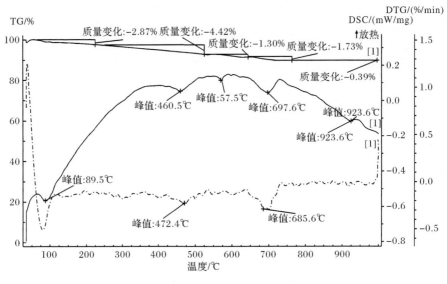

(a) 石灰再改良土

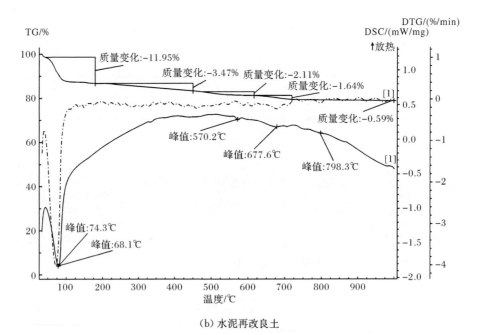

(b) 水泥再改良土

图 6.61　热重分析曲线

经计算,石灰再改良土、水泥再改良土在温度为 200~550℃ 时分别分解了 4.42%、3.47%;在 550~650℃ 时分别分解了 1.3%、2.11%;在 650~800℃ 时分别分解了 1.73％、1.64％。联合 XRD 试验结果可知,在温度为 200~550℃ 时分解的物质为 $Ca(OH)_2$ 胶结物;在 550~650℃ 时分解的物质为硅酸盐类胶结物;在 650~800℃ 时分解的物质为碳酸钙胶结物。可以看出,石灰再改良土中的 $Ca(OH)_2$ 与碳酸钙胶结物明显多于水泥再改良土,进一步佐证了添加石灰更能促进重塑石灰土的强度再生。虽然水泥再改良土中硅酸盐类胶结物含量高于石灰再改良土,但由于水泥水化后产生的大量硅酸盐类胶结物自身凝固形成薄片硬块,如图 6.59(b)所示。这些胶结物并没有把石灰土的团粒相互胶结在一起,对重塑石灰土的强度恢复贡献不大。

水泥改良土体的机理包括两个过程:①水泥水化后生成水化硅酸钙凝胶和氢氧化钙;②氢氧化溶液再与黏土中的活性氧化钙和氧化铝反应生成水化硅酸钙和水化铝酸钙凝胶。式(6.10)和式(6.11)分别为硅酸三钙和硅酸二钙的水化过程。

$$3CaO \cdot SiO_2 + nH_2O \Longrightarrow xCaO \cdot SiO_2 \cdot yH_2O + (3-x)Ca(OH)_2 \quad (6.10)$$

$$2CaO \cdot SiO_2 + nH_2O \Longrightarrow xCaO \cdot SiO_2 \cdot yH_2O + (2-x)Ca(OH)_2 \quad (6.11)$$

从化学反应的平衡过程来看,重塑石灰土前期残存有氢氧化钙,导致溶液中氢氧化钙的浓度较高,客观上阻碍了硅酸三钙等的水化进程,从而导致水泥水化第一过程中水化硅酸钙凝胶的生成量减少。而石灰增强土体强度的机理主要包括离子交换、碳化和灰结等过程,显然重塑石灰土残存的氢氧化钙对再添加石灰改良没有不利的影响。

6.7　小　　结

(1)红黏土和石灰土的破坏特征各不相同。红黏土表现为应变硬化型塑性破坏;石灰土则随土团直径的减小从应变硬化逐渐过渡到脆性破坏。干密度随着土团直径的增大呈现先增大后减小的特征,红黏土和石灰土的最大干密度对应的土团直径为 0.2~5mm;而最大 CBR 值对应的土团直径分别为 5~10mm 和 2~5mm。获得最佳压实状态并不能保证其承载比强度是最高的。

(2)石灰土和红黏土的吸水率、膨胀率均随土团尺寸的增大,呈现先减小后增大的整体变化趋势。在 2~10mm 时,两种土的膨胀量最小,此时的承载比强度最大。土团直径为 1~6cm 时,石灰土和红黏土的膨胀量差别不显著;土团直径小于 0.5cm 时石灰土的膨胀量明显要小于红黏土。可见,利用石灰改良土团时需要严格控制其尺寸大小。

(3)周边自由透水和周边密封包裹两种浸泡方式下的无侧限抗压强度均随浸泡时间的变化出现强度先增长后衰减的规律,分别在浸泡 15d 和 25d 时达到峰值。由于 CBR 试验时,贯入杆只在表层贯入,而其表层的浸泡方式与无侧限试验中允许自由透水的浸泡方式非常相似。由此,也验证了碳酸溶液浸泡 15d 后,其

CBR 比纯水浸泡下的 CBR 还要低的结论可靠。

（4）石灰稳定土的强度增长规律表明,碳化作用在其强度形成初期起到了积极的作用。但由于胶结物在酸性溶液的长期作用下易于溶解。故石灰稳定土在长期大气的酸雨等作用下,强度会出现衰减。因此,碳化效应并非对石灰稳定土的强度一直起增强作用。

（5）石灰土重塑过程破坏了石灰土内部颗粒之间的胶结结构,从宏观力学上表现为强度急剧减少:无侧限抗压强度损失了 $30\%\sim40\%$、黏聚力减少了 40%、压缩系数 $a_{1\text{-}2}$ 提高了 $2\sim3$ 倍。黏土颗粒与石灰发生化学反应,小颗粒胶结在一起形成大颗粒,即团粒化效应。故石灰土的黏粒（$d<0.002\text{mm}$）含量与素土相比减少了 96%,而粗粒（$d>0.074\text{mm}$）含量增加了约 10 倍。因此,提高了石灰土的内摩擦角。

（6）重塑石灰土的力学性能劣化的主要原因是重塑过程破化了石灰土中的胶结结构;并且由于碳化效应,黏土颗粒之间的黏聚力部分丧失,致使重塑石灰土的内摩角增大,而黏聚力降低,从而影响重塑石灰土的其他力学性能指标。

（7）掺石灰和水泥再次改良后,重塑石灰土的无侧限抗压强度较重塑石灰土而言均得到大幅提高,其中掺石灰再改良效果要好于掺水泥再改良。细观试验结果表明石灰再改良土中石灰与团粒之间发生充分反应,形成较为稳定的土体结构。而水泥再改良土中胶结物包裹石灰土颗粒和团粒的现象不明显,存在许多类似水泥硬化薄片的物质填充在土粒周围,但未能把不同团粒相互胶结在一起形成更大的团粒,而且自身呈边-边和点-边接触状态,形成不稳定的孔隙构架。

（8）导致水泥再改良土的效果不及石灰再改良土效果好的主要原因是重塑石灰土前期残存有氢氧化钙,导致溶液中氢氧化钙的浓度较高,客观上影响了硅酸三钙等的水化进程,从而导致水泥水化第一过程中水化硅酸钙凝胶的生成量减少。

参 考 文 献

[1] 谈云志,孔令伟,郭爱国,等. 红黏土路基填筑压实度控制指标探讨[J]. 岩土力学,2010, 31(3):851-855.

[2] 高国瑞. 灰土增强机理探讨[J]. 岩土工程学报,1982,4(1):111-114.

[3] Glenn R. Infrared spectroscopy of reacted mixtures of Otay bentonite and lime[J]. Journal of the American Ceramic Society,1970,53(5):274-277.

[4] Glenn R. X-ray studies of bentonite products [J]. Journal of the American Ceramic Society, 1967,50(6):312-317.

[5] Kamon M,Ying C,Katsumi T,et al. Effect of acid rain on lime and cement stabilized soils [J]. Japanese Geotechnical Society,1996,36(4):91-96.

[6] 杨志强,郭见扬. 石灰处理土的力学性质及其微观机理的研究[J]. 岩土力学,1991,12(3):
11-23.

[7] 胡明鉴,孔令伟,郭爱国,等. 襄十高速公路石灰改良膨胀土填筑路基施工工艺和影响因素
分析[J]. 岩石力学与工程学报,2004,23(SP1):4623-4627.

[8] 中华人民共和国交通运输部. JTG E40—2007 公路土工试验规程[S]. 北京:人民交通出版
社,2007.

[9] 谈云志,郑爱,喻波,等. 重塑石灰土的力学特征与性能劣化机制分析[J]. 岩土力学,2013,
34(3):653-658.

[10] Castel A K. Stabilisation of laterite gravel using sand[J]. Ghana Engineering,1970,3(1):
21-29.

[11] Hammond A A. A study of some lateritic gravels from Kumasi district[R]. Kumasi:Build
Road Research Installment,1970.

[12] Schoefield A N. Lime stabilisation of nodular clayey pea laterite in Nyasaland[J]. Road Re-
search Laboratory,Overseas Bull,1957,3:15-15.

[13] Bhatia H S. Principles of soil stabilisation[R]. Kumasi:West African Course in Highway
Engineering,University of Science and Technology,1968.

[14] Santos J C. Utilisation of lateritic soils for construction purposes[C]//Proceedings of 7th In-
ternational Conference Soil Mechanics Foundation Engineering Special Session,Lateritic
Soils,Mexico,1969.

[15] Diamond S,Kinter E B. Mechanisms of soil-lime stabilization[J]. Highway research record,
1966,92:83-102.

[16] Eades J L,Grim R E. Reactions of hydrated lime with pure clay minerals in soil stabilization
[J]. Highway Research Board Bulletin,1960,262:51-63.

[17] Shi B,Murakami Y,Wu Z S. Orientation of aggregates of fine-grained soil:Quantification
and application [J]. Engineering Geology,1998,50(12):59-70.

[18] 蔡奕,施斌,刘志彬,等. 团聚体大小对填筑土强度影响的试验研究[J]. 岩土工程学报,
2005,27(12):1482-1486.

[19] 谈云志,孔令伟,郭爱国,等. 红黏土路基填筑压实度控制指标探讨[J]. 岩土力学,2010,
31(3):851-855.

[20] Ola S A. Geotechnical properties and behavior of stabilized Nigerian laterite soils [J]. Engi-
neering Geology,1978,11(2):145-160.

[21] Sunil B M,Sitaram N,Shrihari S. Effect of pH on the geotechnical properties of laterite
[J]. Engineering Geology,2006,85(1-2):197-203.

[22] 崔伟,李华鋈,穆乃敏. 石灰改良膨胀土工程性质的试验研究[J]. 岩土力学,2003,24(4):
606-609.

[23] 中华人民共和国交通运输部. JTG E51－2009 公路工程无机结合料稳定材料试验规程
[S]. 北京:人民交通出版社,2009.

[24] 程钰,石名磊,周正明. 消石灰对膨胀土团粒化作用的研究[J]. 岩土力学,2008,29(8):

2209-2214.

[25] 孔令伟,郭爱国,赵颖文,等. 荆门膨胀土的水稳定性及其力学效应[J]. 岩土工程学报,2004,26(6):727-732.

[26] 程钰,石名磊. 石灰改良膨胀土击实曲线的双峰特性研究[J]. 岩土力学,2011,32(4):979-983.

[27] 郭爱国,孔令伟,胡明鉴,等. 石灰改良膨胀土施工最佳含水量确定方法探讨[J]. 岩土力学,2007,28(3):517-521.

第7章　红黏土现场碾压试验与填筑控制建议

7.1　概　　述

7.1.1　研究意义和目的

现场试验路的建设是将室内试验成果和提出的实施方案进行实际检验的平台。开展试验路主要是探索施工工艺和压实控制参数,红黏土用于路基填筑主要是解决碾压含水量的问题,然后根据施工工艺参数确定压实度控制标准,主要研究内容如下。

(1) 提出填料土工试验的项目与检测报告的内容。

(2) 检验红黏土路基填筑方案的适用性。

(3) 检验红黏土路基填筑部分的施工工艺与流程。

(4) 确定压实工艺主要参数:机械组合;压实机械规格,松铺厚度,碾压遍数,碾压速度;最佳含水量及碾压时含水量的允许偏差。

(5) 天然含水量较高时,填料的翻拌方式与含水量的降低速率。

(6) 施工碾压过程控制指标与方法,现场压实度的检测方法。

7.1.2　路基填筑压实影响因素

1. 填料的含水量

《公路路基施工技术规范》(JTG F10—2006)指出,现场土料的填筑含水量应达到最优含水量。认为在最优含水量时碾压水分起着润滑作用,达到同样密实度所需要的压实功最少;另外,该状态下压实得到的土体不仅最密实,而且浸水性能最稳定。这对于碾压达到最大干密度的情况是正确的,但当前利用压实度系数进行折减后,要求达到的干密度降低了,碾压含水量却并未相应地减少或增加。干密度的折减部分实际上都转化为孔隙,这些孔隙降低了压实土体的抗压缩性能,同时也为水分的浸入提供了空间。所以,在确定碾压含水量时,应在大于最优含水量的湿度碾压,该湿度对应的干密度与折减后的干密度相等。在压实度不变的条件下,折减部分的孔隙也被水分充满。另外,红黏土属于一种典型的特殊土,在达到压实控制标准的前提下,如能在偏湿的状态下碾压还有利于缩短工期。从保证路基的长期稳定性和节约成本的角度来看,红黏土在偏湿状态下压实比较经济可行。如需降水填筑则降水范围宜控制在 5% 的差值内,否则应废弃或进行改性处理。

因而,得到的压实状态应该不是图 7.1 中的 A'' 点和 B 点而是 A' 点。干密度折减部分实际上都转化为孔隙,这些孔隙为弱化压实土体的抗压缩性能,同时也为水分的浸入提供了空间。所以,这样的折减存在弊端。鉴于此,在确定碾压含水量时,应利用大于最优含水量的湿度碾压,该湿度对应的干密度与折减后的干密度相等。这样在压实度不变的条件下,折减部分的孔隙也被水分充满,解决了以最优含水量碾压存在的问题。

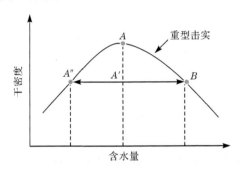

图 7.1　压实度系数与土体状态关系

现行规范中,只对压实度要求作了明文规定,而对如何达到相应压实度的具体施工方法没有说明。在确定路基填筑控制标准时不仅要关注压实时和刚刚压实后的土壤作用情况,更应关注由于压实所得到的优良性能是否能保持住,这对于水敏性强的土壤在制定压实标准时需要特别注意。

2. 压实机械组合

根据土壤的强度极限和压实机械在土中引起的应力来决定压实机械的最大应力,即为选择压实机械提供了依据。土壤的强度极限是指土体碾压变形过程中,从所压土体体积有变化的阶段过渡到无变化阶段转折点对应的应力。因此,根据恢复性变形与应力间的关系曲线,找到关系曲线的转折点,就可以确定土壤的强度极限。

压实土壤所用机械的单位压力很接近强度极限而又不超过强度极限时,压实效果最佳。如果超出土壤强度极限,则可能产生剪切破坏;如果小于强度极限很多,则松铺厚度就要减小,碾压遍数也要提高。

3. 松铺厚度

确定合理的松铺厚度之前首先要了解压实机械在压实土壤中的有效深度,有效深度是指在荷载作用下变形大致均匀分布的深度。通过试验可以测定有效深度,利用试板在土壤上施加不同应力值,得到每一种厚度土层的变形。在所压土层厚度达到某数值之前,弹性变形与厚度成正比,这说明它沿着深度均匀分布。曲线上的转折点即为有效深度区的界限,如图 7.2 所示。

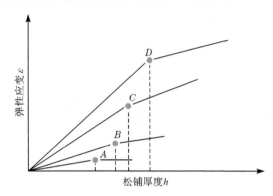

图 7.2　不同应力水平下弹性应变与厚度关系

经验表明,用光面轮和气胎轮压路机碾压最佳湿度的黏性土时,可以把有效深度取为接触面最小横向尺度 B_{min} 的两倍;用凸块碾时,由于羊蹄伸入土中局部产生了应力集中,有效深度稍稍增大,约为 $2.5B_{min}$。非黏性土的有效深度比黏性土在同等条件下要大 20%～30%。可以按式(7.1)计算应力小于极限强度时的最佳湿度的土壤有效深度 h_0:

$$h_0 = \alpha B_{min}(1 - e^{-\beta \frac{\sigma}{\sigma_r}}) \tag{7.1}$$

式中,B_{min} 为机具与土壤接触面上最小横向尺度;e 为自然底数;α 和 β 为常数,因土壤类型而变,系数 α 还取决于应力状态的变化速度,碾压时 $\alpha = 2$,对于黏性土壤,$\beta = 3.65$;σ_r 和 σ 分别为压实机械的单位压力与土壤的极限强度。

最佳压实厚度不应超过碾压机械的有效压实深度,否则沿着深度土壤的密度会出现不均匀分布,不能保证该层的下部分达到预期的压实度。只有控制在有效深度以内,得到的压实度沿深度方向才上下大概一致,如图 7.3 所示。

最佳厚度是既要满足压实度方面的要求,又要充分压实机械的使用效率,所以最佳厚度的确定是一个兼顾技术和经济的问题。而最佳松铺厚度(H)则可以通过引入塑性应变和有效深度来确定:

$$H = \frac{h_0}{1 - \varepsilon_p} \tag{7.2}$$

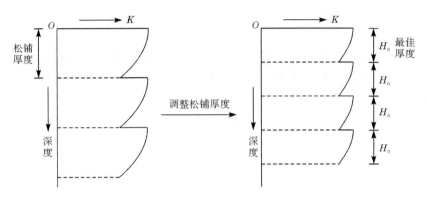

图 7.3　压实土层厚度与压实度关系

当碾压含水量变化时则通过碾压含水量与最优含水量的关系对最佳松铺厚度进行修正。计算出的最佳松铺厚度不需要十分精确(如精确到 1cm),这样高的精度不符合实际操作。

7.2　试验路建设案例

7.2.1　郴宁高速

郴宁高速公路沿线碳酸盐类岩广泛出露,在漫长的地质历史过程中,岩石风化剥蚀作用强烈,经红土化作用,沿线分布有大量的红黏土(弱膨胀性)。根据前期调查,全线红黏土用量约为 575 万 m^2,主要分布在溶蚀洼地底部、沟谷底部和山麓坡地等地段。

路基作为高速公路主体工程,应具有足够的强度、稳定性和耐久性。在现行标准《公路路基设计规范》(JTG D30—2004)和《公路路基施工技术规范》(JTG F10—2006)中规定:路基填土应满足 w_L 不大于 50%,塑性指数 I_p 不大于 26,含水量 w 不超过规定(稠度不小于 1.1),以及 CBR 实测值大于规定值的要求,否则为非适用土或不良土,不能直接用做路基填料。

红黏土作为路堤填料主要存在以下几个工程问题:①天然含水量问题。红黏土的天然含水量高,要降低至最佳含水量附近很困难,如果含水量低至塑限,则土体很坚硬,难以粉碎;②水稳定性问题。红黏土的水稳定性不好,按照最佳含水量进行填筑,对路基的稳定性不利;③压实度问题。由于填筑含水量一般较高,土块成团现象普遍,路堤会很难压实。

为节约工程建设经费,保证红黏土路堤的施工质量与进度目标,对该公路红黏土路基进行了路基施工技术应用的专项研究,根据室内外试验及相关分析,提出一整套操作性强、合理可行的红黏土路基施工工艺和质量控制体系。

1. 红黏土试验段碾压方案

红黏土路基填筑试验路段位于郴宁高速 K209＋160m～K209＋360m,全长 200m,该地区大量分布有红黏土,土质在整条线路中具有很强的代表性,所以选择在此标段开展试验。数据采集区为 K209＋260m～K209＋360m,在 K209＋280m、K209＋300m 和 K209＋320m 三个桩号处共采集碾压数据约 900 组。

该路段填料天然含水量为 34%～36%,高于最优击实含水量 10 个百分点左右,天然含水量高,要达到较好的碾压效果必须降低土体的含水量。为此,施工单位配备了拖拉机犁以便翻晒填料,另外开辟了场地晾晒填料,这为如期完成试验提供了有力的保障。

为了探索压实度随碾压遍数的变化规律,需要了解压路机每碾压一遍以后的压实度。可见,压实度的检测任务十分繁重。假如利用灌砂法进行测试,每测一个压实度至少需要花 30min;并且在做灌砂法的同时必须停止机械作业,否则机械的振动将会引起试验结果失真,这样完成一种碾压工况至少需要 2 天。如果没有持续的晴天,施工根本无法进行。鉴于此,采用环刀法检测细粒土试验路段的压实度是可行的。

在 14 标试验段建设过程中,主要考虑了填料的含水量、压实机械组合和松铺厚度三个影响路基压实效果的主要因素(表 7.1)。各因素考虑的水平如下:①填料含水量:天然含水量 w_{nat}、$w_{nat}-3\%$、$w_{nat}-6\%$,其中,w_{nat} 表示天然含水量;②压实机械组合:光面轮、凸块碾、光面轮＋凸块碾;③松铺厚度:25cm、30cm、35cm。

表 7.1 试验段碾压工艺组合设计

水平	1	2	3
含水量	w_{nat}	$w_{nat}-3\%$	$w_{nat}-6\%$
松铺厚度/cm	25	30	35
机械组合	光面轮碾 n 遍	光面轮＋凸块碾 n 遍	光面轮 1 遍＋凸块碾 n 遍

2. 现场碾压试验总结

1) 压实度随深度的变化规律

压实度随深度的变化规律,实际上反映了不同压实机械组合碾压土壤的效果。最佳的松铺厚度应该保证在一定的压实功作用下,压实度沿着深度的分布比较均匀。评价和确定合理的松铺厚度是一个兼顾经济与技术的问题。整个试验过程中,都检测了每一遍机械压实后沿深度变化的压实度。现选取两种不同机械组合下填料含水量 32.2%、松铺厚度 30cm 时的压实度随深度的变化情况如图

7.4 所示。

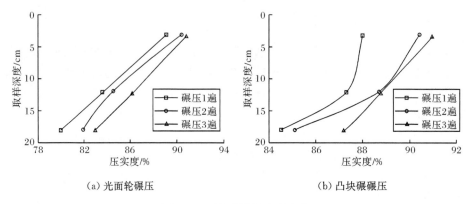

(a) 光面轮碾压　　　　　　　　(b) 凸块碾碾压

图 7.4　压实度沿深度的变化

在不同含水量情况下,压实度沿深度的变化规律也有差异。天然含水量状态、松铺厚度 30cm 进行直接碾压,土层底部压实度很难得到显著的提高。偏干时则由于土颗粒之间缺乏足够的水分进行润滑又很难压实,即使利用强振其有效影响深度也很浅。在含水量 27.7%、松铺厚度 25cm 的工况下,三种机械组合对应下的压实度在 12cm 处就急剧衰减,说明底部压实效果不佳。

从图 7.4 和表 7.2、表 7.3 中可以看出:

(1) 沿着深度的增加,压实度逐渐减少。底层的压实度越小表明该种机械组合的影响深度也越小。

(2) 三种机械组合中,光面轮碾压的深度最小,凸块碾的影响深度相对比较大。

(3) 土体偏湿时,压实度沿深度变化不大;偏干时,红黏土的成团现象比较明显,尤其是碾压层下部的土团难以打碎,压实度沿深度变化大。

表 7.2　含水量 33.5%、松铺厚度 30cm

桩号	深度/cm	静 1+强振 1	静 1+强振 2	静 1+强振 3
	0	87.1	87.7	87.2
K209+280	10	84.1	85.5	85.7
	15	83.5	84.6	84.9
	0	86.7	86.8	87.3
K209+320	10	84.7	85.5	86
	15	83.8	84.8	84.5

表 7.3　含水量 27.7%、松铺厚度 25cm

桩号	深度/cm	静 1+强振 1	静 1+强振 2	静 1+强振 3	静 1+强振 4
K209+280	0	92.3	89.7	88.9	96.3
	12	75.5	77.9	76.8	78.1
K209+300	0	86.8	93.8	93.4	90.0
	12	77.5	80.8	86.2	87.7
K209+320	0	88.4	93.8	91.0	90.4
	12	81.8	82.7	80.6	79.0

2) 不同含水量和碾压机械作用下压实度与碾压遍数关系

光面轮和凸块碾联合碾压的情况:光面轮先碾压若干遍至压实度不再提高后再加凸块碾碾压两遍,所有碾压工况都在碾压前利用光面轮进行静碾一遍。试验结果见图 7.5~图 7.15 及表 7.4~表 7.15。

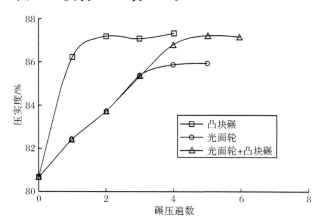

图 7.5　含水量 34.5%、松铺厚度 35cm

表 7.4　含水量 34.5%、松铺厚度 35cm、不同碾压机具组合下压实度变化

光面轮强振碾压遍数	压实度/%	凸块碾强振碾压遍数	压实度/%	光面轮+凸块碾强振碾压遍数	压实度/%
1	82.5	1	86.2	1	82.5
2	83.8	2	87.2	2	83.8
3	85.4	3	87.1	3	85.4
4	85.9	4	87.3	3+1	86.9
5	86			3+2	87.3

含水量 34.5%、松铺厚度 35cm,光面轮碾压一遍后压实度为 80.7%

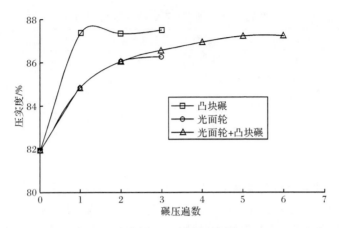

图 7.6　含水量 34.5%、松铺厚度 30cm

表 7.5　含水量 34.5%、松铺厚度 30cm、不同碾压机具组合下压实度变化

光面轮强振 碾压遍数	压实度/%	凸块碾强振 碾压遍数	压实度/%	光面轮＋凸块碾 强振碾压遍数	压实度/%
1	84.9	1	87.3	1	84.9
2	86.1	2	87.3	2	86.1
3	86.3	3	87.5	2＋1	86.6
				2＋2	87
				2＋3	87.3
				2＋4	87.3

含水量 34.5%、松铺厚度 30cm,光面轮碾压一遍后压实度为 81.9%

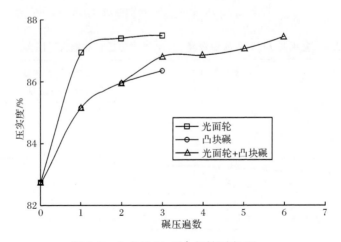

图 7.7　含水量 34.5%、松铺厚度 25cm

表 7.6　含水量 34.5%、松铺厚度 25cm、不同碾压机具组合下压实度变化

光面轮强振碾压遍数	压实度/%	凸块碾强振碾压遍数	压实度/%	光面轮+凸块轮强振碾压遍数	压实度/%
1	85.2	1	86.9	1	85.2
2	86	2	87.4	2	86
3	86.4	3	87.5	2+1	86.9
				2+2	86.9
				2+3	87.1
				2+4	87.5

含水量 34.5%、松铺厚度 25cm,光面轮碾压一遍后压实度为 82.7%

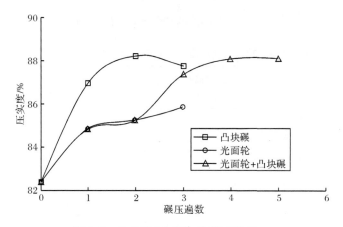

图 7.8　含水量 32.2%、松铺厚度 35cm

表 7.7　含水量 32.2%、松铺厚度 35cm、不同碾压机具组合下压实度变化

光面轮强振碾压遍数	压实度/%	凸块碾强振碾压遍数	压实度/%	光面轮+凸块碾强振碾压遍数	压实度/%
1	84.9	1	86.9	1	84.9
2	85.3	2	88.2	2	85.3
3	85.9	3	87.7	2+1	87.4
				2+2	88.1
				2+3	88.1

含水量 32.2%、松铺厚度 35cm,光面轮碾压一遍后压实度为 82.5%

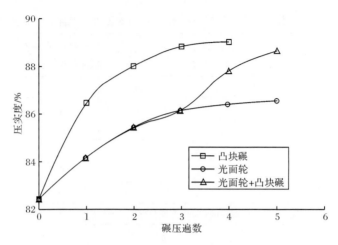

图 7.9　含水量 32.2%、松铺厚度 30cm

表 7.8　含水量 32.2%、松铺厚度 30cm、不同碾压机具组合下压实度变化

光面轮强振碾压遍数	压实度/%	凸块碾强振碾压遍数	压实度/%	光面轮+凸块碾强振碾压遍数	压实度/%
1	84.2	1	86.4	1	84.2
2	85.5	2	88.0	2	85.5
3	86.2	3	88.8	3	86.2
4	86.4	4	89.0	2+1	87.9
5	86.6			2+2	88.7

含水量 32.2%、松铺厚度 30cm，光面轮碾压一遍后压实度为 82.5%

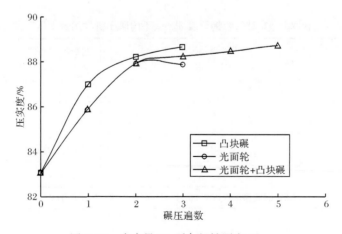

图 7.10　含水量 32.2%、松铺厚度 25cm

表 7.9　含水量 32.2%、松铺厚度 25cm、不同碾压机具组合下压实度变化

光面轮强振碾压遍数	压实/%	凸块碾强振碾压遍数	压实度/%	光面轮+凸块碾强振碾压遍数	压实度/%
1	85.9	1	87.0	1	85.9
2	88.0	2	88.2	2	88.0
3	87.9	3	88.7	2+1	88.3
				2+2	88.5
				2+3	88.8

含水量 32.2%、松铺厚度 25cm,光面轮碾压一遍后压实度为 83.1%

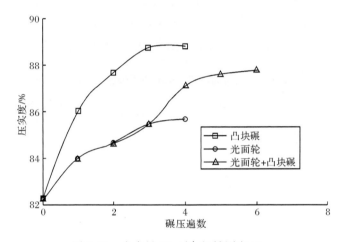

图 7.11　含水量 30.4%、松铺厚度 35cm

表 7.10　含水量 30.4%、松铺厚度 35cm、不同碾压机具组合下压实度变化

光面轮强振碾压遍数	压实度/%	凸块碾强振碾压遍数	压实度/%	光面轮+凸块碾强振碾压遍数	压实度/%
1	83.1	1	86	1	83.1
2	84	2	88.5	2	84
3	85.3	3	90.1	3	85.3
4	85.6	4	90.2	3+1	87.8
				3+2	88.5
				3+3	88.7

含水量 30.4%、松铺厚度 35cm,光面轮碾压一遍后压实度为 80.4%

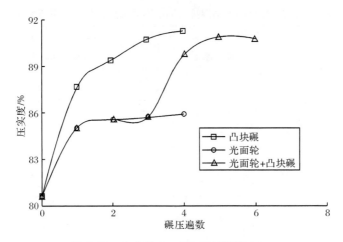

图 7.12　含水量 30.4%、松铺厚度 30cm

表 7.11　含水量 30.4%、松铺厚度 30cm、不同碾压机具组合下压实度变化

光面轮强振 碾压遍数	压实度/%	凸块碾强振 碾压遍数	压实度/%	光面轮＋凸块碾 强振碾压遍数	压实度/%
1	85.1	1	87.6	1	85.1
2	85.5	2	89.3	2	85.5
3	85.8	3	90.7	3	85.8
4	86	4	91.2	3＋1	89.8
				3＋2	91

含水量 30.4%、松铺厚度 30cm,光面轮碾压一遍后压实度为 80.7%

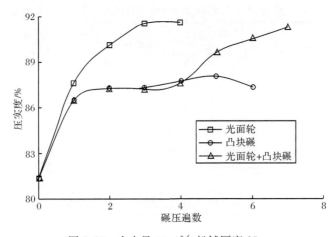

图 7.13　含水量 30.4%、松铺厚度 25cm

表 7.12　含水量 30.4%、松铺厚度 25cm、不同碾压机具组合下压实度变化

光面轮强振碾压遍数	压实度/%	凸块碾强振碾压遍数	压实度/%	光面轮＋凸块碾强振碾压遍数	压实度/%
1	86.6	1	87.6	1	86.6
2	87.4	2	90.0	2	87.4
3	87.7	3	91.5	3	87.7
4	88.1	4	91.6	3＋1	89.8
5	87.4			3＋2	90.6
				3＋3	91.4

含水量 30.4%、松铺厚度 25cm,光面轮碾压一遍后压实度为 81.5%

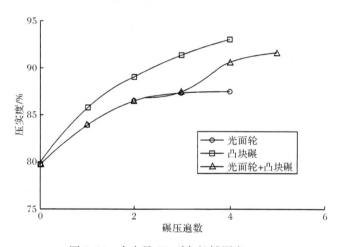

图 7.14　含水量 28.2%、松铺厚度 30cm

表 7.13　含水量 28.2%、松铺厚度 30cm、不同碾压机具组合下压实度变化

光面轮强振碾压遍数	压实度/%	凸块碾强振碾压遍数	压实度/%	光面轮＋凸块碾强振碾压遍数	压实度/%
1	84.1	1	85.8	1	84.1
2	86.8	2	89.3	2	86.8
3	87.6	3	91.5	3	87.6
4	87.7	4	93.2	3＋1	90.9
				3＋2	91.8

含水量 28.2%、松铺厚度 30cm,光面轮碾压一遍后压实度为 80.1%

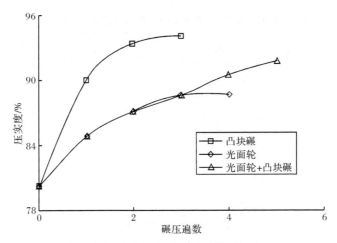

图 7.15 含水量 28.2%、松铺厚度 25cm

表 7.14 含水量 28.2%、松铺厚度 25cm、不同碾压机具组合下压实度变化

光面轮强振 碾压遍数	压实度/%	凸块碾强振 碾压遍数	压实度/%	光面轮＋凸块碾 强振碾压遍数	压实度/%
1	85.1	1	90.1	1	85.1
2	87.3	2	93.4	2	87.3
3	88.8	3	94.1	3	88.8
4	88.8			3＋1	90.8
				3＋2	92

含水量 28.2%、松铺厚度 25cm,光面轮碾压一遍后压实度为 80.2%

表 7.15 各工况下最大压实度与碾压遍数

含水量/%	松铺厚度/cm	光面轮	凸块碾	光面轮＋凸块碾
34.5	35	86.0(5)	87.3(4)	87.3(4)
	30	86.3(3)	87.5(3)	87.3(3＋2)
	25	86.4(3)	87.5(3)	87.5(2＋4)
32.2	35	86.0(2)	88.2(2)	88.1(2＋2)
	30	86.6(5)	89.0(4)	88.7(3＋2)
	25	88.0(2)	88.7(3)	88.8(3＋2)
30.4	35	85.6(4)	90.5(4)	88.7(3＋3)
	30	86.4(4)	91.5(4)	91.3(3＋2)
	25	88.1(4)	91.6(4)	91.4(3＋3)
28.2	30	87.7(4)	93.2(4)	91.8(3＋2)
	25	88.8(3)	94.1(3)	92.0(3＋2)

注:表中数据压实度(碾压遍数),2＋4、3＋2 等表示光面轮碾压遍数＋凸块碾碾压遍数。

　　在天然含水量为 34.5％时,各种碾压机具组合的压实度最大只能达到 87.5％。如果需要达到 93％的压实度,需要将土料的含水量降至 28％左右,大概需要从天然含水量状态开始降低 6 个百分点左右。

　　3) 压实机械对压实度的影响

　　在试验路段中开展了三种机械组合的碾压试验:①仅用光面振动碾;②仅用凸块碾;③先用光面振动碾后用凸块碾。

　　图 7.5～图 7.15 和表 7.4～表 7.15 的数据表明,在各种含水量和松铺厚度下机械组合对压实度的影响。其中仅用凸块碾时的压实度曲线位于最上方,其次是光面轮和凸块碾联合的情况,光面振动碾压得到的压实度曲线位于最下方。这说明仅用凸块碾进行碾压压实效果最佳,不仅仅压实度最大,关键是碾压遍数一般在 3 遍就能达到其他机械组合碾压得到的压实度;仅用光面振动碾进行碾压压实度达不到 90％且碾压遍数都要超过 5 遍;先用光面轮后用凸块碾的压实效果反而没有直接使用凸块碾的情况好,这是因为先用光面轮强振 2～3 遍以后在表层形成了一层压密层,再用凸块碾时大量的压实功用在破坏压密层致使凸块很难插入下土层,这种情况实际上降低了凸块碾的碾压效率。

　　4) 现场碾压结论

　　(1) 三种机械组合中,仅用凸块碾的效果最好,仅用光面振动碾的效果最差,光面振动与凸块碾两者联合作用的效果居中,碾压遍数以 3～5 遍为宜。

　　(2) 所有工况下,压实度沿着深度的变化呈现相同的变化规律,即随着深度的增加压实度逐渐减小;土体偏湿时,压实度沿深度变化不大;偏干时,红黏土的成团现象比较明显,尤其是碾压层下部的土颗粒之间缺乏水分的润滑作用很难在压实作用下相互靠拢,压实度沿深度变化大。

　　(3) 含水量为 34.5％时(天然含水量),土体压实度最高可达 87.5％,在碾压过程中控制碾压遍数,否则会出现橡皮土现象;含水量降为 32.2％时,土体压实度最高可达 88.7％;土体含水量为 30.4％时,压实度最高可达 91.6％;当含水量降低超过 6 个百分点,即降为 28.2％时,土体压实度可在 93％以上。

7.2.2　洞新高速

1. 研究概况

　　湖南省洞口至新宁高速公路位于湘西南邵阳市境内,主线全长 117.9km,连接线长 50.6km,建设工期 3 年。红黏土试验示范路段位于洞新高速公路第六合同段。其主要不良特性为:①天然含水量远大于最优含水量,如果要进行直接填筑则需要进行大量的翻晒工作;②水敏感性强,红黏土含水量稍微变化就会引起其力学性质发生强烈的变化;③压实度问题,由于填筑含水量一般较高,路堤很难压实到规范规定的重型击实标准。

为节约建设经费、加快工程建设进度,受洞新高速公路建设开发有限公司委托,对该公路红黏土路基进行了填筑技术专题研究,拟提出一整套操作性强、合理可行的红黏土路基施工技术指南。

2. 工况组合

2010 年 7 月开展了现场试验示范路建设,碾压的工况组合见表 7.16。

表 7.16　工况组合

碾压设备	光面轮	凸块碾
松铺厚度/cm	30	35
含水量/%	29	33

在试验示范路上共进行了两种松铺厚度和两种含水量的碾压试验,主要用到光面轮和凸块碾两种压实设备。

3. 灌砂法试验结果

在 WK16 桩号附近两处取土场取土进行试验,碾压时的含水量约为 29% 和 33%。根据上述碾压组合进行试验,其中光面轮振动碾压的结果见表 7.17。

表 7.17　不同碾压遍数的压实度

松铺厚度/cm	30					
碾压机械	光面轮					
碾压遍数	光面轮振 2 遍		光面轮振 4 遍		光面轮振 6 遍	
含水量/%	29.1	29.2	29.1	29.2	29.0	29.4
压实度/%	87.0	88.8	90.7	90.1	89.4	88.8

表 7.17 的结果表明,针对松铺厚度 30cm、碾压含水量 29% 的情况,光面轮振动碾压 4 遍的压实最佳,达到 91% 左右,再增加碾压遍数压实度基本没有提高,反而有越碾越松的现象,压实度未能超过 90%。

除仅用光面轮进行碾压试验外,还开展了凸块碾与光面轮联合碾压的试验,其松铺厚度 35cm、碾压含水量约为 29%,试验结果见表 7.18。

表 7.18　凸块与光面轮联合碾压的压实度

松铺厚度/cm	35			
碾压机械	光面轮+凸块碾			
碾压组合	光面轮静 1 遍+凸块碾 2 遍		光面轮静 1 遍+凸块碾 2 遍+光面轮振 4 遍	
含水量/%	29.0	29.4	29.4	29.2
压实度/%	89.4	88.8	90.1	90.7

光面轮静碾 1 遍后凸块碾继续振动碾压 2 遍的压实度达到 87% 左右；随后用光面轮振动碾压 4 遍，压实度提高至 90%。因为凸块碾的凸块嵌入土体后，随压路机滚筒的滚动从土体中拔出，在表层部分形成了松动层，但如有光面轮补充振动碾后会使表层再次得到压实。所以，仅用凸块碾进行碾压的效果不如用凸块碾和光面轮联合碾压的效果好。

路基填筑过程中，影响压实度的因素除了松铺厚度、压实机具外还有碾压含水量。在上述相同因素条件下，仅变化含水量其压实度结果见表 7.19 和表 7.20。

表 7.19　含水量对光面轮碾压的影响

松铺厚度/cm	30			
碾压机械	光面轮			
碾压组合	光面轮振 2 遍			
含水量/%	29.1	29.2	34.8	32
压实度/%	87.0	88.8	84.5	85.7

表 7.20　含水量对凸块碾碾压的影响

松铺厚度/cm	30			
碾压机械	光面轮＋凸块碾			
碾压组合	光面轮静 1＋凸块碾 2＋光面轮振 4 遍			
含水量/%	29.4	29.2	32.2	32.4
压实度/%	90.1	90.7	87.7	87.6

路基填料的含水量是影响路基压实度最为关键的因素，如果填筑含水量大于最优含水量很多，利用任何机械组合都难以达到规范规定的压实度。因此，控制好碾压含水量是开始填筑前必须严格把握的环节。表 7.19 和表 7.20 中的结果表明，无论是利用凸块碾还是光面轮进行碾压，填筑含水量超过最优含水量越大，其压实度越难以达到。填筑含水量为 33% 时，超过最优含水量（22%）接近 11 个百分点，经过凸块碾振动 2 遍和光面轮振动 4 遍其压实度也约为 88%，但含水量少 3 个百分点后同样的碾压组合其压实度却可以达到 90%。可见，红黏土是一种对水十分敏感的路基填料。

4. 环刀法检测结果

对于细粒土除了灌砂法可以测量压实度外，环刀法也是一种有效的检测方法。试验路建设中同时采用了上述两种方法，其中利用环刀法检测了松铺厚度 30cm、含水量 29% 和 33% 的路基填土压实度，结果见表 7.21 和表 7.22，压实度沿着深度的变化规律如图 7.16 和图 7.17 所示。

表 7.21　含水量 29% 的压实度

深度/cm	压实度/%								
5	91.1	92.7	91.9	92.6	92.5	93.1	93.8	91.5	93.2
15	89.5	90.8	88.2	89.2	91.7	91.9	92.9	88.7	91.4
25	85.8	88.1	84.0	85.5	88.1	87.3	89.7	86.8	88.7

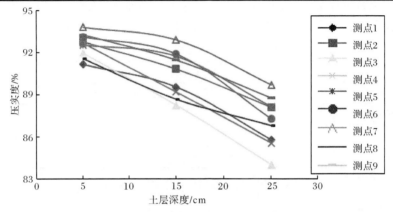

图 7.16　含水量 29% 时压实度沿深度的变化规律

表 7.22　含水量 33% 的压实度

深度/cm	压实度/%								
5	87.3	87.8	86.8	86.9	87.4	87.8	87.0	87.3	85.9
15	87.0	86.3	86.8	86.0	86.7	86.9	86.2	86.2	84.5
25	85.7	85.8	85.7	85.7	86.7	86.6	86.0	86.2	83.7

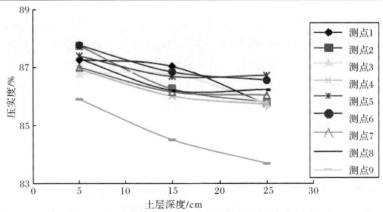

图 7.17　含水量 33% 时压实度沿深度的变化规律

　　上述压实度是利用光面轮静碾 1 遍振动 2 遍的试验结果,针对每种填筑含水量采集了 9 个位置的压实度,每个位置沿着深度取 3 个环刀样。与灌砂法一样在含水量为 29% 时压实度超过 90%；但含水量过高（33%）压实度约为 87%。就试验数据的准确度而言，两种检测方法的试验数据可信度一致，这说明利用环刀法检测细粒土不但快捷而且数据具有代表性。

光面轮不同振动碾压遍数作用下，压实度沿着深度的变化规律，见表 7.23 和表 7.24。

表 7.23 光面轮振压 2 遍的压实度

松铺厚度/cm	30					
碾压组合	光面轮振压 2 遍					
检测位置/cm	5	15	25	5	15	25
含水量/%	29.1	29.6	30.0	29.4	29.1	30.3
干密度/(g/cm³)	1.47	1.44	1.38	1.49	1.46	1.42
压实度/%	91.1	89.5	85.8	92.7	90.8	88.1

表 7.24 光面轮振压 4 遍的压实度

松铺厚度/cm	30					
碾压组合	光面轮振压 4 遍					
检测位置/cm	5	15	25	5	15	25
含水量/%	28.7	27.0	29.5	28.4	28.3	27.9
干密度/(g/cm³)	1.48	1.46	1.39	1.48	1.46	1.44
压实度/%	92.2	90.4	86.3	91.9	90.5	89.6

压实度沿着深度的变化呈现递减规律，对比分析碾压 2 遍和 4 遍的试验数据可知，增加碾压遍数后主要提高 0～15cm 的压实度，而对 15～25cm 的土体压实度提高的幅度较小。

5. 试验示范路剪影

为了推广和示范获得的研究成果，选取了某标段进行试验路建设，建设过程的部分图片资料如图 7.18～图 7.23 所示。

1）准备工作

（a）工程概况

（b）组织结构

(c) 压实机械　　　　　　　　　　　　(d) 试验场面

图 7.18　前期准备工作

2) 填料准备

(a) 运料　　　　　　　　　　　　　　(b) 旋耕机翻晒

(c) 打桩　　　　　　　　　　　　　　(d) 测松铺厚度

图 7.19　路基填料准备

3）上料

（a）上料

（b）卸料

（c）推开

（d）初步平整

图 7.20　摊铺填料

4）压实

（a）凸块碾碾压

（b）光面轮静碾

(c) 光面轮碾压　　　　　　　　(d) 碾压工况牌

图 7.21　压实过程

5) 检测

(a) 灌砂法测光面轮碾压　　　　　(b) 灌砂法测凸块碾碾压

(c) 环刀检测上层　　　　　　　　(d) 环刀检测下层

图 7.22　压实度检测

6）现场交流

　　　　（a）现场汇报　　　　　　　　　　　　（b）现场讨论

图 7.23　现场交流

7.2.3　长韶娄高速

1. 研究概况

　　长沙至韶山至娄底高速公路位于长沙、湘潭、娄底三市境内,是湖南省 2010 年新增的重点建设项目。该项目起于长沙市大河西先导区内,止于娄底龙塘,与在建的二广高速安化至邵阳段相连。该项目的建设将打通长沙来往花明楼、灰汤、韶山的便捷通道,实现长沙、韶山、娄底三市之间的直接连通,极大地增强长株潭地区辐射湘中的能力,有利于推进湖南省经济社会的更快发展。

　　长韶娄高速地处湖南省中部,气候潮湿多雨,由于特殊的气候及地质条件,公路沿线广泛分布着红黏土(红黏土、膨胀土、一般红黏土)。红黏土目前在路基修筑中主要存在:天然含水量较高,水稳性差,碾压时压实度难以达到重型击实标准等问题,此外,部分红黏土填料还存在膨胀性较大、CBR 强度低等问题。直接用于路堤填筑时,难以满足现行规范的要求或需经进一步论证方能使用。废弃这两类不良土换填其他好的路基填料需要新征弃土场与取土场,在当前环保要求不断加强和用地日趋紧张的状况下,废弃换填的简单办法越来越不可行,充分利用不良土填筑路基是发展的必然趋势。为节约建设成本,保证长韶娄高速公路红黏土路基的施工质量与进度,湖南省交通科学研究院(技术服务方)将为长韶娄高速红黏土路基填筑提供技术支持。

2. 试验段碾压方案

1）试验影响因素及水平设计

在长韶娄 18 标试验段建设过程中,主要考虑压实机械组合和松铺厚度的影响,因路基填料的含水量能满足试验条件,所以没有考虑。压实机械组合:光面轮、凸块碾、光面轮+凸块碾;松铺厚度:25cm、30cm、35cm。碾压工艺组合设计见表7.25。

表7.25 试验段碾压工艺组合设计

水平	1	2	3
松铺厚度/cm	25	30	35
机械组合	光面轮碾 n 遍	光面轮+凸块碾 碾 n 遍	光面轮 1 遍+凸块碾 碾 n 遍

2) 路基试验段设计

根据不同的压实影响因素,将路基压实试验段横向分为若干个压实试验区,具体铺设数量依据施工过程动态调节。试验区初步设计如图7.24所示。

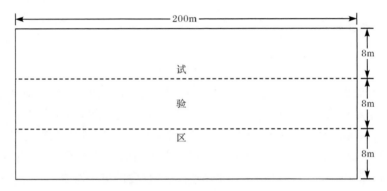

图 7.24 试验区设计图

3) 碾压具体要求

(1) 碾压工序:凸块碾振动碾压、光面轮振动碾压、两种碾压机械组合碾压。从路基两侧边沿向路中推进,压路机碾压轮重叠轮宽的1/3。

(2) 碾压遍数:2~6遍。

(3) 碾压速率:小于3km/h。

碾压过程中若出现软弹或压实度不再提高的情况,碾压即可停止。

4) 压实效果的检测

(1) 检测内容:碾压含水量、不同碾压遍数下的压实度。

(2) 检测方法:环刀或灌砂法。

3. 现场碾压试验基本情况

红黏土路基填筑试验路段位于长韶娄高速K104+440m~K104+640m,全长

200m，最大填筑高度 15.5m，试验路计划于 2011 年 9 月 15 日开工，2011 年 9 月 25 日竣工。该地区大量分布有红黏土，土质在整条线路中具有很强的代表性，试验路概貌如图 7.25 所示。

图 7.25　试验路段全貌

试验路建设过程主要包括填料的运输、翻晒降水、摊铺推平、碾压、检测等工序。图 7.26 展示了整个试验路段建设过程。

（a）上土

（b）翻晒

（c）摊铺

（d）整平

　　　　(e) 凸块碾压　　　　　　　　　　　　　　(f) 光面碾压

　　　　(g) 环刀法检测　　　　　　　　　　　　　(h) 灌砂法检测

　　　　　(i) 弯沉 1　　　　　　　　　　　　　　　(j) 弯沉 2

图 7.26　试验过程

　　为了探索压实度随碾压遍数的变化规律,需要了解压路机每碾压一遍以后的压实度。可见,压实度的检测任务十分繁重。假如利用灌砂法进行测试,每测一个压实度至少需要花 30min;并且在做灌砂法的同时必须停止机械作业,否则机械的振动将会引起试验结果失真,这样完成一种碾压工况至少需要 2 天。如果没有持续的晴天,施工根本无法进行。鉴于此,本次试验路段采用环刀法和灌砂法相结合检测压实度。

4. 现场碾压试验总结

表 7.26 为现场碾压试验获得的压实度,表 7.27 为弯沉值。

表 7.26　现场碾压压实度结果

层次	含水量/%	松铺/cm	工艺	压实度/%	
				环刀法	灌砂法
第一层	21.0	25	光面轮碾压 1 遍,凸块碾强振 1 遍,光面轮强振 3 遍	96.4	93.2
第二层左	23.1	30	光面轮碾压 1 遍振动 4 遍	95.4(3 遍) 96.0(4 遍)	91.5(3 遍) 92.4(4 遍)
第二层中	22.5	35	凸块碾强振 5 遍	92.4(3 遍) 94.2(5 遍上) 93.5(5 遍下)	93.2(3 遍)
第二层右	22.7	35	光面轮强振 6 遍	92.6(3 遍) 94.2(6 遍上) 93.2(6 遍下)	91.9(3 遍)
第三层左	23.2	30	光面轮碾压 1 遍,凸块碾强振 2 遍,光面轮强振 1 遍	上 93.8 下 92.3	91.8
第三层中	22.0	30	光面轮碾压 1 遍,凸块碾强振 3 遍,光面轮强振 2 遍	上 95.6 下 93.7	93.9
第三层右	22.6	30	光面轮强振 4 遍	上 95.4 下 92.4	92.0
第四层	24.1	30	光面轮碾压 1 遍,凸块碾强振 2 遍,光面轮振动 2 遍	上 94.7 下 93.2	92.1
第五层	24.1	30	光面轮碾压 1 遍,凸块碾强振 2 遍,光面轮振动 1 遍	上 91.7 下 89.3	90.5
第五层	24.1	30	光面轮碾压 1 遍,凸块碾强振 2 遍,光面轮振动 1 遍,凸块碾强振 2 遍,光面轮振动 1 遍	上 94.8 下 92.9	92.3

表 7.27 现场碾压弯沉结果 （单位:10^{-2}mm）

读数值				回弹弯沉值	
左轮		右轮		左轮	右轮
初读数	终读数	初读数	终读数		
608	450	703	605	158	98
612	571	570	495	41	75
582	464	720	623	118	97
368	87	620	430	281	190
420	353	576	295	67	281
535	283	705	208	352	497
502	376	712	336	126	378
539	91	372	3	448	369
462	400	583	320	62	263
526	270	695	474	256	221
614	475	476	189	139	287
512	370	280	98	142	182
529	368	586	451	161	135
595	340	478	276	255	202

1) 松铺厚度对压实度的影响

压实度随深度的变化规律,实际上反映了不同压实机械组合碾压土壤的效果。最佳的松铺厚度应该保证在一定的压实功作用下,压实度沿着深度的分布比较均匀。评价和确定合理的松铺厚度是一个兼顾经济与技术的问题。长韶娄试验段整个试验过程中开展了 25cm、30cm、35cm 三种松铺厚度碾压试验。从试验结果来看,碾压含水量 22.5%、松铺厚度 35cm、凸块碾振动碾压 3 遍,灌砂法获得压实度可以达到 93.2%。同时,为了了解压实度随着深度的变化情况,利用环刀测压实度的方法,快速获得了当层土的压实度。总体说来表层的压实度都高于底部的压实度,它们之间约相差一个百分点。在郴宁高速上压实度测定的频率较高,每一遍机械压实后沿着深度的压实度都进行了检测。现仅选取三种不同机械组合在某种具体条件下压实度随深度的变化情况,如图 7.27 所示。

2) 压实度与碾压遍数的关系

增大碾压遍数实际是增大压实功的作用,长韶娄试验路段中单用光面轮碾压的最大遍数是 6 遍,对应的环刀法测得的平均压实度为 93.7%;仅用羊足碾碾压的最大遍数是 5 遍,对应的环刀法测得的平均压实度为 93.8%;羊足碾与光面轮联合作用的碾压遍数最大为羊足碾强振 4 遍加光面轮强振 2 遍,总计 6 遍,对应的

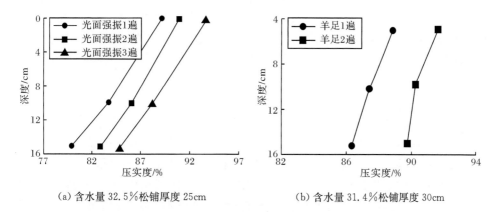

(a) 含水量 32.5% 松铺厚度 25cm   (b) 含水量 31.4% 松铺厚度 30cm

图 7.27 压实度随深度的变化规律

环刀法测得的平均压实度为 93.8%。在郴宁高速获得的试验结果也揭示了压实遍数对提高路基填料压实度的效果,如图 7.28 所示。

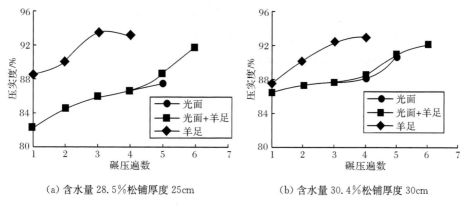

(a) 含水量 28.5% 松铺厚度 25cm   (b) 含水量 30.4% 松铺厚度 30cm

图 7.28 压实度随碾压遍数的变化规律

3) 压实机械对压实度的影响

在试验路段中开展了三种机械组合的碾压试验:①仅用光面振动碾;②仅用凸块碾;③先用凸块碾后用光面轮振动。

表 7.26 中的结果表明了在各种含水量和松铺厚度下对应的压实度,可以看出凸块碾对提高红黏土的压实度具有十分显著的效果,凸块碾振动碾压 3 遍的压实度如果用光面轮振动需要 5 遍,而且凸块碾对土层的底部也具有良好的压实作用。光面轮和凸块碾联合碾压需要注意碾压次序,应先用凸块碾后用光面轮。前期的研究结果表明,如果先用光面轮后用凸块碾其压实度得不到明显提高。这是因为先用光面轮强振 2～3 遍以后在表层形成了一层压密层,再用凸块碾时大量

的压实功用在破坏压密层致使羊足很难插入下土层,这种情况实际上降低了凸块碾的碾压效率。所以,建议先用凸块碾后用光面轮,把凸块碾碾压引起的表层松动再次压实。

5. 路堤填筑压实控制建议

(1) 含水量:红黏土原则上要求在偏湿的状态下进行碾压,规范要求红黏土含水量宜控制在稠度为 1.1～1.3 对应的含水量范围,为避免液塑限试验不准导致的含水量控制误差,建议红黏土填筑含水量宜控制在比最优含水量大 3%～6%。在此含水量范围之外进行填筑,偏干时土体宜形成坚硬的团体,难以打碎,导致碾压层下部土体难以压实及压实度不均;偏湿时,土体压实度达不到控制的标准。

(2) 压实度:原则上要求下路堤土体压实度不小于 93%,上路堤压实度不小于 94%。碾压过程中,压实度确实难以达到时,压实度标准根据试验路结果在保证路基强度要求的前提下可适当降低 0～3 个百分点。

(3) 松铺厚度:根据试验路结果填土松铺厚度宜控制为 30～35cm。

(4) 碾压机械及遍数:推荐采用自重 18T 以上的凸块振动碾作为碾压机械(碾压前采用光面轮碾压一遍),碾压遍数以 3～4 遍,然后利用光面轮强振 1～2 遍为宜,具体遍数可根据各标段试验路确定。

7.3　压实度降低的依据和参考标准

在偏湿的状态下碾压红黏土,压实度一般很难达到要求。对此,施工规范建议在保证达到强度要求的前提下压实度可适当降低,但降低的依据及降低标准都没有明确的规定。

压实度是控制路基填筑质量的关键指标,其根本目的是为了保证路基在运营期间具有良好的性能。而外部营力(交通荷载和环境气候)作用会对路基性能产生不利的影响。主要表现为:①交通荷载和自重导致路基产生工后沉降;②环境气候变化引起路基土体胀缩变形及强度的衰减。所以,可以从路基土体的强度水敏性、压缩性、胀缩性、渗透性等方面来评价路基性能的好坏。而上述评价指标又强烈地受路基的初始压实度影响。因此,可以把该系列指标随压实度的变化规律作为降低的依据,并把压实度降低后各指标值变化不敏感的临界点作为压实度降低的界限参考值。

1) CBR 强度值

从图 7.29(a)可知,击实功(98 击)作用下,含水量为 33.9%～39.9%,其 CBR 变化幅度非常小且都能达到最低要求值(3%)。CBR 随压实度的变化趋势,如图 7.29(b)所示。压实度 93% 和 82% 对应的 CBR 分别为 6% 和 3%。可以看出,如果压实度降低至该范围内的任何值,强度都能满足要求。

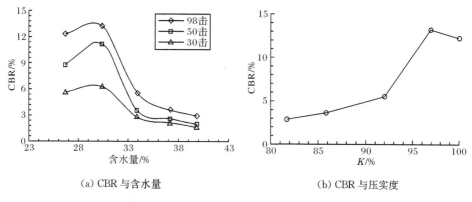

(a) CBR 与含水量　　　　　　　　(b) CBR 与压实度

图 7.29　CBR 与含水量及压实度的关系

2) 压缩性

配置压实度分别为 93%、91%、89%、87% 环刀试样进行固结试验,压缩曲线如图 7.30 所示。其压缩系数 a_{1-2} 分别为 $0.17MPa^{-1}$、$0.17MPa^{-1}$、$0.19MPa^{-1}$、$0.24MPa^{-1}$,都远小于 $0.5MPa^{-1}$,适合在 6m 以下的路堤填筑。从压缩系数与压实度的关系来看,压实度可以从 93% 降至 89%。

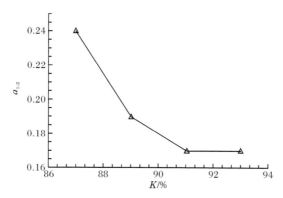

图 7.30　压缩系数与压实度关系

3) 胀缩性

受降雨和蒸发的影响,路基土体表层长年处于反复的胀缩效应。为了解路基土体在环境营力作用下的性能,需掌握填料的胀缩性特征。在进行浸水 CBR 试验时量测了试件泡水后的膨胀量,压实度 93%、89% 对应的膨胀量都不超过 0.1%。由此可见,K8 桩号红黏土的膨胀潜势不强。为了探索不同压实度试样的收缩特征,备制了四种干密度的试样,抽真空饱和后开展收缩试验。不同压实度下的收缩指标,见表 7.28。压实度从 93% 降至 89%,其缩限、收缩系数、体缩率指标变化不明显;但降到 87% 以后收缩系数变化比较显著。

表 7.28　胀缩性试验指标

压实度/%	缩限/%	收缩系数	体缩率/%	膨胀量/%
93	21.8	0.32	5.38	0.13
91	22.1	0.35	5.93	—
89	23.5	0.36	6.07	0.06
87	24.2	0.51	6.27	—

4) 渗透性

路基的长期稳定性能受水分的影响最为敏感,压实度降低后,增大了水分进入的空间。渗透系数随压实度降低的变化规律,如图 7.31 所示。压实度从 93% 降到 91%,渗透系数差别不大,但若降到 89% 则后者对应的渗透系数是前者对应值的 6 倍。

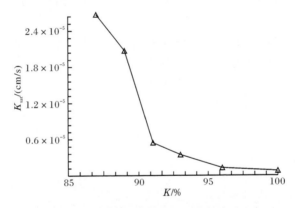

图 7.31　渗透系数与压实度的关系

压实度降低后,路基土体的强度、压缩性、收缩性、渗透性指标都受到不同程度的影响。由此可见,利用上述指标随压实度的变化是否显著作为压实度标准能否降低的依据是合理可行的,并可以根据曲线的拐点对应值来确定压实度降低的界限值。综合上述指标的变化特征,该红黏土直接作为下路堤的填料,填筑含水量需要控制在 35% 左右、压实度可降低 2.5%。

7.4　红黏土的利用原则

红黏土的利用原则主要是根据项目组对其工程特性的研究和调查情况,结合近年来在开展红黏土路基施工技术咨询、西部交通科技课题"红黏土地区公路修筑关键技术研究"等项目取得的技术成果,并参考国内外对红黏土的相关研究成果的基础上提出,是对前期研究成果的总结和提高。

7.4.1　天然含水量高、CBR 大于 3% 的填料

在偏湿的状态下碾压红黏土,压实度一般很难达到要求。对此,施工规范建议在保证达到强度要求的前提下压实度可适当降低,但降低的依据及降低标准都没有明确的规定。

1) 降低的依据

压实度是控制路基填筑质量的关键指标,其根本目的是为了保证路基在运营期间具有良好的性能。而外部营力(交通荷载和环境气候)作用会对路基性能产生不利的影响。主要表现为:①交通荷载和自重导致路基产生工后沉降;②环境气候变化引起路基土体胀缩变形及强度的衰减。所以,可以从路基土体的强度水敏性、压缩性、胀缩性、渗透性等方面来评价路基性能的好坏。而上述评价指标又强烈地受路基初始压实状态的影响。因此,可以把该系列指标随压实度的变化规律作为降低的依据,并把压实度降低后各指标值变化不敏感的临界点作为压实度降低的界限参考值。

2) 红黏土的利用原则

红黏土用做路基填料,在强度满足规范要求的前提下,压实度可适当降低。以上就压实度降低的参考依据及降低幅度值的确定原则进行了探讨,但要方便快捷地应用到工程实践中,要求施工单位完成相应的试验存在一定的难度。为了解决以上问题,在总结红黏土的基本土性基础上考虑实际施工条件,对红黏土的利用原则提出了参考意见。

红黏土的利用原则主要基于标准击实试验获得的最优含水量与其天然含水量的差值范围来确定。规范中也建议利用稠度的概念来评价填料的填筑原则,但需要进行专门的相关试验。对于施工单位而言,路基填料主要开展击实和承载比等基本试验,为了充分利用现有试验数据,提出了依据填料的天然含水量(w_{nat})与最优含水量(w_{opt})的范围大小来确定填料的利用原则。具体的参考原则见表 7.29。

表 7.29　红黏土的利用原则

含水量范围	压实度要求	利用原则
$(w_{nat}-w_{opt})<5\%$	≥93%	翻晒降水后利用
$5\%≤(w_{nat}-w_{opt})<10\%$	≥90%	翻晒降低含水量
$10\%≤(w_{nat}-w_{opt})<15\%$	≥93%	改良后利用
$(w_{nat}-w_{opt})>15\%$	—	废弃

对压实度的降低幅度可以根据如下简易方法确定。具体思路如下：

（1）开展标准击实试验，确定最优含水量（w_{opt}）；采用烘干法获得其天然含水量（w_{nat}）。在二者之间的差值范围内开展不同含水量下的浸水承载比试验，获得 CBR 随含水量变化的规律，如图 7.32(a)所示。在图中可以找到路基不同部位对 CBR 所要求的下限值对应的含水量（w_{minCBR}）。

（2）根据上述标准击实试验获得的最优含水量右侧的部分击实曲线，换算成压实度（K）随含水量在最优含水量与天然含水量之间的变化规律，如图 7.32(b)所示。找出含水量（w_{minCBR}）对应的压实度（K_{minCBR}）。

（3）对于路基填筑的 93 区而言，比较 K_{minCBR} 与 93%的大小。当 $K_{minCBR} > 93\%$时，只要含水量降低到含水量（w_{minCBR}）处，则压实度可以满足填筑要求；当 $K_{minCBR} < 93\%$时，即使含水量降低到含水量（w_{minCBR}）处，其压实度也不能满足填筑要求。因此，对于后者需要降低压实度标准后使用，降低的幅度值 ΔK 为（93 - K_{minCBR}），且 ΔK 同时要满足路基规范建议的降低参考范围，即 $1\% < \Delta K < 5\%$。

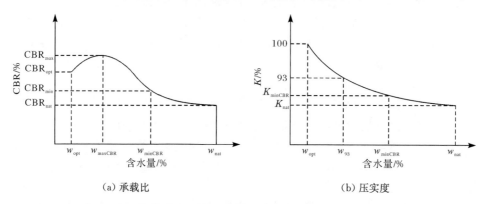

（a）承载比　　　　　　　　　　（b）压实度

图 7.32　承载比、压实度与含水量的关系

7.4.2　天然含水量高、CBR 小于 3%的填料

对于 CBR 小于 3%的红黏土，现行公路土工试验规程中建议：做 CBR 试验时，应模拟材料在使用过程中处于最不利状态，在一般情况下，可按泡水 4 昼夜作为设计状态。但如果能结合地区、地形、排水、路面排水构造和路面结构等因素，论证土质基潮湿程度和试样泡水 4 昼夜的含水量有明显差异时，则可适当改变试件泡水方法和泡水时间，使 CBR 试验更符合实际状况。

标准 CBR 试验用于评价红黏土填料承载力存在不合理性，主要体现如下 4 个方面：①制样的含水量不合理，CBR 取得最大值时对应的制样含水量高于最优击实含水量；②浸水方式不合理，低液限土含水量沿试件深度变化量较小，红黏土变化剧烈,且表层土接近流塑状态;③浸水时的上覆压力不合理,标准 CBR 试验浸水时的上覆压力(2.7kPa)小,远小于封闭包盖路堤的填料所承受的上覆压力(大于 40kPa);④封闭包盖条件下路堤的工作状态与浸水 CBR 试验状态不一致。由于渗透性差,封闭包盖条件下的填料不可能达到浸水状态。而不浸水时即使制件含水量较高,填料的 CBR 仍有较大的数值,不浸水条件下的 CBR 随含水量的变化规律如图 7.33 所示,呈现递减变化的趋势。

以上分析表明,标准 CBR 试验获得的 CBR 即使小于 3%,也并不能说明这类特殊路基填料不能被利用,关键要看路基所处的位置、路面的结构形式、排水状况等实际条件。建议 CBR<3% 的红黏土填筑在路基的 93 区,且需要采取低渗透黏土(改良土)包边、底部设置反滤层、顶部土工布防渗等处理措施,具体模式如图 7.34 所示。

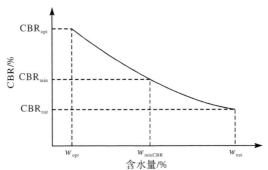

图 7.33　不浸水条件下的 CBR 变化规律

下路堤以内路堤直接用 CBR 小于 3% 的填料填筑,路肩为 2～3m 时用低渗透性的黏土包边处理。在地表面铺 30～40cm 的碎石垫层,防止地下水的毛细上升作用;在下路堤顶面铺一层两布一膜复合土工膜,膜厚≥3mm。路堤横断面设计示意图如图 7.34 所示。在无黏性土来源的情况下,可用改良的红黏土作包边处理。

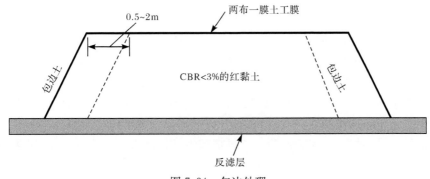

图 7.34　包边处理

7.5　红黏土填筑控制建议

1) 总体要求

填方路基既要满足压实度的要求又要满足 CBR 的规定,同时还要考虑水稳定性的影响。因此,在制定压实标准时要综合考虑三者的要求,方可达到预期的目的,从根本上保证路堤填筑质量。

2) 路堤填筑室内试验控制

(1) 制样方法建议:红黏土填料持水性强,含水量高,填筑时一般必须采用晾晒的方法来达到降低土料含水量的目的。因此,现场施工条件与击实试验的湿法更为接近,在确定路基填筑控制标准时采用湿法制样的压实度指标应更符合施工的实际情况;CBR 试验相应也宜采用湿法制作土样。

(2) 填料选用标准:红黏土填料含水量控制区间(稠度 1.05～1.3)时,下路堤填料 CBR 值不小于 3%,上路堤填料 CBR 值不小于 4%;6m 以下路堤土体压缩系数 a_{1-2} 不大于 0.5MPa^{-1};15m 以下路堤土体压缩系数 a_{1-2} 不大于 0.1MPa^{-1}。

3) 路堤填筑压实控制

(1) 含水量:红黏土原则上要求在偏湿的状态下进行碾压,规范要求红黏土含水量宜控制在土体稠度为 1.1～1.3 对应的含水量范围,为避免液塑限试验不准导致采用稠度指标控制含水量时出现较大误差,建议高速公路红黏土填筑含水量宜控制在最优含水量和比最优含水量大 5% 的范围内。在此含水量范围之外进行填筑,偏干状态时土体易形成坚硬的团体,难以打碎,导致碾压层下部土体难以压实及压实度不均;偏湿时,土体压实度达不到控制的标准。

(2) 压实度:原则上要求下路堤土体压实度不小于 93%,上路堤压实度不小于 94%。碾压过程中,压实度的确难以达到时,压实度标准根据试验路结果在保证路基强度要求的前提下可适当降低。

例如,郴宁高速公路 14 标试验段土体天然含水量为 34%～36%,高于击实最优含水量 8～10 个百分点,压实度要达到大于 93% 的要求,碾压含水量需控制在 28% 左右,亦即通过晾晒使含水量降低 6～8 个百分点,实际晾晒时间将超过 2 天,这对于实际施工来说可操作性不强。故在保证 CBR 强度的基础上,压实度建议适当降低,建议下路堤压实度控制在 90% 以上,上路堤压实度控制在 92% 以上。此时压实土体 CBR 和压缩系数满足规范要求,饱和度在 90% 以上,空隙率小于 5%,土体体积和强度稳定性能得到保证,该标准高于日本路堤填筑标准。郴宁高速其他各标段,对于与 14 标试验路填料物理力学性质大致相当的土体,可参照此压实度标准。

(3) 松铺厚度:根据试验路结果,填土松铺厚度宜控制在 25～30cm。

（4）碾压机械及遍数：推荐采用自重 18t 以上的凸块振动碾作为碾压机械（碾压前采用光面轮碾压 1 遍），碾压遍数以 3～5 遍为宜，具体遍数可根据各标段试验路确定。

4）预防红黏土路基开裂的措施

为控制红黏土路基的开裂，可采取如下简单而又经济的工程措施：

（1）连续施工，碾压完成后，路基工作面不宜长时间暴晒，避免压实路基表面因暴露时间较长，风干失水出现龟裂。

（2）对已开裂的填筑层应翻松、含水量应控制在 $w_{opt}\sim w_{opt}+5\%$，重新压实，然后及时进行下一层施工。

（3）在红黏土路基顶层采用胀缩性很小的黏土或碎石、砂砾及粉煤灰等无机颗粒材料填筑。

7.6　小　　结

（1）针对碾压过程中红黏土的压实度确实难以达到规范的要求的现状，基于规范中提出"压实度标准根据试验路结果在保证路基强度要求的前提下可适当降低"的建议，通过分析路基土体的强度、压缩性、收缩性、渗透性等指标随压实度的变化规律，将各指标与压实度关系曲线上拐点的对应值作为压实度降低的临界值，对现行规范框架内潮湿黏土路基压实控制标准降低的原则和标准进行了探讨。并对红黏土的现场利用原则进行了详细的阐述。

（2）以郴宁高速、长韶娄高速和洞新高速等试验路段为研究对象，开展了不同碾压工况下的压实试验。通过红黏土路基修筑施工工艺研究，得出了试验路段控制参数确定方法，包括碾压含水量、压实机械、松铺厚度、碾压遍数等。建议其松铺厚度宜控制为 25～30cm，推荐采用自重 18t 以上的凸块振动碾作为碾压机械（碾压开始前采用光面轮碾压 1 遍），碾压遍数以 3～5 遍为宜。提出了试验路段红黏土填筑控制建议，如填方路基既要满足压实度的要求又要满足 CBR 的规定，同时还要考虑水稳定性的影响。

第 8 章 主要结论与展望

8.1 主 要 结 论

红黏土属于一类典型的特殊土,其形成过程十分复杂多变,导致其力学特性存在与众不同的一面。通过对湖南省多条高速公路分布的红黏土进行系统研究,抓住水分对红黏土力学特性影响的主线,提出红黏土的利用原则和压实控制标准。得出了如下主要结论:

(1) 红黏土的研究起源较早,特别是在热带和亚热带国家都有广泛的研究和应用,通过对前人研究成果的总结,就红黏土的定义、分类等问题进行了系统分析。红黏土的形成过程十分复杂,对相同的红黏土进行试验得到的结果很多不具有重复性,因此对红黏土的评价需要综合考虑,不能以偏概全。

(2) 红黏土的微观结构特征主要有两大类:聚集体内孔隙和聚集体之间孔隙。压实红黏土孔径<1 μm 的孔隙可视为聚集体内孔隙;孔径为 1~10 μm 的孔隙为稳定性较强的聚集体之间孔隙;而孔径>10 μm 的孔隙则为稳定性较差的聚集体之间孔隙。红黏土的持水性能与土体的孔隙分布特征具有对应关系。吸力为 0~20kPa 的土水特征曲线与吸力大于 20kPa 的曲线相似;与之对应,孔径>10 μm 的孔隙体积累积分布与孔径<10 μm 的孔隙体积累积分布特征相似。基于土体孔隙尺寸分布决定土体持水性能的观点,该压实试样孔径>10 μm 的孔隙主要控制0~10kPa 持水能力;而孔径<10 μm 的孔隙则主要控制吸力>10kPa 的持水能力。

(3) 限制膨胀法测量膨胀力具有三个优势:①更加符合膨胀力的定义;②试验耗时少、占空间少;③能测较宽范围内的膨胀力,实用性更加广泛。相同初始状态下,限制膨胀法所测的膨胀力都小于膨胀反压法所测的值。黏土晶间和粒间吸水自由膨胀后发生了"不可逆"的膨胀变形,而土体发生"不可逆"的膨胀变形程度则是引起限制膨胀法和膨胀反压法所得试验结果之间产生差异的主要原因。

(4) 红黏土失水过程中体积的收缩包括团聚体间的孔隙收缩和团聚体内微观孔隙收缩两部分,但以团聚体间的孔隙体积收缩为主。收缩过程的孔隙体积总体减少,与宏观所测得的收缩规律一致。土体内部的大孔隙是赋存大部分自由水的场所,在风干过程中大孔隙的自由水优先被蒸发而变成非饱和状态;同时,由于水分的减少,土颗粒之间的弯液面半径会随之减少,使得土颗粒之间的表面张力增大,从而迫使土颗粒之间相互靠拢,从宏观上表现为孔隙体积的收缩。

　　（5）红黏土成团现象比较普遍，具有一定的结构性，而且这种结构性破坏后不可恢复。干法备样获得的最大干密度要大于湿法获得的干密度，总体说来具有结构性的红黏土应以湿法为主，对于现场碾压试验来说一般也是翻晒降水过程。因此，以湿法为主符合工程实际情况。另外，发现红黏土的 CBR 对应的含水量并不都是最优含水量，而是约大于最优含水量 3 个百分点处，为了达到长期整体稳定性宜控制在大于最优含水量的偏湿状态下碾压。

　　（6）封闭的土样在温度作用下其水分的迁移量受初始干密度和初始压实含水量控制。初始含水量低于临界含水量时，由于水分主要以薄膜的形式附着在土体颗粒的表面，水分的传输部分主要以蒸发与冷凝的方式在土体孔隙间迁移。因此，净迁移量相对比较小。当初始含水量比较高，在孔隙中形成水连通状态时，绝大部分孔隙被水分充满，不能为迁移的水分提供足够的存储空间，其净迁移量也比较小。但当初始含水量处于上述两种状态之间时，因既有水分可供迁移又有孔隙空间存储迁移的水分，故净迁移量相对较大。可见，路基中间部分的填料在偏湿状态下碾压有利于路基水分的长期稳定性。对于红黏土路基而言，大气温度的年平均影响深度约 3m，日影响深度约为 0.5m。

　　（7）石灰土和红黏土的吸水率、膨胀率均随土团尺寸的增大，呈现先减小后增大的整体变化趋势。土团直径为 2～10mm 时，两种土的膨胀量最小，此时的承载比强度最大。土团直径为 1～6cm 时，石灰土和红黏土的膨胀量差别不显著；土团直径小于 0.5cm 时石灰土的膨胀量明显要小于红黏土。可见，利用石灰改良土团时需要严格控制其尺寸大小。

　　（8）石灰稳定土的强度增长规律表明，碳化作用在其强度形成初期起到了积极的作用。但由于胶结物在酸性溶液的长期作用下易于溶解。故石灰稳定土在长期大气的酸雨等作用下，强度会出现衰减。因此，碳化效应并非对石灰稳定土的强度一直起增强作用。

　　（9）建议红黏土现场碾压时的松铺厚度宜控制为 25～30cm，推荐采用自重 18t 以上的凸块振动碾作为碾压机械（碾压前采用光面轮碾压 1 遍），碾压遍数以 3～5 遍为宜。提出了试验路段红黏土填筑控制建议，如填方路基既要满足压实度的要求又要满足 CBR 的规定，同时还要考虑水稳定性的影响。路堤填筑室内试验控制，路堤填筑压实控制，预防红黏土路基开裂的措施。

8.2　展　　望

　　红黏土的微观结构以及工程特性研究比较多，很多学者从红黏土的化学成分、矿物组成等细观角度揭示了红黏土特殊的水理特征，并就其工程力学特征进行了系列研究，也有大量的工程应用实例。本书虽然也对相关的内容进行了探索,但还不是很全面。特别是红黏土填筑以后的长期力学性能基本没有关注,仅仅在室内开展了部分干湿循环方面的研究,对于现场实测研究基本没有涉及。建议后续加强对红黏土(包括改良红黏土)的长期力学性能开展研究。

后　记

自 2003 年读研究生以来,我一直从事特殊土方面的学习和科研工作;2006 年开始接触红黏土,在博士生导师孔令伟的指导下完成了博士论文《压实红黏土的工程特性与湿热耦合效应研究》;2010 年获得国家自然科学基金"荷载与增减湿循环作用下压实红黏土的变形特性"资助;同时参与了湖南省交通科学研究院和中国科学院武汉岩土力学研究所共同完成的西部交通科技项目"红黏土地区公路修筑关键技术研究"等课题。红黏土的特殊性也吸引了很多学者开启了对它的探索,如孔令伟研究员早年就开始了红黏土的胶结性研究,正是这些经历和前期基础引导我走向了红黏土的学习之路。

出版专著是对科研成果的提炼和总结,也是对参与项目研究全体人员辛勤付出的回馈。2009 年博士毕业后来到三峡大学工作至今,共指导了 11 名硕士研究生。在中国科学院武汉岩土力学研究科研工作的基础上,我与他们一道春燕衔泥般的坚持,积累了这部小小的专著。当然,这与三峡大学为我提供了良好的科研平台,让我能潜心从事教学与科研工作分不开,特别是三峡大学首届"青年拔尖人才培育计划"的资助,让我有继续前进的动力。在此,向所有支持我科研的领导、同事、朋友和家人表示最诚挚的谢意。

"骐骥一跃,不能十步;驽马十驾,功在不舍",我将继续在红黏土的探索之路上且行且思考!